北臺灣

福爾摩沙 地形誌

楊貴三
葉志杰
著

晨星出版

作者序
人人都該在腳下土地遊蕩

西元 1554 年，臺灣島的名字首度出現在地圖上，是由葡萄牙人洛波・歐玫門（Lopo Homem）所繪，只是誤植為「I. Fremosa」（應是 Fermosa 或 Formosa）。據信是先前葡萄牙人航經臺灣附近海面時，遠望島嶼形貌乃山岳綿延、森林蔥翠，讚嘆而呼「Ilha Formosa」，意為「美麗島」。本書既要道出臺灣地形之美，就以「福爾摩沙」為名；而地形（landforms），是指地球表面各種起伏形態；誌是紀錄，盡可能從客體得出知識。

臺灣雖小，卻齊備了各種地形，世界罕見，大的地形有山地、丘陵、平原、盆地等，中地形的臺地，小地形如太魯閣峽谷、野柳的薑岩女王頭、東北角南雅的海蝕柱霜淇淋岩，皆名聞遐邇，各有所成之因。

不過，本書除了徘徊於地形美學的描述之外，也試著反思地形的意涵。我們似乎常在觀光大旗下，鎖定一些名山勝景、山巔危岩、清麗瀑潭，想辦法貼上標籤、製造賣點、說些故事，讓地形陷入一種類似「名牌」迷思。這麼做，卻忽略我們身邊，藏了許多無名、平庸、不起眼的小丘、小河、斜坡，充填在我們生活起居、通勤採買、散步登山的場域中，像中和高中旁的小丘、古新店溪的舊河道與河蝕崖、宜蘭的梅花湖、新竹光復路的斜坡、隆嶺古道的七星堆、流過福壽山農場的古合歡溪、串連了不同河階面的清華大學女宿階梯等，地物僅僅如戲臺布景，是如此理所當然，很少人去探討它存在的原因和意義，哪管它河道彎來彎去、山凸谷凹？甚者，這些卻是人們真實生活的舞臺，更因「人」而產生意義或情感，也衍生「風土」的人地關係。

從這看來，「自然」有其兩面性，它有純粹客觀的實體，亦有人類所賦予建構的知識。我們想到重視人文精神的哲學家叔本華（Schopenhauer）所說，「若離開了我們人類，物的本質不過是影像與名辭罷了。」帶著這句話，我們盡可能地探討地形與其他自然、人文現象的關係，如歷史、地質、氣候、水文、交通、聚落、災害、工程等，藉以擴大地形知識的應用層面，像是順向坡、潛移與邊坡滑動、斷層與地震、活火山、舊河道的可能水患、臺地的乾旱特性、山崩與堰塞湖、沖積扇與土石流、海岸的離岸流、海嘯、捨石山等，擺脫只是堆疊名詞的質疑。

文中我們用的很多「可能」、「推測」的字眼，源自於縱使是找到田野遺存的證據，也無法重現古地理，只能趨近真實。這裡要注意的是，什麼是真實？恐怕連這點都爭執不休。但若擱置此質疑，面對沉寂世界的地學雖有侷限性，卻也無損其價值，謹守兩者之間的平衡。

另外，我們深感於一般提及臺灣風土，大多著眼於人文、歷史、生態、物產等地上物，觸及人與土地者較少，而地學精神應是實地踏查、向大地求問。所以我們主張，人人都該在腳下土地遊蕩、閒晃、混跡風土日常，著力於野地考察、人地關係的平凡無奇。慢慢地，我們就能建構跟土地的真實關係。

本書的撰寫歷經約 5 年，我們先以《臺灣全志·地形篇》為初稿，帶著地圖、相機、空拍機等工具，進行田野踏查、增補、修改。同時參考多種文獻，除了核查前人研究的成果外，也有些新的發現，希望能說明各地形區的地形特徵、成因與演育等，瞭解其來龍去脈。因此，本書可當成認識臺灣這塊土地的參考。

起初，我們學習怎麼寫一份田野報告，想來想去，最務實的辦法是投稿。我們先從調性接近的期刊著手，看看有沒有徵稿啟示，有就投、沒有的也投投看。頭一個回應支持的是《明道文藝》，接著《大自然》季刊、《游於藝》電子報、《地質》季刊、《科學發展》月刊、《自然保育》季刊、《國家公園》學報、《臺北文獻》、科博館的科普寫作平臺等，都願意刊登。回想那段歷程，對這些期刊背後的主編、編輯群致上謝意與祝福。

當然，尤其感謝晨星出版社重視臺灣地學，把我們散落四處的踏查札記，變成一本有模有樣的書，謹獻上真摯的敬意與謝忱。在寫作過程中，也感謝彰化師大地理系、社團法人臺灣人地關係協會、臺灣師大地理系地形研究室、李思根、林銘郎、林偉雄、沈淑敏、李明燕、楊宏裕、陳毅青、郭勝煒、游牧笛、詹佩臻、謝沛宸、曾麗綺、陳玄芬、劉哲諭等朋友的協助。

從一開始，我們沒想到會有機會跑全臺灣考察地形、人地關係，更別談出書了。隨著一處處踏查、一篇篇的刊登，這個可能性才漸漸浮現。隨著每踏出一步、每寫一個字，讓我們更加意識到臺灣地學的浩瀚，加上田野現場因地理變遷而零碎化，所謂理性思考與感官經驗毫無用處，只能耐住性子，從田野撿拾遺存的地理事實殘片，再一塊塊去分類、解釋、推測可能的答案。不得不承認，我們實在心力有限，但求盡力而為，也請讀者不吝指正。

此番田野考察與撰稿，我們以大甲溪、合歡群峰、立霧溪為分冊的界線，分成上冊的北臺灣，下冊的南臺灣、東臺灣、離島。現在先完成上冊，希望此刻的你／妳會喜歡我們的作品。至於下冊，還有一段漫長的路。

回顧這些年，我們憑著對地學的興趣，做了一件自己開心的事，拉雜數言為序。

楊貴三 葉志杰 2020.04.10

目錄

總論

1 / 地形基本概念

地形的涵義

地球表面的各種地形，可分為大地形的平原、丘陵、盆地、山地，中地形的臺地，小地形的河階等。而地形乃以氣候、地質為背景，受到內、外營力的交互作用，並隨著時間而演育。極端氣候如颱風豪雨、冰期與間冰期，對地形的影響頗大。而地層的軟硬、排列，與褶曲、斷層、節理等地質構造亦為造就各種地形的基礎。

外營力包括風化作用、崩壞作用及侵蝕作用。形成各種小地形的力量，以外營力為主，通常是風化作用為起點。風化作用主要指空氣、水的作用，例如熱脹冷縮、水分凍結時體積的膨脹、岩石的氧化、水合等，均使岩石在原地崩解或分解，造就風化窗、風化紋等風化地形。

崩壞作用為土石在重力作用下，沿坡崩移的現象，形成落石堆、小階、土石流等山崩地形。

在河流、地下水、海水、冰河、風、生物等各種侵蝕力量當中，以河流作用最為顯著。在川流不息的侵蝕下，會出現峽谷、瀑布和壺穴等地形，所帶走的岩屑則在平緩的中、下游堆積下來，乃有沖積扇、氾濫原及三角洲的出現。

地下水配合可溶性岩石則造成滲穴、鐘乳石等岩溶地形。波浪、潮汐、海流不停地運動，也造成不少引人入勝的海岸地形，像海蝕洞、海灘等。

臺灣高山也遺留下不少冰斗、冰蝕湖等末次冰期的冰河地形。臺灣的海岸、河岸也有風稜石、沙丘等風成地形。生物的力量像珊瑚遺骸結合而成的珊瑚礁，構成臺灣南部壯觀的地形；尤其人類改變地形的力道隨著科技的發展而漸強，許多原始的地貌只能從古地圖中追尋其蛛絲馬跡。

內營力包括地殼變動與火山作用。造成臺灣地形的地殼變動以造山運動為主，

自 600 萬年前以來,由於板塊的碰撞擠壓,發生蓬萊造山運動,而使海底巨厚的岩層隆起成為高山,並發生地震,產生斷層地形。臺灣位在環太平洋火山帶上,在北部有顯著的大屯、基隆火山群,包括噴出與侵入兩種火山。

地形演育時所經歷時間之久暫,對其發育的程度大有影響。除了某些突變地形,如斷層、火山外,絕大多數的地形作用是緩慢的。地形學先驅哈頓(J. Hutton)認為:今日的地形是在天律不變的情況之下,經過漫長的歲月逐漸發展而來,建議可由今日的地形推想過去的地形,這成為 200 多年來研究地形時所遵循的基本法則。地形隨時間而改變,戴維斯(W.M.Davis)提出的地形侵蝕輪迴,將地形演育分為幼年期、壯年期、老年期,各有不同的地形特徵,若地盤抬升或海平面下降則發生回春,返回到幼年期,開始下一輪迴。

大地形與中地形的特徵與成因

在描述一地之地形起伏時,高度、坡度、相對高度常可代表一地的基本特徵。高度是某地距離海準面的高程,坡度是某地坡面與海準面所夾的角度,相對高度(比高)則是某地高低起伏的量,三者都是表示一地地面特徵的數值。

平原乃高度約在 100 公尺以下的低平土地。臺灣平原的形成,主要是河流的堆積與淺海的隆起。

盆地是四周高、中間低的窪地。盆地的形成大多因斷層或褶曲作用陷落而成。

高度大於平原而小於高原、頂平周陡如月臺的地形,稱為臺地。臺灣的臺地地形多為河流造成的沖積扇,後經抬升形成。

丘陵和山地均屬崎嶇地形,起伏(指相對高度)小者(數百公尺以下)為丘陵;起伏大者(數百公尺以上)稱作山地。丘陵大多是因臺地受河流的切割造成,山地則因板塊碰撞發生的造山運動所致。

2 / 臺灣島的位置

　　臺灣島位在世界最大陸塊歐亞大陸，和世界最大洋太平洋之間，以及西太平洋花綵列島的中樞，琉球弧與呂宋弧之會合點；西隔臺灣海峽與中國福建省相望；南以巴士海峽和菲律賓相鄰。

　　在板塊構造上，臺灣位於歐亞板塊和菲律賓海板塊的接觸帶，菲律賓海板塊每年以 8.2 公分的速率向西北移動，於花東縱谷與歐亞板塊縫合，如「臺灣的板塊構造模式圖」所示。兩板塊的碰撞擠壓，因而褶曲、斷層、地震顯著，也造就了臺灣的高山地形。

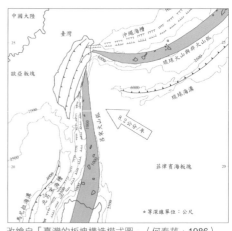

改繪自「臺灣的板塊構造模式圖」（何春蓀，1986）

　　臺灣島由北端之富貴角至南端之鵝鑾鼻，長約 390 公里，東由秀姑巒溪口，西至濁水溪口，寬約 140 公里，面積約 36,000 平方公里。

　　此外，臺灣的離島由東北向西南方排列，依次為釣魚臺列嶼、彭佳嶼、棉花嶼、花瓶嶼、基隆嶼以及宜蘭外海的龜山島；本島東南方的綠島和蘭嶼；本島西南方之琉球嶼；臺灣海峽之中偏東南的澎湖群島；臺灣海峽西側的金門列島及馬祖列島；南海北部的東沙群島及南部的南沙群島。

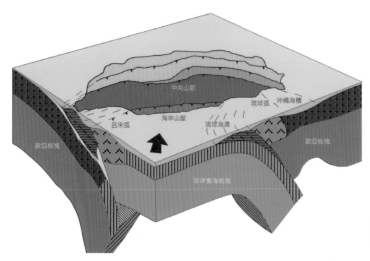

臺灣板塊構造及陸弧碰撞的立體示意圖改繪

3／臺灣地形概説

臺灣的地勢、河流、海岸、離島的概況簡介如下：

地勢

I. 山地

臺灣的山地分布於本島中央及偏東部，由數條平行島軸的山脈所組成。主分水嶺為中央山脈，位置偏東，北起蘇澳，南迄鵝鑾鼻。3,000 公尺以上的高峰林立，著名的有本山脈最高峰秀姑巒山（3,805 公尺）、北段最高峰南湖大山（3,742 公尺）、冬季賞雪勝地合歡山（3,417 公尺）、南段最高峰北大武山（3,092 公尺）。

中央山脈西側，為雪山山脈與玉山山脈，兩者以濁水溪為界。雪山山脈北至三貂角，最高峰雪山（3,886 公尺），也是臺灣第二高峰。南至美濃的玉山山脈，最高峰玉山（3,952 公尺），為東經 105 度以東的東亞第一高峰。

雪山山脈與玉山山脈之西側，屬衝上斷層山地或西部麓山帶[1]；以濁水溪為界，北至鼻頭角，為加里山山脈；南至鳳鼻頭，為阿里山山脈。中央山脈東隔花東縱谷，為海岸山脈，北自花蓮，南至臺東。此外，臺灣北部有大屯和基隆兩個火山群，前者的火山體較多而顯著。

II. 丘陵、臺地、盆地與平原

位於山地和平原之間為丘陵和臺地地形，主要分布在臺灣西部，高度約 600 公尺以下。臺地保留較多平坦面，如林口、桃園、后里、大肚、八卦、恆春等臺地。丘陵多為臺地受切割，致使平坦面較少者，如竹東、苗栗、斗六、嘉義、新化等丘陵。盆地多為斷層陷落造成，包括臺北、臺中、埔里等盆地。平原多為河流沖積和海底隆起所形成，最大的平原是嘉南平原，其次為濁水溪、屏東、宜蘭等平原。

河流

臺灣因為主分水嶺偏東，故河流東短西長，主要河流在西部的有淡水河、大安溪、大甲溪、大肚溪、濁水溪、曾文溪、高屏溪等；東部則有蘭陽溪、立霧溪、花蓮溪、秀姑巒溪、卑南溪等；其中最長的為濁水溪（186 公里），次為高屏溪（170 公里）、淡水河（158 公里）。請見「臺灣河流分布圖」。

---

1. 臺灣地質分區中，西部麓山帶屬於造山帶的最西側山脈，也是最年輕形成的山脈，北起新北市三芝 - 金山，南抵高雄市鳳山丘陵，介於西部海岸平原與雪山、玉山山脈之間。

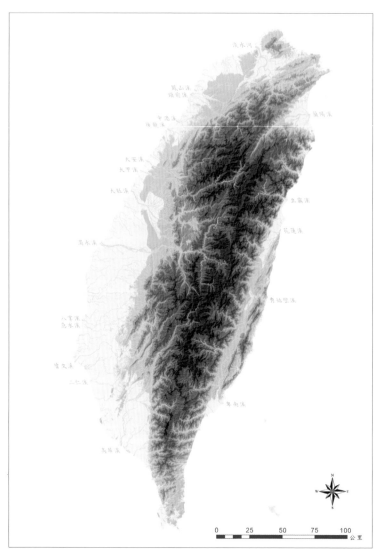

臺灣河流分布圖（楊貴三等，2010）

本島河流的地形特徵：坡陡流急，侵蝕旺盛，堆積快速；由於板塊的碰撞，地盤的抬升，導致河階、穿入曲流等回春地形顯著。

海岸

臺灣除北部海岸較為曲折外，其餘多平直。臺灣的海岸依構成物質和地形特徵可分為下列 4 型：

I. 北部岩石海岸

東由三貂角，西至淡水河口，此段海岸先沉水後離水，又因地層多由砂、頁岩互層構成，地質構造線與海岸相交，加上冬季強烈東北季風的首衝，波浪強大，所以岬角與海灣相間，岬角處的海蝕地形顯著；海灣處則多堆積地形。

II. 西部沙泥海岸

北自淡水河口，南至楓港。因海底的離水及河流的堆積，大部分為沙質或泥質海岸。中段沙泥灘平廣，其隔潟湖之外側有濱外沙洲，稱為洲潟海岸。

III. 南部珊瑚礁海岸

西自楓港，東至旭海。裙礁發達，受侵蝕形成許多壺穴地形，而珊瑚礁隆起造成海階地形。

IV. 東部斷崖海岸

北起三貂角，南至旭海。因冬季面迎強烈的東北季風，夏季又常為颱風的首衝，故海蝕地形顯著；部分另因斷層作用，造成陡直海崖。花東海岸的海階地形特別發達；東部海岸多礫灘，僅在大河口的扇洲較多沙灘。

離島

本島東北方及東南方的離島屬火山島，東北方之離島由東北向西南方排列，依次為釣魚臺列嶼、彭佳嶼、棉花嶼、花瓶嶼、基隆嶼以及宜蘭外海的龜山島，均位於琉球弧系統西南方延長線上。東南方的綠島和蘭嶼，則位在呂宋弧北方的延長線上。本島西南方之琉球嶼及南海諸島，為珊瑚礁所形成。

澎湖群島原係中新世一大玄武岩方山，經海蝕和地盤下沉而分成 63 個大小方山；唯花嶼係中生代的火山島，與馬祖列島、金門列島，原均與大陸相連，後因海峽之曲陷和海蝕而分離。

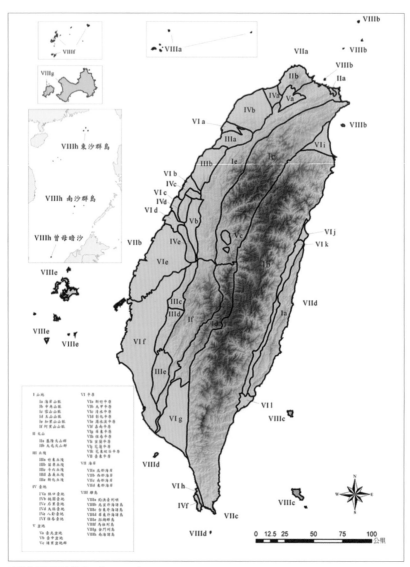

臺灣地形區圖（楊貴三等，2010）

北海岸西段
火山的遺物

盛開的天人菊、老梅沙灘，攝於富貴角步道。

19 世紀中葉以後，萬物與自然環境的依存關係，慢慢從上帝創造的神學思想中解脫出來，帶入了生物學的演化概念，適者生存成了殖民者對外擴張的藉口。是否真是不同的地理環境決定了不同生物的分布？這樣的論述好像成理，又不完全正確。

我們懷著地形疑題，一路驅車馳騁於臺 2 線（淡金公路）上，人聲、車陣、高樓屋舍漸漸稀疏，大海湊了進來。

這時已是 6 月，天氣開始熱了，但是海濱植物卻在熬過東北季風的颭掠、海濱高鹽分的惡劣環境後，盛開出鮮豔繽紛的花朵，像是天人菊、馬鞍藤、黃槿等，把北海岸妝點得千紅萬紫。而淡水至白沙灣之間的地勢佝僂、重複著高低起伏，陸地彷彿有浪；反觀白沙灣至金山段則委身在海階崖之下。

拜現代科技、網路的進步，在電腦前就可以一覽各地街景、風光，但終究只不過是工具理性，地理學的真義在探求土地的道理，真實地踩在土地上，撥開泥土、走進溪流，樂趣在野外。於是，在解題的過程中，我們一路走過弧形海岸、海階、火成階地、風稜石、海蝕門、老梅石槽、青山瀑布等，嘗試說明地形的特徵與成因。

黃槿，攝於石門海蝕門旁。

馬鞍藤，攝於跳石海岸。

白沙灣至金山段的海階崖，因海浪不斷侵蝕而崩落，形成陡崖緊逼海岸，
臺 2 線（淡金公路）舖設於狹促崖底，攝於草里（阿里荖）。

1 / 弧形海岸與大屯火山群的關係

　　淡水、金山間海岸屬於臺灣北海岸的西段，海岸線大致呈向西北凸出的弧形，
線條優雅、甚是罕見。但東段的金山、基隆間海岸，卻一改為岬灣相間，這兩者
有著明顯的差異，為什麼會這樣？我們常將自然地景視為某種理所當然，壓根不
會思其所以然，其實解密關鍵就在地形、地質。

　　翻閱民國 104 年中央地質調查所出版的地質圖找尋解答，圖上密密麻麻標示
Ch（乾華火山泥流）、Fk（富貴角安山岩），這類專有學術名詞艱澀難懂，常讓
一般人閱讀生畏。其實把它簡化後，所得到的概念就是火成岩，也就是火山活動
的產物。

　　那麼，這些火成岩的材料源自哪裡？根據現有的研究，其來自東南方毗鄰的
大屯火山群，時間是早已遠颺的 280 萬年前迄 5,500 年前。雖然，無人親睹這場激
烈的火山噴發，但一切訊息都儲存在地形、地質裡頭，這是一樁沒有目擊者的探索，
只有遺存物。關鍵是如何正確地解讀這些線索，踩出一條路徑，通往混沌未明。

富貴角燈塔，位於臺灣本島的極北末端，是座黑白色塊分明的八角形燈塔。

　　從現存的證據模擬、拼湊，當時大屯火山群各火山體陸續噴發，其中源自竹子山至小觀音山一系列火山的泥流，幾乎呈扇狀等距地朝海漫散開來，形成優美的弧形海岸，又像拉勻攤開的新娘裙襬。其後，一道熔岩流冒著泡泡、噴衝煙氣，從山頭一路滾流下坡，向北側大海竄出富貴角、麟山鼻兩個尖角。而富貴角還伸突成臺灣本島的極北之境，末端矗立著一座燈塔。

　　取名為富貴角，由來係 16 世紀荷蘭人搭船經過附近海域，稱其為 Hoek，意即岬角，後來漢人將其譯音為今名。

跳石至老梅沿海一帶的海階，頂部覆蓋紅土，其下為圓磨度良好的礫石，覆瓦朝向內陸，攝於王公橋。

2 / 怎麼區別海階與火成階地？

在淡水、跳石之間的海岸地帶，山勢有點像樓梯狀、向海緩緩傾斜，稱作階地地形。緊鄰海岸的階地通常是海階，但這裡卻摻入火成岩的變數，那麼，究竟是海階或火成階地？

要分辨地形疑義，得先從學術定義著手。當概念、名詞的界說越精確，就越能正確判讀，只是一般往往忽略了這個最簡單卻最重要的方法。

所謂海階，是指原本海邊的濱臺（海蝕平臺）經地盤抬升與海面下降的綜合結果。野外判斷是否為海階？證據大略有覆瓦向內陸且淘選良好、大小均一、顆粒支持的圓礫、含貝殼等化石、階崖與海岸線平行等。而火成階地的構成物質是不含化石的火山熔岩或碎屑，前者呈整層塊狀，後者具有稜角、大小不一。

根據許民陽（1988）的研究，判定本區高度 220 公尺以下為海階，220 公尺以上為火成階地。海階又分兩段，包括高約 10 公尺的低位海階與 30～220 公尺的高位海階。我們經野外踏查後，證據最充分的地區是跳石至老梅沿海一帶，其次為北 6、8、9、15 等線路旁，其餘地區尚須更詳細的調查後，方能證實。

階面上覆的數公尺厚紅土，為火山灰風化而成，其年代超過 3 萬年。紅土下方圓磨度良好的礫石，其岩性有火成的安山岩，也有變質的砂岩，前者源於竹子

北 20 線所經的海階崖頂部出露圓礫石

跳石海岸

山與小觀音山，後者源自古新店溪；其經過早期波浪的滾磨作用而變圓；又經淘選作用而大小均一；還經衝濺作用，使礫石的覆瓦排列傾向內陸，回濺的作用使細顆粒帶往海中，而留下顆粒支持的圓礫。

前一段文字或許不容易懂，這也是地形、地質旅遊的另一障礙。除了專有名詞之外，超越人的生命經驗而難以想像，又因跨越時空、時間尺度過於漫長。其實，這些不過是迷障，大自然的運行大抵有其規則，現在怎樣、以前就怎樣，簡單說就是以今知古，看看今日跳石至石門海岸礫灘的礫石，差可領悟前述道理。

這段跳石至石門之間的海岸路，在臺 2 線完成以前，巨礫磊磊，行走其間均需「跳石」而過，或因戲謔而稱「跳石海岸」。海岸上礫石沉積方式是典型的顆粒支持，礫石互相碰觸而趨於安定。且受海浪衝濺作用影響，礫石覆瓦朝向內陸，這是理解海階的最佳範例。

此地海階受放射狀順向河切割，呈大致平行之長條階地，因此，臺 2 線幾乎垂直橫過這些長條階地，路面忽上忽下，呈波浪狀起伏。

竹子山北峰　竹子山　　　　　　　　　　　　　　戲坪埔　大坑頭

老梅溪

照片中央遠方兩座山頭，左為竹子山北峰、右為竹子山；右側屋舍上頭有兩階火成階地，
第一階為大坑頭，第二階是戲坪埔，外形彷如舌頭，攝於老梅溪口。

　　而聯絡臺 2 線與 101 市道的十數條區道則位於階面，河谷兩側斜坡多開闢為
梯田。早期梯田多種植水稻、筊白筍，今多荒廢，僅偶見於橫山一帶。

　　至於火成階地，如大坑頭、戲坪埔兩地的高度分別為 360 ～ 440、190 ～ 250
公尺，由兩期熔岩流構成明顯的高低兩階，並顯示熔岩流的舌狀地貌。

切割海階的河谷兩側斜坡，昔日大多開闢為梯田，後多荒廢，
今殘存者以三芝區橫山附近較多。

風稜石，攝於麟山鼻。

3／風稜石：以風打磨堅石

在世界各地，風稜石多見於礫質沙漠，在臺灣很少見，算是富貴角與麟山鼻的另類風土物產。這是為什麼？若要判定風稜石，方法得從岩性、營力、工具等基本條件入手，也就是強風、多沙、裸地、硬岩。

這裡的風稜石之面與稜，其生成與形狀先是取決於安山岩崩解而成的裂面，像是粗胚。等到每年9至3月盛行東北季風，風力強勁，海灘的沙子被吹往沿岸裸露、堅硬的安山岩塊，風沙經過無數次的練習、琢磨、修飾，部分還乘隙鑽磨出孔洞，終成漂亮的風稜石成品。風也控制其分布位置，主要位於面迎東北季風、風蝕較強的岬角灘安山岩裸露地區；且，風造成了沙丘西移，掩埋了崩解的安山岩塊，以致東側多見於西側（鄧國雄，1971）。

仔細瞧瞧風稜石之外觀特徵，整體有多條稜線，並具有一面或多面被磨得光滑的劈磨面，劈磨面上被風蝕成孔穴、溝槽和稜脊。風稜石之產狀有三：

一、巨塊安山岩被埋於沙丘中，其頂部露出風蝕者。

二、安山岩之大塊散布於礫灘或沙灘上，任何強風均不得將其轉動的情形下受風蝕者，部分疊砌成城堡狀的岩堡地形。

三、體積較小的安山岩塊，因易受轉動，所以稜面數目多而呈奇形怪狀者。

每到9至3月東北季風盛行的季節，北海岸飽受風雨肆虐，一些居民不耐惡劣天候而他遷，留下空蕩蕩樓房，連樹也被剃頭，俗稱風剪樹，攝於北15公路北端。

風稜石，攝於富貴角；小圖為風稜石之粗胚，攝於青山瀑布步道。

火山泥流的明顯層次，火山碎屑物呈現出粒徑混雜、淘選差及基質支持，攝於石門海蝕門。

石門，係因海蝕門而得名。

4 / 海蝕門：用浪打穿石山

　　石門附近海岸、臺2線旁邊的海蝕門，洞底海拔高約1.5公尺，洞高約5.5公尺，頂高度7公尺餘，為海浪沿地層軟弱處不斷侵蝕而成。順序是先形成海蝕洞，再打穿岬角後形成海蝕門，最終離水而成。

　　該地由凝灰角礫岩構成，具有明顯層次，為火山泥流堆積的特徵之一。這裡提到的「明顯層次」，是因火山泥流是火山碎屑與水混合的土石流，其產狀通常呈現為各種粒徑混雜、淘選極差及基質支持的火山碎屑物，一旦隨搬運距離越遠，平均粒徑就會越小且淘選越佳，具層理的透鏡狀砂層比例也隨之增加，且透鏡狀砂層可能夾雜類似河相的槽狀或平面狀交錯層理。

　　此外，火山泥流中較大岩塊在搬運的磨蝕作用之下，尖銳處漸遭磨鈍，成為有稜無角的形狀。早期臺灣北部造山抬升快、地震頻繁等自然條件之下，且濕熱多雨提供水做為載具，若遇火山爆發，皆有利於火山泥流的發生。

　　火山泥流很容易與火山碎屑流產物混淆。火山碎屑流是火山噴發柱因重力向外崩塌、沉降、流動、堆積的火山產物，產狀以塊狀為主，具稜角，淘選度差，具凝灰基質為底的基質支持結構，且通常缺乏層理（洪國騰，2014）。石門因海蝕、地盤抬升而出露地層，間接成了觀察並區別火山泥流與火山碎屑流的最佳地點。

老梅石槽近景

老梅石槽，乃是海浪沿著地層軟弱處（少數沿節理）侵蝕而成的海蝕溝，後方依序為沙丘、聚落、火成階地。

5 / 老梅石槽到底是藻礁、灘岩或砂岩？

　　老梅溪口至富貴角東側海邊的岩層到底是藻礁、灘岩或砂岩？這裡頭存在一些不同見解，對於如此重要且知名度高的自然地景，應該有必要釐清。

　　藻礁為石灰藻（calcareous algae）經由鈣化作用沉積碳酸鈣，周而復始慢慢地沉積成的礁體。然而，此地係以綠藻類石蓴為主、附著於礁岩，其既不造礁，何來藻礁？

　　另有一說「灘岩」。灘岩係地下水溶解含石灰質的珊瑚礁或貝類等岩層，流出沙灘時，灘沙受熱而被碳酸鈣膠結所成，外觀似水泥，若滴上稀鹽酸會冒泡。臺灣著名的灘岩分布地，是澎湖的吉貝嶼與花蓮的七星潭。實際上，此地地層為火山泥流中所夾的厚層火山岩屑砂岩，偶含火山礫（洪國騰，2015），與「灘岩」的組成並不相同。

　　因此，可以判斷，老梅海岸的地層並不是藻礁或灘岩，而是火山泥流中的砂岩。

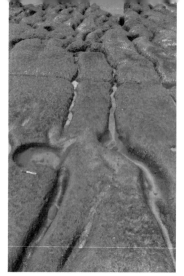

老梅海岸有近千條的石槽,乃是海浪沿著地層的軟弱處(少數沿節理)侵蝕形成的海蝕溝,與海浪前進的方向平行。每年 2 到 4 月,岩層上長滿了綠色的藻類,形成特殊的景觀。

我們考察此地時,也發現零星的單一壺穴。這讓人聯想到,石槽是否為壺穴發育到老年期所形成的壺溝地形?以及其大略平行,有些彎曲的石槽走向與火山泥流的流向是否有關?這等疑題尚待研究。

老梅石槽偶見單一壺穴,石槽是否為壺溝?

6 / 黑與白:磁鐵沙、貝殼沙

沙灘多分布在岬角間的海灣,如白沙灣、淺水灣、老梅溪口。地形原因是該處海浪較小,轉盛行堆積作用;又因波浪與風力吹送的緣故,西側較東側容易堆積沙子。而沙灘的料源,主要是河流及海流所帶來的沙子,也見遭海浪打碎的貝殼殘片,因質地較輕,常在沙灘表面鋪上薄薄一層,形成的白色貝殼沙灘,白沙灣即因此得名。

白沙、湛藍海水、透白陽光的搭配,總給人一種浪漫唯美的視覺美學,多數人無法抗拒其誘惑,解衣戲水、逐浪嬉鬧,後開闢為海水浴場。但這海域卻隱藏裂流的危險,須謹記北觀處所設的警告標誌牌說明,非常小心地避開,以免溺水。

所謂裂流,是指當非平行海灘的波浪入射後,比如弧形的白沙灣,會形成沿岸流;兩側沿岸流往中央地帶匯聚時,則會產生離岸方向的水流,衝出外海,此

唯美的白沙灣是戲水勝地,卻潛藏裂流危險,須格外留意。

即為裂流。站在岸邊可先初步判斷，深色無浪花的水域通常為裂流所在。

　　白沙灣的裂流分成兩種：一為常態性裂流，分布兩側近礁岩處；另一為移動性裂流，分布兩側礁岩之間。萬一不小心陷入裂流水域時，切勿心慌，萬一急於掉頭而逆流游向岸，這樣只會徒耗體力、困陷離岸流而被帶往外海。自救之道是先冷靜、漂浮水面，再順水勢斜向或平行游往岸邊，也就是向左或向右迂迴游出裂流範圍，再折回游上岸。

　　而老梅溪發源自含有磁鐵礦的竹子火山，溪水將磁鐵礦搬運而堆積於河口，形成表面鋪著一層黑色沙子的沙灘。若持磁鐵漸漸靠近，因磁性吸附而在磁鐵表面出現黑色針簇狀之物，其即磁鐵沙。在大屯火山群中的菜公坑山與紗帽山上的岩塊也因含磁鐵礦，會使羅盤（羅經）磁針偏轉，故該岩塊被稱為「反經石」。

此段海岸岬角間的海灣常見沙灘堆積，且西側多於東側。沙灘的料源，除了少數是灰黑色的磁鐵沙之外，也見遭海浪打碎的貝殼殘片，因質地較輕，常覆蓋在沙灘表面，形成唯美的白色貝殼沙灘，攝於石門海蝕門。

以磁鐵吸附磁鐵沙，表面形成黑色針簇狀。

而磁鐵沙因數量相對少，隨波浪、風力搬運而散落出不規則的紋路，攝於老梅沙灘。

7 / 青山瀑布：看見火山熔岩的流動

　　青山瀑布位在新北市石門區老梅溪上游，我們從老梅轉入北 17 線，行約 5 公里至步道口，緣溪行約 40 分鐘抵達瀑布。

　　沿途散置許多安山岩落岩塊，呈多個稜與面，為前述風稜石之胚胎。瀑布高約 15 公尺，上段寬僅 1 公尺，下段析分成 3 股，彷如 3 根長指擒住黑色岩塊，屬細長型瀑布。瀑壁全由安山岩熔岩構成，此岩層極為堅硬，溪水下切不易，造成河道的落差而形成瀑布，也因而少有崩塌後退的現象。

　　下沖的瀑水造成瀑布下方的瀑潭。瀑壁岩層呈現由右向左傾斜的紋路，推知為早期竹子火山熔岩流向北流經的痕跡。瀑布南側（嵩山 D 火山）與步道口東北側（嵩山 E 火山）各有一熔岩穹丘（鐘狀火山），為黏度較大的熔岩構成，可能均是竹子火山的寄生火山。

注意 / 事項

1. 北海岸西段的岬角間常呈凹入的海灣，容易堆積沙灘。若要游泳戲水，除了先查詢中央氣象局 APP 的潮汐、風浪觀測，更須詳讀、謹記告示牌說明，以及是否設有救生員，尤其注意裂流現象。

2. 青山瀑布步道蜿蜒於林蔭間、老梅溪畔，下過雨後須留意步道濕滑，踩踏石塊時應挑乾燥、無青苔者，並注意高低落差。

3. 安山岩熔岩雖然岩性堅硬，但常因節理而裂解、崩落，在颱風、豪雨過後須注意落石，步道上的落岩塊即為證明，尤其避免在瀑潭玩水、攀岩。

4. 老梅石槽雖非藻礁，但應避免踩踏，維護這珍貴的自然地景。

青山瀑布，屬於細長型瀑布。瀑壁岩層上，可見由右向左傾斜的流紋，
應是早期竹子火山熔岩流向北流動的痕跡。

冬日，北海岸的東北季風強勁，樹梢更是暴露在強風中，樹木受風勢效應而至斜角形。

1 / 金山沙灘：金山老街利用沙丘擋風

　　臺灣北海岸西起淡水，東至基隆，大略以金山為界，分成東、西兩段，這麼劃分是由其地形、地質當作依據。迴異於西段是由火山造成的弧形海岸，東段卻是沉積岩地形，因著抗侵蝕力的不同，岬灣相間，且海蝕與海積地形交替出現。其中，海蝕地形以野柳、金山兩岬最為發達，野柳岬已設立地質公園，地形景觀最為可觀；海積地形則出現在岬角間的河口。

　　金山岬西側為北磺溪沖積而成的小型扇洲平原，海濱處沙灘的沙子含有大屯火山群搬運來的磁鐵沙，顏色呈黑色。由於北磺溪口沙嘴向東南側發育，溪水受阻而不能直接出海，改繞沙嘴迂迴而出，呈潮曲流。

　　北海岸面迎東北季風，一切作為均得伏順風的勢力。船的停泊靠水的浮力承載，最怕風浪顛簸，以致當初擇址建港時，避風是首要考量。而金山岬外突，正好形成一堵長牆屏蔽東北季風，於是利用北磺溪口闢建漁港，地形因素發揮了無聲的力量。然而，處理了怕風浪的問題，卻忽略了另一罩門「淤積」。北磺溪悄悄地將上游沖刷下的泥沙，帶往溪口的漁港。港口一旦淤淺，形同作廢。談解決，清淤是一方法，但挖走了又漂來新的。政府為求徹底解決沙源困擾，遂以人工截

北磺溪口漁港、金山沙灘

彎取直，讓北磺溪水提前入海。

　　離開沙灘往內陸，地勢稍微高起的是沙丘，這是「風」造成的。當東北季風來時，海灘沙子被吹向內陸，一遇到植物等阻礙物干擾，風速便減弱，沙子就會掉下來堆積成沙丘。在金山岬的西、南側，可見地勢微凸，高僅 10 ～ 20 公尺，宛如小山般，這即是風吹成的沙丘，其岩性完全不同於屬於五指山層的金山岬。而沙丘也因堆積年代而分新、舊，舊的沙丘較偏內陸而逼近金山市區，隨著河流夾帶泥沙堆積而推向大海，新沙丘較靠近海灘，其中，地勢稍高的金山青年活動中心即位在新沙丘上。

　　有時候，地形尺度太大，人們身陷其中、如墜迷霧。且，通常沙丘越老則植被或人造物越繁密。若是縮小規模，從沙灘上的新生小沙丘觀察起，目光逐步移向內陸，再掀掉披覆在舊沙丘上的植被或建築，或許就一切明瞭了。

　　從明治 37 年（1904）臺灣堡圖來看，金包里大街的屋舍全都擠在沙丘西南側，背對東北季風，深怕颳到一絲風沙，便於落腳安居。

沙灘上的新生沙丘，早期沙丘大略平行海岸線分布，今覆蓋植被，越往內陸的沙丘年代越老。現在為了避免吹向內陸、侵擾居民日常生活，而以籬笆攔沙。

水尾漁港

金山岬

風剪樹

神祕沙灘

磺港漁港

獨木舟

燭臺雙嶼

→N

2／金山岬：燭臺雙嶼是海蝕殘餘

　　金山岬向東北伸入大海，東邊隔著國聖灣，與野柳岬相望。金山岬是由厚層的漸新世五指山層砂岩組成，其外方有兩個典型的海蝕柱，稱為燭臺雙嶼，狀似燭臺而得名。兩個海蝕柱之間原應是個海蝕門，後因門頂塌落、殘留門柱而成今貌。

　　金山岬開口朝向東北，正好面迎東北季風掀起的波浪衝擊。受到海蝕影響而不斷崩塌，頂部成一鞍部，可預見終有一日，海浪會把岬角切開，岬角西北端將成一海中孤島。而不斷崩落的沙土提供了沙灘的構成物，現今稱神祕沙灘，更有業者以祕境作為號召，一艘艘獨木舟魚貫繞行岬角外側，亦屬海島觀光的新一味。

　　岬角東北端有一海蝕隧道，長約十餘公尺，為海浪沿節理侵蝕所形成，頂部塌成一天窗。附近的五指山層砂岩具交錯層，顯示古水流來自西北方。

海蝕隧道

交錯層

3／國聖沙灘：為何海岬、谷灣交替出現？

　　為何北海岸東段的地形，岬灣相間？這是沉積岩海岸特色之一，其主由岩性所控制。回溯千萬年前的沉積過程中，每當河流搬運力強時，會帶來顆粒較大的沙粒到海裡沉積，後經壓密、膠結作用而成砂岩，堅硬而不易受到後期的風化、侵蝕；反之，若河流搬運力弱時，則帶來顆粒較細的泥土，堆積形成頁岩，相對於砂岩，此岩較軟弱。後來，隨著造山運動而擠壓、抬升，出露地表。

　　所以，認識土地的第一步得先瞭解一地之地質，這是內在的物質條件，接續才考量外在的營力。國聖灣的地層屬木山層，含有較多頁岩，岩性較弱而被海浪侵蝕成海灣，灣頭堆積沙灘，沙源來自員潭溪及沿岸流，溪口呈潮曲流，沙灘內側有沙丘，種種地形與金山沙灘類似。

　　這裡的沙灘表面也撒上黑色的磁鐵沙，同樣是大屯火山群的產物。這存在一個弔詭的自然現象，磁鐵沙的比重高於石英沙，重的應該在下部，怎麼卻鋪在石英沙的上部？原因正即是其較重、不易被風吹走，成為保護層，致使波痕凸出。

國聖沙灘、員潭溪沙嘴

金山岬兩側的北磺溪與員潭溪都有沙嘴，延伸方向正好相反。幾乎可以說，臺灣島的河流出海口都常見沙嘴，隨著沿岸流的流向而有不同的延伸方向，像這裡正好相對延伸，實在罕見。沿岸流的流向常受控於沿岸地形，而此地最重要就是海灣兩側的岬角，因跳石海岸與野柳岬較金山岬凸出，因此推測導致金山灣的沿岸流為逆時針方向，而國聖灣者為順時針方向。

磁鐵沙的比重高於石英沙，比較不易被風吹走，而保護了下方的石英沙，形成波痕凸出。

4 / 野柳岬：女王 4,000 歲了

　　野柳岬的延長方向為東北—西南，以中新世堅硬的大寮層砂岩而成，抗蝕力強而成岬角。野柳岬上奇特地形遍布，尤以單面山與離水濱臺最能表現此海岸特徵。後者更發育了無數的奇岩怪石，包括蕈岩、仙女鞋、地球石、燭臺石等。其成因主要係砂岩中所含化石，經地下水作用而有形狀不一的石灰質結核，又經長期差別侵蝕下，產生各種奇形岩體。由東南至西北依次分布著 4 個帶：蕈岩、蜂窩岩、薑石、燭臺石。另外，岬角上還有眾多的風化窗、豆腐岩、海成壺穴、海蝕溝、海蝕洞、化石等，構成難得一見的觀光資源。

蕈岩

　　狀如蕈類，頭大頸小，頭部為石灰質砂岩，較耐蝕；頸部由較軟弱的鐵質砂岩構成，頭部表面則因石灰質被溶蝕而常呈粗糙的蜂巢狀。這裡的地層向東南傾斜 20 度，但是海浪侵蝕的潮進潮退，濱臺卻僅是些微斜的平面，兩者相切成一夾角，使得蕈岩的分布由西北臨海向東南內陸產生長頸、短頸與無頸等 3 種類型。但長頸者，頸部久經侵蝕而過細，少數無法支撐頭部而斷頭，有如蕈岩生

地層向東南傾斜 20 度，呈現單面山地形；而海蝕所形成的濱臺近乎水平，由左而右依次分布燭臺石、薑石、蜂窩岩、蕈岩等 4 個帶，暗藏了秩序。

老病死的一生。

野柳的蕈岩成群，數目約百個，其中以女王頭最著名。女王頭當然是某個角度的成品，優雅而昂首的側面，吸引無數人們喜歡女王，排隊照相的遊客接踵等候，只是，卻鮮少關心她的年歲。根據女王頭的高度，除以野柳漁港珊瑚礁的定年求得的抬升速率，推算其年齡，結果約 4,000 歲。

可知終有一日女王頭的頸部會因自然的風化作用而斷裂，但因近來遊客的撫摸而撥掉沙子、加速變細，引來有關單位介入管制，以免女王斷頭之日提早到來。也因此讓女王脖子變瘦有了科學數據，透過比對岩面適當時間之間隔的微觀尺度照片，計算女王頭崩落砂粒數目，換算成後退速率，得知其人為影響大於自然，尤其對女王頭北面頸部的影響最大，達每年 1.518 公釐的後退速率。

女王頭，根據其高度，除以野柳漁港珊瑚礁的定年所求得的抬升速率，推算約 4,000 歲。

燭臺石

燭臺石的形成是由於砂岩中之石灰質桃形結核，質地較堅硬，保護了下層。所以在海蝕過程中，當周圍的砂岩已經蝕去後，仍被保存而凸出。其後，波浪在結核周遭迴環激盪，而產生環狀溝槽，整體狀如燭臺而得名。日久，部分結核受海蝕脫落，狀似壺穴。

燭臺石、魚石

眾多風化窗組成蜂窩岩

蜂窩岩

野柳的蕈岩與薑石分布地帶之間及蕈岩頭部，出現一些凹穴，是為風化窗。眾多風化窗組成蜂窩狀的蜂窩岩。

風化紋

水分數度滲入砂岩節理兩側，發生化學風化作用，氧化鐵沉澱成數條褐色平行紋路。經膠結後的風化紋常比較堅硬而凸出，宛如兩道平行的小堤。

壺穴與溶蝕盤

壺穴多呈數十公分深的圓形凹穴，溶蝕盤則呈數公分深的淺盤狀，輪廓較不

規則，兩者容易區別。至於其成因亦異，壺穴為海水
攜帶砂石，反覆地鑽磨而成；溶蝕盤則為海水溶解岩
層中的石灰成分，或重複乾濕與鹽結晶而成，所以，常
可在溶蝕盤周圍看見白色的鹽結晶。

　　這裡的壺穴特別多，常沿著節理分布，不妨仔細觀
察、比較。若論其演育，可分為幼年期的單一壺穴，壯
年期兩個單一壺穴連接一起的聯合壺穴，老年期多個壺
穴連成溝狀的壺溝。而野柳的壺穴多為複成壺穴，淺白
點可稱為「穴中穴」，即大壺穴中再鑽蝕小壺穴。複成
壺穴的現蹤，表示其發育在幼年期發生回春，也就是地
盤的抬升或水流能的增加而讓鑽磨轉趨活躍化，老壺穴
跟新壺穴共居。

壺穴

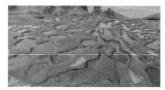
溶蝕盤

海蝕洞

　　海浪常侵蝕、擴大海蝕崖上的節理，而形成海蝕洞。
野柳的海蝕洞有 2 個，最深處相通，被美稱為情人洞，
目前未開放參觀。

海膽的本體化石

生痕化石與本體化石

　　化石可分為生痕化石與本體化石兩種，前者為生物
居住、攝食等活動所留下的痕跡；後者為生物的遺骸石
化而成。野柳出現的生痕化石以蟹、蝦等節肢動物居住，
外形呈束管、樹枝狀的痕跡最多，這代表大寮層堆積時
為很多生物棲息的淺海環境。野柳濱臺常見海膽的本體
化石，平面外觀似朵 5 瓣花。

薑石

結核

　　野柳的海蝕崖地層中常見各型岩塊鑲嵌其中，此為
地層抬升後，地下水將其中的石灰成分向下搬運，遇貝
殼等物體而不斷包裹凝聚成各種形狀，彷彿人體內長了
瘤一般。結核有如球的圓形，被稱為地球石；又有如燭
臺石頂部的桃子狀；也有龜裂成老薑狀，稱為薑石；更
有奇特如仙女鞋者。

豆腐岩

在野柳岬前段北側海蝕崖下，出現外觀如豆腐般的岩塊，排列整齊，稱為豆腐岩。地層受地球板塊的擠壓或拉張，容易形成直交節理，豆腐岩即係海浪沿直交節理侵蝕所形成。

野柳岬前端展望點：野柳岬前端可330度展望浩瀚東海中的基隆嶼與燭臺嶼、大屯火山群的磺嘴山、竹子山等火山錐，視野壯闊。

豆腐岩

5 ／翡翠沙灘：想想沙子從哪來？

翡翠灣因位處較軟弱的地層（石底層），而被海浪侵蝕成海灣，灣頭有沙灘，沙源來自瑪鍊溪及沿岸流。

有關瑪鍊溪，為沿著崁腳斷層發育而擴大成河谷，也是其北側的大屯火山群與南側的五指山山脈的分界線，有著重要的地形意義。萬里西南方的中福子山（丁火朽山）係大屯火山群最早噴發的火山，其噴發年代約280萬年前。

6 ／外木山海岸：
清法戰爭下的砲臺地理學

萬里以東至基隆的海岸較為平直，都是單面山的陡坡，直迫海岸。單面山頂設有大武崙、白米甕等砲臺。清末至日治初期，基隆一地的砲臺設了至少9座，可說是臺灣砲臺分布最多、最密集之地，緣於法軍覬覦這煤礦產地，意圖當作補給艦隊的動力來源，才能向北挺進攻打中國沿海的旅順、煙臺、威海衛、福州等地，附帶的好處是基隆港乃北臺灣的海陸門戶，若能拿下，還可當經營遠東的前哨站或談判籌碼。

清廷洞明情勢，遂派劉銘傳來臺，重點是絆住法軍。而臺北盆地的兩大入口是淡水河口及基隆港，一來清軍用戎克船載滿石頭沉在淡水河口，並布上水雷，形成水中一堵石牆，二則在基隆一帶設立砲臺防護。

外木山海岸為單面山陡坡，直插入海，西側凹入海灣為大武崙海灘，
灘上覆蓋沿岸流帶來的石英沙，呈金黃色，闢為海水浴場。

　　這就使得，光緒 10 年（1884）的法軍侵臺吃足了苦頭。除了基隆砲臺防線牽
制住法軍，北海岸的天氣也幫了大忙。這年年底開始狂吹的東北季風，北海岸沿
海的風浪極大，不適合船艦靠近或登陸，且冬雨綿綿，又濕又冷，僅 4 月有利於
法軍侵臺。但是，接連的梅雨季、颱風季節，大自然很快地又防衛了全島沿海，
讓封鎖北臺的法軍徒勞無功，是臺灣史上的禦外勝仗，也促使臺灣建省。

　　那時的砲臺擇址極具地理學意義，推測可能的考量如下：

　　一、 選擇制高點可以環顧俯視，防衛範圍較廣。

　　二、就地形而言，砲臺所在都是面海的陡崖頂部，面陸側則較緩，屬單面山
或海階地形， 易守難攻，且方便利用緩坡運送砲彈；

　　三、依空間分布來說，可分 3 列：前列是海岸線的大武崙、白米甕、社寮、
槓子寮等砲臺，除了隱匿山頭來嚇阻，也可居高窺探、砲擊削弱敵軍；中列有二
沙灣砲臺，兼控內外港；後列有獅球嶺及其東、西砲臺、四腳亭砲臺，布署在環
繞基隆港的附近丘陵山峰，為最後一道防線。

　　嚴肅的戰略政治之外，也有地形的美。此地砂岩有呈現如木材紋理般的風化
紋；濱臺上的岩層紋路有中斷、不連續的，這是斷層作用所造成，有人形容起伏
的紋路像是洗衣板。

地下水沿砂岩節理向兩側入滲，沉澱氧化鐵，形
成風化紋，有如木材紋理般。

大武崙海灘西北的濱臺上，岩層受斷層作用影
響，導致濱臺紋路中斷、不連續。

北海岸地形岬灣相間，海水浸入成谷灣，基隆港所在之灣澳是規模最大者。

7 / 基隆港：海淹山谷成良港

基隆港所在之灣澳是北海岸規模最大者，係原來的山谷於 1.8 萬年前末次冰期之後，海面上升所淹沒的谷灣地形，具備港口的良好天然條件。

海嘯來過基隆嗎？

根據《淡水廳志》所載，同治 6 年（1867）12 月 18 日基隆北海岸一帶曾發生地震，進而導致海嘯，也因此列入該志書之祥異考。其記述為：

六年……冬十一月，地大震：二十三日雞籠頭金包裏沿海山傾地裂，海水暴漲，屋宇傾壞，溺數百人。

若真「海水暴漲……溺數百人」，這是何等重大事件？受囿於史料記述有限、海嘯的田野證據、記憶又難以留存，實在難辨此事之真偽。首先，要嘗試解惑的是，海嘯是否真來過？同治 10 年（1871）末，前來臺灣傳教的馬偕（George Leslie MacKay）牧師，曾在其回憶錄中提及此事，但從時間序列來看，顯然是聽說的。但其描述可供判斷是否為海嘯，臚列如下：

幾年前，雞籠地方隆隆發生，港水倒退，大魚小魚在泥巴裡和低窪的水窟中翻滾。婦女和小孩們趁機趕緊捉魚。岸上的人向他們急聲呼叫，警告他們海水會再回來。海水果真回來了，洶湧如一群戰馬，越過原來的潮水界線，沖毀了沿岸所有低地的建築物。

假設馬偕牧師所聽聞與轉述為真，從海水瞬間後退，海床裸露、乾涸，沒多

久卻以更猛烈的暴浪回撲，確實是海嘯的特徵之一。而喇叭狀的基隆港灣地形，入內受制兩側地形而趨狹窄，水量容納的空間變小而壅高海浪。另外，岸上人們的警語也透露這次海嘯並非首例。

海嘯會帶入海相堆積，或許考古挖掘可以找到間接證據。莊釗鳴等（2018）為找尋西元 1626 年西班牙人於基隆和平島建立之堡壘，而在和平島社寮里停車場進行考古探坑試掘與地質調查。其結果，可將考古探坑由下而上分為 Unit 6 至 Unit 1 等 6 個堆積層，其中 Unit 3 為一以海相生物碎屑為主之砂礫層，並與下覆 Unit 4 文化層呈侵蝕性接觸，此現象指示 Unit 3 為一高能量（海嘯）事件堆積層。後經碳 14 定年與文化層鑑定的結果指示，Unit 3 為清代堆積層，據此推測，若 Unit 3 為海嘯事件的堆積物，此事件應可對比同治 6 年（1867）12 月 18 日的基隆海嘯事件。

看來，海嘯應是確實發生了，但災情呢？馬偕牧師對於災情僅提到沖毀建物，真如《淡水廳志》所記「溺數百人」？當時，人在艋舺（萬華）的洋商陶德（John Dodd），在地震時趕緊到淡水河邊一瞧，他形容河水像是煮沸的開水般翻滾。又說，一時間，「雞籠成廢墟」的謠言四起，讓他擔心他在基隆的洋行是否安全？次日，他趕赴據說災情慘重的雞籠，寫下了一段觀察文字：

> 幸好我的洋行仍在，只被海水洗刷過地板，屋外留有來處不明的木板，如此而已。當地人到處撿拾老天爺帶來的海鮮，各個狀甚愉快，不像災民應有的表情。

後來，他沿著北海岸返回淡水，中途夜宿金包里（金山），當地也無災情。陶德的親履勘察洋行的災損，無意間留下個人目擊紀錄，應是最接近災害現場者。雖屬簡略，稱不上一手災害調查，卻可略窺這場海嘯的影響狀況。只是，「雞籠成廢墟」的謠言所建構的故事，穿透力全然不受限於時空牢籠，不斷被文字傳抄、口語覆誦。

到了明治 36 年（1903）由 J W.Davidson 所寫的《臺灣之過去與現在》，仍抄寫舊調，甚至誇飾為典型探險時代的想像、驚悚之語：

> 地面上到處開裂，然後重又閉合。一處山坡裂開後，形成巨大峽谷，目前有一股來自火山口的溫水溪流，通過該處。……基隆之停泊地，竟下陷數尺。生命損失從未知道，究竟有無計算是極端可懷疑的事，但死亡者可能達數百人。

佛手洞，由海蝕凹壁可證明為一離水海蝕洞，早期海水沿數條節理沖蝕成海蝕洞群，交錯分布如迷宮，應屬臺灣僅見。

洞穴迷宮與佛手印：離水海蝕洞

　　基隆港西側的佛手洞，為一離水海蝕洞，洞底海拔高約 5.5 公尺，洞高約 2 公尺，深度在 80 公尺以上。雖有人為作用，但由海蝕凹壁可證為沿數條節理發育的海蝕洞群，交錯分布如迷宮，可說是臺灣僅見；最深處洞頂的風化紋，狀如人之手掌，時人觀形附會成佛手印，而得洞名。

　　東鄰的「仙洞」曾傳為挖煤礦坑，係同樣的地形成因，有寬有窄，窄處位於左側僅一寬約半公尺的狹長海蝕洞，亦為沿節理所形成。陶德也曾記錄此洞，他說：

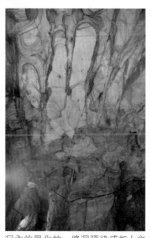

洞內的風化紋，將洞頂染成如人之手掌狀，時人稱佛手，也得洞名。

> 港灣入口西側近大海溝處，有一內供神像的岩洞…，內有四個洞穴，髒濕而滑溜。有人說此洞可通往淡水，真是無稽之談。

　　可見，仙洞的歷史悠久，至少追溯至陶德所見之時。但時代不同，不該責難陶德不知此為離水海蝕洞，反而應佩服他實地踏查的地理精神，更不假辭色地戳破世俗的荒誕訛傳，實察求真讓他所言更趨近真實。

8／和平島地區：海蝕地形的野外教室

　　基隆外港東側的和平島，舊稱社寮島，南以 100 公尺寬的八尺門海峽與臺灣本島相望，北側原鄰近的中山子島與桶盤嶼，後因人為填土而相連，合稱和平島地區。

中山子島與和平島東北側，迎著 9 ～ 3 月的東北季風與 7 ～ 9 月的颱風，風強浪大，海蝕地形發達。此地的地層屬於約 2,000 萬年前淺海堆積的大寮層，岩性以砂岩為主，含海相生痕化石與石灰質結核。

和平島地區的形成過程

和平島地區所處的臺灣北部海岸，呈現彎曲的海岸線，有凸出的岬角與凹入的海灣，具沉降海岸的特徵；不過，沿海卻有離開海水面、高數公尺以上的海蝕洞、海蝕凹壁、海階等地形，顯示近期地盤有相對抬升的現象。根據上述證據，可以推論其 1.8 萬年前以來的演育過程：

（1） 1.8 萬年前：末次冰期達到最盛，海平面降低到比今日海平面低 120-140 公尺，當時本區與臺灣本島相連。

（2） 1.8 萬年前至 8,000 年前：氣溫漸漸升高，冰河融化導致海面上升，約 8,000 年前海面上升到最高點，低地遭到淹沒，本區分離成 3 個小島。

（3） 8,000 年前迄今：8,000 至 4,000 年前海面下降數公尺，4,000 年前之後，海面近乎穩定迄今。此時和平島與臺灣本島之間仍存在著八尺門海峽，而鄰近北側的中山子島與西北側的桶盤嶼仍自成小島，但後因人為填土而與和平島相連。強烈的海蝕、風化等作用，將本區東北緣雕刻成多彩多姿的地景。

奇形怪狀的海蝕地形

中山子島與和平島東北側之海蝕地形，分述如下：

Ⅰ. 濱臺與海蝕崖

海岸侵蝕的過程中，海蝕崖漸漸後退變高，而崖下的平坦底岩面（濱臺）也跟著擴大。濱臺的高度相當於海平面，漲潮時淹沒，退潮時露出。低潮時，本區濱臺出露面積達 10,000 平方公尺，兩組直交節理分隔成狀似千張榻榻米，日人稱「千疊敷」；或分成較小塊，名為豆腐岩。冬、春季的綠藻，夏季的紅藻，零星依海維生的婦女前來採摘。

過去稱濱臺為海蝕平臺，但因其形成的營力，除了海蝕作用以外，尚有退潮後的風化與海蝕崖下方的崩壞等作用，後改用較中性的「濱臺」一詞。濱臺上常有蕈岩、風化紋、小斷層、溶蝕盤、壺穴等小地形。

濱臺抬升則成為海階，本區的海階有 2 段，上段分布在島的頂部，高約 50 公尺，居高臨下，具有防衛功能，中山子島頂部的雷達站開放後，增添展望觀景的功能；下段分布島的西南部，高約 5 公尺，目前為聚落與工廠所在。

照片中央為中山子島頂部的雷達站，係蓋在海階上。其北側（照片左側）陡崖臨海，崖下為千疊敷（豆腐岩）、萬人堆（薑岩）。

本區的海蝕崖高數十公尺，崖面有的呈懸崖，崖的下部有凹壁；有的呈階狀，階崖為硬岩（砂岩），階面緩坡則為軟岩（頁岩）所構成。

Ⅱ.薑岩

本區地層在差別侵蝕之下，成為無數人頭狀突起1、2公尺的薑岩群，被稱為「萬人堆」。薑岩多分布海拔數公尺的濱臺上，少數則位在十數公尺高處。頭部常因岩層具剛性而容易受熱脹冷縮等物理風化作用而裂開；反之，頸部具柔性而不易龜裂。

薑岩頭部的石灰質結核，抗蝕力強而剛硬，容易受熱脹冷縮等物理風化作用而裂開

薑岩頭部位在海面附近時，曾因居住藤壺等生物而鑽了許多小凹洞，地盤抬升後，這些小凹洞進一步受風化作用而擴大，整體如蜂窩狀，稱為蜂窩岩。

對於薑岩的產生機制，梁繼文（1975）提出不同的見解。他的看法是，本區的薑岩頭部為中新世時的圓石塊滾落到海底，與其

薑岩頭部受風化作用而成蜂窩狀，稱蜂窩岩。

下方較新的沉積物膠結，後受海浪挖掘出露，斷頭後留下碗狀的斷口，屬於重現（重出土）地形，與野柳薑岩的成因有異。

但實地考察後，認為本區薑岩的成因與野柳者類似，亦為地下水將地層中的石灰成分向下搬運，遇貝殼等物體而不斷包裹凝聚成各種形狀的結核，彷彿人體

結核

許多藤壺附生在海蝕溝兩側的溝壁。

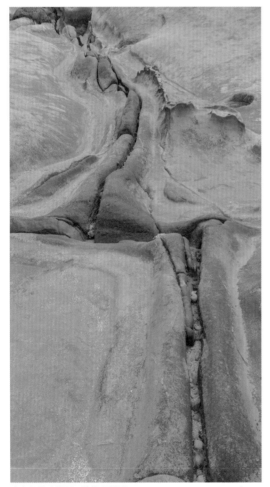

濱臺上的小斷層，將節理錯開。

內的瘤。結核有呈球形，也有龜裂成薑狀。總之，不同的見解讓田野多了點觀察與想像。

III. 節理與斷層

地層受到造山運動的應力影響而破裂，稱節理；若破裂面發生錯動，則為斷層。本區濱臺上顯現走向東北與西北兩組節理，將濱臺畫成上千個長方形，即前述千疊敷、豆腐岩，後者以和平島東北側濱臺（阿拉寶灣）者最為典型。

IV. 壺穴與溶蝕盤

本區的壺穴與溶蝕盤類似野柳，唯壺穴多為單一壺穴，表示其發育尚在幼年期。

V. 海蝕洞與海蝕隧道

本區的海蝕洞有數個，而海蝕隧道僅見於中山子島與和平島之間的無名島，據說 300 多年前曾有荷蘭人在門內刻字，因此稱為蕃字洞，今字跡雖已模糊，但仍列入基

蕃字洞

隆市定古蹟。100 多年前的陶德也曾踏查此洞，那時又稱荷蘭洞，他曾仔細查看了岩壁上的刻字。不過，他把所謂荷蘭人刻字歸為傳說，甚至懷疑是人為惡作劇。

VI. 化石

本區出現的化石多屬生痕化石，缺少如野柳所見的海膽化石。

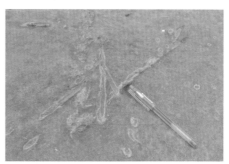

化石多為生痕化石，且常見呈束管圓柱狀的蟹、蝦居住痕跡。

東北角海岸
海上工藝師

東北角海岸，從三貂角為最顯眼，編碼其於山

我們走臺62線至東端的深澳、八斗子，再循著臺2線省道直到宜蘭頭城的外澳，就是進入臺灣的東北角海岸。每回繞行這段曲折迂迴的海岸線，總想起「歸來吧！蘇連多」的歌聲：「蘇連多的美麗海岸、清朗碧綠波濤靜盪、橘子園中茂葉累累、滿地飄著花草香 」。之所以如此引用，是因為這段海岸風光足堪媲美義大利的蘇連多海岸，只是，想像地理就會在內心產生差異比較，把不同空間的物質擺入同一櫥窗，這是一種心靈活動。當然，免不了被討論這是地理學，還是心理學、社會學？我們認為，這仍然是地理學的範疇，唯獨不能偏離地理實體。

而地形學屬於自然地理，是地理學很重要的次學門。地形學的研究對象是真實的、物質的世界，其隱藏的訊息靠地形學家去編碼、解讀，而掉入主觀性的危機？也就是說，沒有地形，只有地形學家。且，地形學家的投身踏查，親睹與腳步能否窮盡土地？穿越時空？不管如何，地形考察中「人」的主觀成分是不能忽略的，比如說感受、想像、連結、類比與臆測。當我們承認主觀，並非意謂掉入監牢，其實標榜客觀也不會卸除枷鎖。所以，地形學是客觀的、科學的，也是地形學家心智與技藝的主觀產物。

1 / 灣岬相間、濱臺發達、離水地形

　　東北角海岸的地形特色為灣岬相間、濱臺發達,其原因不易從單一因素論斷,而應從地質的岩性、地層及構造線與海岸線走向、氣候三因素綜合來解釋。

灣岬相間

　　首先,是地質的岩性。東北角海岸由基隆至頭城,構成的岩石主要是第三紀中新世的沉積岩和漸新世的輕度變質岩。地質上,岩層的軟硬度不同決定了抗侵蝕力。硬岩抗蝕力強,容易凸出海面成為岬角,而軟弱的岩層或構造則被囓啃成海灣,比如龍洞岬下部的地層為龍洞砂岩,鼻頭角的地層為桂竹林層二鬮段,這都是較堅硬的地層。而龍洞灣有龍洞斷層通過,斷層帶較破碎,地層亦軟弱,就容易受侵蝕。

　　第二個要素,地層及構造線與海岸線走向。而海岸線的走向和地層及構造線走向相交者,在海浪長期侵蝕下,易形成岬角和灣澳相間的海岸。

　　三為氣候。本區當冬季東北季風與夏、秋季颱風之季節,風強浪大,侵蝕力強大;且地層與斷層走向大致與颱風(第一象限)及東北季風的風向平行,海蝕作用衝洗脆弱的斷層帶與地層,浪進浪退,地層裂縫擴大成今所見的凹入海灣,未見盡期。

基隆北海岸的谷灣地形,迂迴曲折若指,海外孤島是基隆嶼,攝於基隆山。

濱臺發達

　　東北角海岸為本島濱臺最發達之處，其寬度以 80 ～ 90 公尺最多，平均寬 79 公尺。這究竟是甚麼原因？其又呈現何種特性？

　　濱臺是岬角受侵蝕後退的結果。岬角向海凸出處，海崖臨海，直接受到連續而密集的海浪攻擊。海浪先在崖下掏挖出一長列的海蝕凹壁，凹壁頂部大略是海浪的勢力所及。因底部遭掏空呈現額頭狀凸出，上頭岩層懸空而失去支撐，導致崩落。但是，海浪沖蝕仍周而復始，海崖隨之不斷後退，漸漸地，崖下大多出現寬窄不等的濱臺，在潮來潮往的刷洗下，緩斜向海，也依潮位高低而露出不等面積，泛稱潮間帶。田野中，亦常見因地層軟硬互層，受侵蝕程度不一，進而使濱臺呈低平而鋸齒狀起伏，一如洗衣板。

　　若將這些濱臺，再根據岩性、地層走向、海岸方向等進一步分類，就會發現其形態特徵呈現有系統的分布（梁翠容，1990），比如：

　　（1）南北向海岸的濱臺較東西向者，較高、寬且平緩；

　　（2）較古老的漸新世地層（硬頁岩為主）的濱臺，較年輕的中新世地層（厚砂岩為主）者，較高、寬且平緩；

　　（3）若是濱臺的岩性較弱、地層走向與海岸方向夾角愈大、地層傾角愈小和濱外坡降愈陡者，則寬度愈大。

　　（4）若岩層硬、坡降大、潮差顯著者，則濱臺的坡度大。

離水的地形證據

　　往內陸的海岸線附近，海蝕洞、海蝕門、海蝕凹壁等甚是發達，沿海亦有不少顯礁和海蝕柱。有關海蝕洞、海蝕門與海蝕柱的發育過程是，海浪在岬角的攻擊力較強，脆弱的節理面不斷遭受侵蝕、擴大成為海蝕洞，洞內常見海浪打入的礫石；當海蝕洞持續加深，一旦穿過岬角則形成海蝕門；海蝕門的頂部下方失去支撐，終將塌落而殘剩門柱，孤拄成海蝕柱。

　　再者，氣候因素更不能忽略。在 1.8 萬年前、末次冰期最盛期以來，海平面不斷上升，以迄於 4,000 年前，海水淹沒了山谷成為海灣。但陸地的隆起速率顯然更快，以致普遍存在近期離水的地形證據，例如海階、離水海蝕洞。必須注意的是，海平面與地盤升降兩者之間存在相對關係，一有遺漏便導致偏差。

2 / 八斗子岬：
八斗夕照、海貝化石富集層

或許，眼前就是名聞遐邇的八斗夕照吧 ?!

這裡的海，該說是種寂美，看著看著心都迷濛。

望之而醉的八斗夕照、望幽谷

八斗夕照是在日治時期，有些文人附庸風雅而成為基隆八景之一。顧名思義，
想必夕照是當地景色一絕。但「夕照」卻困惑了田野考察之行。

早期八斗子拓建聚落時，基於避開東北季風吹襲，屋舍背倚七斗山而朝向西
方。太陽西落而得見夕陽，這聽來也沒什麼問題，但是田野並不是這麼一回事。
八斗子一到下午，受到基隆一帶的丘陵地遮蔽，哪來夕陽沒入地平線前的通紅？
若夕陽不斜，八斗子何來夕照呢？

直到考察至此海岸線，當時已近黃昏，陽光繞過山頭投射這片海岸，山蔭海
濱卻有種幽靜感。「八斗夕照」的疑惑此時才恍然大悟，八斗夕照有著自成一格
的道理，其唯美得自光影映照，而不在夕陽本身，也難怪又被稱為望幽谷。

八斗夕照之美，在於光影映照這片海岸和潮浪。

八斗子岬角，望幽谷下行至海貝化石富集層的步道已毀壞，只能從潮境公園進入。

堅硬抗侵蝕的古老沉積岩，凸出成岬角

　　再走進潮境公園盡頭，沿著海岸西行。從地圖上看，它是一凸出岬角，其成因與地質有密切關係。八斗子的地層由大寮層厚層砂岩所構成，這是古老的沉積岩，岩性堅硬、抗侵蝕，所以才能對抗東北季風與颱風帶來的凶狠海浪攻擊。

八斗子屬於岬角，此因地層乃大寮層厚層砂岩所構成，岩性堅硬、抗侵蝕，地層受到板塊運動擠壓傾斜約 24 度，略顯上衝。

濱臺、結核

　　轉彎後走幾步，會看到一處平坦地，那是濱臺經垃圾填海而成的環保復育公園。

　　這小段海岸的左側，陡峭山壁出露大寮層，上頭分布許多大大小小的結核，像汽球，也像籃球，黏在山壁上。所謂結核，是由地下水溶解地層中的碳酸鈣與礦物質，遇不透水層而沉澱膠結所形成，它比起周圍的大寮層砂岩，更堅硬而不容易被侵蝕掉。其孤立鑲嵌於崖壁上，彷彿抽離眼前的晴雨、潮起潮落，冷眼看世界。

八斗子岬角為大寮層厚層砂岩（照片上部），常沿著節理風化而解壓、掉落，可從照片岸邊滿布落岩塊以資佐證。也因此，崖壁出露許多大大小小的結核，甚為壯觀。

八斗子岬角同一位置的空拍照。

滿地落岩塊上的生痕化石

　　有時候，風土與科學知識是種亮麗的裝束，尤其在獨自散步時，拿來玩味，也可增加樂趣。

　　由於八斗子岬角面迎東北季風，若遇夏秋颱風季節，常是颱風前進路線的第一象限，強風吹拂起的風浪格外猛烈。當波浪撲向海岸地帶時，空間上受到海岸地形凹凸不均的影響，能量與速度開始呈現複雜的變化。大抵上，岬角位於凸出前端，受波浪攻擊、侵蝕的力量較為強大，所以常於此處先挖鑿成海蝕凹壁。接著，凹壁頂部岩塊因失去支撐，常常循著節理崩落，亦即考察所見的大批落岩塊。而掉落的岩塊又成為海浪撞擊崖壁的工具，大自然周而復始地雕琢、破壞，顯露出較原始的自然空間場域，人造物難以長存，反而提供了極佳的自然教育素材。

　　很多人走到了海岸步道盡頭，看見遍地落岩塊的荒蕪、寂然，多數選擇回頭，錯過了最精彩的生痕與海貝化石。殊不知大寮層屬於海相堆積，受到生物擾動的現象明顯，落岩塊上就出現不少生痕化石，其封存了古生物的活動痕跡或殘遺，讓人可以很輕易觀察。

　　有時大自然難以參透，之所以難，是因為常將其擬人化，用人的角度去度量，比如落石對人們來說是危險的地質災害，聞落石而色變，其實那不過是大自然演育規則的一環。且若非落石，露出新鮮的地層或岩面，植被與表層風化常形成一層迷障，怎有如此機會一睹鎖在地層的古代生物遺留？

大寮層為海相堆積，地層中埋藏許多古生物活動痕跡化石，意外被落岩塊揭露。

臺灣一絕：海貝化石富集層

最特別的，莫過於最外側海貝化石富集層。引人好奇的是，從哪來這麼多貝殼化石？偶發的想像，該不會是古代人啃食後丟成堆吧？可是這數量也太驚人了。

地景散步時，帶些想像力能增添故事性，但想像終歸是想像，並無法一探事實，還是得回歸科學精神。一來根據地層年代幾乎為千萬年，其時尚無人類；其次從其外表破碎缺損來判斷，可能是經過海水衝擊拍打，經由海流輾轉沖至此水流平緩處堆積、膠結，日後因地盤抬升而出露地表。

這裡的海貝化石數量之多，堪稱臺灣一絕。

海貝化石富集層近照，貝殼均已破碎，判斷可能經海浪打碎後再搬運至此堆積。

八斗子岬角前端，整片出露的海貝化石富集層。

陸連島、海階，海天一色

八斗子岬角前部原為一沿海孤島，日治時期將孤島與臺灣本島之間的海蝕溝填塞，昭和 12 年（1937）建立北部火力發電廠，孤島與臺灣本島便相連成為陸連島，海島成岬角。民國 86 年將發電廠改建為國立海洋科技博物館主題館區的一部分，當參觀博物館時可看到原本發電廠堅固的鋼結構。

陸連島頂部平坦，高約 101 公尺，屬
於海階地形。今於海階面上開闢為觀景
臺，可 360 度展望鼻頭角至金山的北部海
岸以及孤立海中的基隆嶼，海天一色，綺
麗壯闊。

前方凸出岬角為蕃子澳，後方是基隆山，攝於八斗子。

北部海岸線甚為曲折，蕃子澳、八斗
子等岬角之間凹入的海灣因風浪較小而常
闢為港口，八斗子漁港即是一例。另外，
向東眺望可見基隆山，其為北部海岸的天
然地標。

八斗子漁港，位於這段
海岸西側凹入處，就是
為了避開岬角的惡劣風
浪。

3 ╱ 深澳灣岸

深澳向東至鼻頭角的海岸線，大致呈東西向的直線，山地逼至海岸，直接受
波浪侵蝕形成許多海蝕地形，其中以深澳灣岸與南雅兩地最精采。深澳灣岸的地
形如下：

一、沙頸岬：蕃子澳半島在深澳灣或四腳亭向斜軸的西北側，其先端高約 45
公尺山崗，原為孤島，現由離水海積層將其與海岸連結成為沙頸岬。離水海積層
由珊瑚骨骼、有孔蟲殼、介殼及石英沙所組成，分布於蕃子澳半島中段的連島沙
洲，高約 3 ～ 4 公尺以下，現為蕃子澳聚落所在。半島先端今成為陸連島，其與

後段的丘陵均呈西北坡陡、東南坡緩的單面山地形。

二、基隆山：由蕃子澳陸連島向東南可望見，其臨海西北坡有高約 70 ～ 130 公尺的海階，向海緩傾。

三、四腳亭向斜：由蕃子澳陸連島向南可望見深澳灣頭西南方的單面山緩坡，傾斜相向，由此可推知四腳亭向斜軸的所在。

四、蕃子澳半島小地形：陸連島西南端、十數公尺高的風化窗，形塑了「酋長岩」的容顏。

陸連島南緣的濱臺上有短頸的蕈岩群，有些蕈岩抬升數十公尺高。西北端有一大海蝕門，海蝕門西側門柱形似象鼻，被稱為象鼻岩。

蕃子澳即因「酋長岩」而得名。

象鼻海蝕門，因海浪拍打，岩層軟弱處逐漸被侵蝕成海蝕門，加上地盤抬升，就形成眼前的象鼻狀奇石。

五、深澳灣頭：濱臺上矗立數十個蕈岩，其規模較野柳、和平島、鼻頭角等地的蕈岩群要小。

六、深澳灣東岸：有離水海蝕洞十數個，其中蝙蝠洞以棲息東亞摺翅蝠而聞名。濱臺上頗多壺穴、化石與豆腐岩。

深澳灣頭濱臺上的小規
模薑岩分布

深澳灣東岸分布十數個離水海蝕洞，其成因乃海浪沿節
理拍打侵蝕，後地盤相對離水而成。

4 / 濂洞灣東側岬角

　　濂洞灣東側岬角濱臺的海膽化石比
野柳還多，但多破碎，顯示此地非海膽
原來的棲息地，可能是被高能量的海流
帶到此地沉積的。

　　此地也是臺灣北部海岸蜂窩岩與海
成壺穴分布最多的地方，特別是方解石
脈更是臺灣北部海岸僅見的。方解石脈
係化石被溶解成的石灰質溶液、充填地
層中的節理、後結晶形成。

海膽化石

蜂窩岩

方解石脈

5 / 南雅霜淇淋奇岩

差別侵蝕下的南雅奇岩，形狀似霜淇淋，為東北角著名地標。其風化紋大多沿紋理所滲入的氧化鐵，而非龍洞岬所見由節理滲入沉澱，兩者可做一對比。而氧化鐵的膠結硬度高，相較其旁受風化侵蝕而凹入的砂岩，就顯得凸出。

南雅海岸以奇岩著名，並成為東北角暨宜蘭海岸國家風景區的地標。南雅奇岩在地形上為2根海蝕柱，地層為砂岩，因地下水將上層的氧化鐵下滲、沉澱成的棕色薄層的風化紋，亦因較耐侵蝕而凸出。海蝕柱上下水平地層之間的傾斜紋路，稱為交錯層，是該地層在數百萬年前於三角洲前緣堆積所形成，由其傾斜方向可推知當時的水流向西。南雅奇岩因其形狀似霜淇淋，加上黃、棕兩色交替，均符合奇岩之名。

此外，凸出地層面的鐵結核與濱臺上呈漣漪狀的波痕（漣痕），亦少見。

鐵結核

波痕（漣痕）

鼻頭角岬角的山脊係一向東北延伸的向斜軸，越嶺步道即蜿蜒稜線闢築。岬角末端受波蝕最為劇烈，
不斷崩落，斷崖如刀削般。

6 / 鼻頭角的海蝕典型

　　鼻頭角是西部衝上斷層山地的加里山山脈最東北端，位於東西向海岸和南北向海岸的交點，主由中新世桂竹林層二鬮段之泥質砂岩層所組成；在地質構造上，則有一向東北延伸的向斜軸，組成岬角的山脊乃是地形倒置的向斜脊。

　　鼻頭角向東北方伸入太平洋，面迎東北季風及颱風侵襲路線的第一象限，且整體地盤為沉降入海，完全攤在風浪侵蝕下，可見臺灣島最典型的海蝕地形，略述如下：

　　一、海蝕凹壁：由於砂岩層中夾有頁岩層，而頁岩抗蝕力較差，而形成綿延的海蝕凹壁，其上方之砂岩層遂被懸空，甚至常沿著節理崩落，堆積崖下。

　　二、海蝕崖與濱臺：海蝕崖下，有寬達數十公尺的濱臺，隨著海蝕崖的崩塌後退，濱臺日廣。目前所見不僅現生濱臺，更有抬升數公尺或數十公尺的濱臺，另稱海階。其一海階面，因土壤潛移而形成小階地形，但不若桃源谷規模大而明顯。

海蝕凹壁、海蝕崖與濱臺。海蝕凹壁因地盤相對抬升，而偏於海蝕崖下最低位海階的內緣。凹壁上方的砂岩層遭懸空，不斷沿節理崩落。

從大海側往山脊方向，依序為濱臺、海蝕崖（底部為海蝕凹壁）；海蝕崖上方的平坦面為海階，海階上方斜坡原本有小階地形，今因植被覆蓋、人為踐踏，漸失原貌。

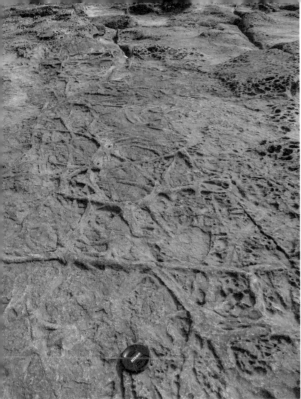

鼻頭角岬角末端下方，部分交錯層受風化後，外型渾圓似魚頭側面，名之魚頭石。

濱臺上的圖案：生痕化石

鼻頭角濱臺上的蕈岩，亦稱萬人堆，遠方岬角為龍洞岬。

三、蕈岩：濱臺上散布著蕈岩，頭大頸小，高約數十公分，雖不如野柳蕈岩的高大，但遠望之如無數人頭，而被稱為萬人堆。

四、越嶺步道展望點：由此可展望鼻頭角兩側廣袤的海域，沖激礁石所產生的白浪，也可遠眺基隆火山群的基隆山、無耳茶壺山等山峰，令人心曠神怡。

鼻頭角越嶺步道，近處為鼻頭漁港，遠眺南子吝山，以及基隆火山群的基隆山、無耳茶壺山。

7 / 龍洞岬：海蝕洞、地塹與斷層擦痕

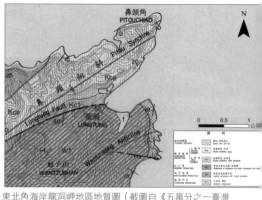

龍洞岬下部的地層為漸新世龍洞砂岩，主為厚層之石英砂岩，是臺灣最硬的砂岩之一，可見顯著的節理、背斜、斷層等構造；此處海岸的波蝕又極強烈，海蝕門、海蝕洞和海蝕崖均甚壯偉，又有濱臺上的地塹與擦

東北角海岸龍洞岬地區地質圖（截圖自《五萬分之一臺灣地質圖幅暨說明書-雙溪》）

痕、波痕、生痕化石、球狀風化、水晶等，可說是地質旅遊或戶外教學的絕佳地點。

地質概況

根據中央地質調查所出版的地質圖所示，龍洞岬出露的地層，在岬角的上部為蚊仔坑層，下部為龍洞砂岩。蚊仔坑層以深灰色厚層硬頁岩為主，夾少數薄層泥質砂岩及粉砂岩。本層的地質時代為漸新世，可對比乾溝層、大桶山層或五指山層上部。

龍洞砂岩，為厚層的白色粗粒至極粗粒之原石英砂岩，含有粒徑大小不一的石英質礫石，以及數層厚度約 10 公分的黑色頁岩和炭質頁岩。石英砂岩之組成顆粒，主要為角狀至次角狀極粗粒的石英顆粒，顆粒間膠結緊密，膠結物主要為二氧化矽，且已受到輕度變質作用，非常堅硬，若以鐵槌敲之，鏗鏘之聲響亮。本層為一河道、潮汐水道等濱海相堆積。本層之地質時代為漸新世，對比四稜砂岩或五指山層下部。

龍洞灣與對岸的龍洞岬，灣岬相間，海岸線曲折。龍洞灣因有龍洞斷層經過，地層較為脆弱而受侵蝕成海灣。

蚊子坑背斜，位在龍洞岬，呈東北走向。龍洞斷層，位在龍洞灣，走向東北東，為一高角度逆斷層，斷層面傾向東南，層位落差達 3,000 公尺以上；因此兩側地層的年代相差極大，南側龍洞岬地層的年代較老，約 3,500 萬年，而前述北側鼻頭角的地層年代僅約 500 萬年。

海蝕崖

由龍洞岬北端的觀景平臺可俯視龍洞岬海蝕崖，高約 100 公尺，近乎垂直的岩壁、發達的節理，是國內知名的攀岩場地。岩壁因為風化作用而形成橘色、赭色。蚊子坑背斜軸約通過龍洞岬的最高處，其兩翼地層分別向西北、東南傾斜。

海蝕洞、海蝕門、海蝕柱

龍洞岬海蝕崖長約 1 公里，從龍洞灣岬步道中點，經由釣魚小徑，拉繩陡降至崖底，跳踏濱臺上的亂石抵達海蝕崖北段，可見高大崢嶸的海

龍洞岬的海蝕崖為攀岩絕佳地點

龍洞岬

龍洞岬的海蝕崖，高約 100 公尺。蚊子坑背斜軸經過照片的左中央，斜向右上方。照片中央有一海蝕門。

龍洞岬因節理發達、波蝕強烈，海岸落石堆疊。

蝕洞、海蝕門與海蝕柱各乙處。

　　這3種海蝕地形景觀在龍洞岬均見，且十分壯觀，高度分別約為40、20、10公尺，這般高大，實屬罕見。由此可推論，這裡的海蝕營力特別強大，才能造就如此地形景觀。

生痕化石

　　龍洞岬北段海蝕崖下的濱臺，出露生痕化石。約3,500萬年前，華南古陸河流搬運砂礫堆積於濱海，其間曾有生物居住、覓食或脫逃等行為，所遺留之痕跡。

球狀風化

　　球狀風化為物理風化之一種，其外形狀似洋蔥，又稱「洋蔥狀風化」。均質且層理發達的岩塊，水分沿兩組交叉節理入滲風化，而由表至裡產生層層剝落的「鱗剝」現象。沿西靈巖寺東側步道下到濱臺的途中，就可看到球狀風化的岩石，長徑約50公分，呈橢圓形如洋蔥切開的樣貌。

龍洞岬的海蝕洞高達40公尺，寬約20公尺，深約10公尺，洞的下部有崩積的落石堆（崖錐）。

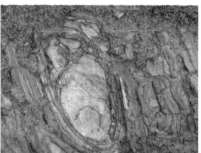

龍洞岬的海蝕門高約20公尺，寬約10公尺，長約30公尺。

龍洞岬的海蝕柱高約10公尺，寬約5公尺，高大於寬，狀如柱子。

龍洞岬的生痕化石，一個個小圓圈為生痕化石的橫剖面。

沿西靈巖寺東側步道下到濱臺的途中，就可看到球狀風化的岩石，長徑約50公分，呈橢圓形如洋蔥切開的樣貌。

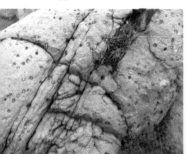

龍洞砂岩的節理面常可見水晶，長約 2 公分。

西靈巖寺東側步道下到濱臺的中途，可見一些石英脈，如紅色箭頭所指。

濱臺隆升所形成的海階地形，位於西靈巖寺東側步道下到濱臺之間。

水晶

水晶為結晶良好的石英，通常生長在空洞中。因地殼的應力擠壓，溫度升高，使得地層中的石英達到熔點而熔化成熱液；一旦熱液進入空洞或開口節理，冷卻結晶成六角柱狀的透明體，即為水晶；若熱液滲入閉合節理，則形成石英脈。西靈巖寺東側步道下到濱臺的中途，可見節理面分布長約 2 公分的水晶，附近地層也有一些石英脈。

濱臺與海階

西靈巖寺東側步道下到濱臺的海蝕崖腰部，有一緩斜地，長約 40 公尺、寬約 20 公尺，係濱臺隆升所形成的海階地形。遠望澳底、三貂角等地，亦有向海緩斜的地形面，均屬海階地形。龍洞濱臺於漲潮時不易淹沒，但颱風引發的大浪則可拍擊到海蝕崖底部，迫使海蝕崖受侵蝕而後退，並使濱臺不斷向海蝕崖方向擴大。

地塹與斷層擦痕

龍洞南段的濱臺上，有兩條明顯而平行的正斷層，呈東西走向。這兩條斷層之間相對陷落成凹溝，長約 100 多公尺、寬約 40 公尺，為一「地塹」地形。斷層小崖高約數公尺，北側者向西延展，截切海階，崖高達約 60 公尺；南側者則遭海浪侵蝕而中斷。

龍洞岬濱臺上兩條平行斷層小崖之間，相對陷落成為地塹。

龍洞地塹北側斷層面上的角礫岩

龍洞地塹南側斷層面上的擦痕

南側斷層崖　　　北側斷層崖　　海階

龍洞地塹

龍洞地塹北側斷層崖向西延展，截切海階，崖高達 60 公尺。

地塹兩側的斷層面上，清晰可見斷層活動時，上下盤相對移動、磨擦所產生的斷層角礫岩與斷層擦痕。斷層角礫岩呈稜角狀礫石；斷層擦痕則呈平行、光滑的痕跡。龍洞岬地塹兩側斷層面的擦痕頗多而清晰，由此推測此兩條斷層的活動年代相當晚近；由擦痕之面，也可判斷上、下盤移動的方向，其方法可簡單以手掌撫摸，若由上往下的觸感較平順，反方向較粗糙、似異物阻擋，表示此斷層的上盤相對向下移動。

波痕

在龍洞地塹南側出露大型的波痕，波長約 1 公尺，波峰 5、6 個。由其組成多礫石，且波長較長，顯示為較大的波浪所形成。

龍洞岬濱臺上的大型波痕

交錯層

龍洞濱臺上可見交錯層。交錯層的形成原因，為水流至坡度較陡、流速較快的地方進行堆積作用時，形成在上、下水平地層之間夾著前積層。從其傾斜的方向，可以判斷水流方向。有的交錯層形成於沙丘的背風面，用同樣方法可判斷風向。

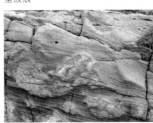

龍洞岬濱臺上的交錯層，其傾斜方向為向東（右），顯示古水流方向亦向東。

風化紋

風化紋，又稱「銹染紋」，為地層尚在地下時，地下水攜帶氧化鐵沿著節理，並向兩側滲透沉澱，形成數條平行節理的紅褐色紋路，在龍洞濱臺上到處可見。

龍洞岬濱臺上的風化紋，平行節理。

海蝕溝

海蝕溝係海浪沿著節理，經年累月侵蝕而成。龍洞岬濱臺，冬季受東北季風、夏秋季受颱風影響下，波蝕強烈，致使節理逐漸擴大而成狹長的海蝕溝，有些海蝕溝更擴大成小灣。

龍洞砂岩節理受海浪侵蝕、擴大為海蝕溝。

蚊子漁港興建防波堤導致突堤效應，反倒侵蝕金沙灣，沙灘縮退，岩石曝露。

8／突堤毀了和美金沙灣

和美金沙灣海水浴場，係利用枯水期的沙嘴形成天然沙灘，小溪流也成了潮曲流。

　　和美金沙灣原是寬廣的金黃色沙灘，曾是遊人如織的海水浴場，後因其北側蚊子漁港興建防波堤所產生的突堤效應而造成侵蝕，沙灘變窄了，岩石裸露，連帶也造成漁港的淤積，需時常疏濬。

　　附近火炎山麓海岸有高約 25 ～ 50 公尺的海階分布，向海緩傾，臺 2 線偏居海階崖下而過。海階底下的濱臺，則被開闢為九孔養殖池，與大海共仰潮起潮落。

九孔養殖池是利用濱臺開闢而成，潮水、海浪一如往昔地灌注，實乃人為利用自然欺瞞生物的明例。

9 / 福隆灣的沙嘴會擺動

　　龍洞岬至三貂角間海岸呈凹入岸線，因為這裏是第三紀岩性較軟弱的地層分布區，又有澳底斷層與海岸線相交，經長期侵蝕後，形成寬廣的福隆灣。龍洞岬至澳底的濱臺，地層中夾有堅硬緻密的砂岩，受地殼變動而傾斜，小單面山常見。

　　福隆沙灘位於福隆灣頭，因位處砂岩區，故沙粒中石英含量比例較高，成為金黃色的沙灘，長度超過 2 公里，已闢為海水浴場。

　　這裡廣大的沙灘是河海聯合堆積的地形。堆積需要材料來源，首先要問，這沙灘的沙子從哪來？沙源主要來自雙溪流域與附近岬角侵蝕砂岩的石英砂，挾伴少量貝殼砂。其次，如何形成？沙子的移動需要營力作用，主要受雙溪搬運到河口與由北向南沿岸流、波浪頂托搬運等，由西北向東南堆積出沙嘴。這類堆積地形常見於曲折海岸的灣口、河口等處，因為海浪的波峯線在凸出岬角相當密集，波浪侵蝕力就大；但在海灣則波峯線較稀疏，波浪能量較小，就會堆積。部分沙子因強勁東北季風吹揚，於河口後方堆積成高約 10 ～ 20 公尺的沙丘。

　　通常沙嘴形態會隨著海、河營力的消長而擺動，有人形容為龜尾，其尖端時而彎向河口上游、時而向下游，整體延伸方向則是沿岸流流向。當冬季風強浪大，河川水量少，漂沙受潮流影響而造成既寬且長的沙嘴，略向內彎；夏季暴雨或颱風洪水時，河口沙嘴容易被河水沖失或縮短，待大水一退，沙嘴又回復堆積、加長，周而復始，除非環境結構或人為因素改變。

　　雙溪下游北岸舊社一帶有 3 條平行海岸的沙丘脊，呈西北 - 東南走向，幾乎垂

福隆沙灘由金黃色的石英沙構成，為知名的海水浴場。沙灘南端（照片中央）為沙嘴地形。

雙溪下游北岸舊社一帶有 3 條平行海岸之沙丘脊。

雪山山脈東北端

挖子高位海階第 II 階

福隆沙嘴

雙溪

福隆沙嘴遠眺：雪山山脈東北端、挖子高位海階第 II 階、雙溪出海口。

核四廠重件碼頭

福隆沙灘因核四廠重件碼頭的「突堤效應」，造成沙灘變薄、沙粒變粗。

直東北季風風向，為橫沙丘。舊社聚落就在沙丘上，聯外道路的地勢呈現高低起伏。雙溪河口東南側及雙溪河岸有高約 35 ～ 90 公尺的海階。

福隆灣沿海分布 2 段海階地形，高位海階有紅土，其形成年代超過 3 萬年，受河流切割，常成狹長向海緩傾的平坦稜；低位海階為主要聚落與臺 2 線所在，其形成年代為 4,000 ～ 5,000 年。

近年來，福隆沙灘逐漸變薄、沙粒變粗，這是何故？大致歸納成兩項因素：一，應與核四廠專用港「重件碼頭」所形成的「突堤效應」有關，此即當沿岸流自北向南流動時，碼頭北側形成堆積、南側的福隆沙灘則是侵蝕，細沙被帶走，留下粗顆粒沙子；二，提供沙源的雙溪少見崩塌，且水土保持措施堪稱良好，連帶造成輸沙減少，可能也是原因之一。

10 / 三貂角：極東村落馬崗的防浪牆

　　三貂角係雪山山脈東北端，也是臺灣本島的極東處，向東微偏北凸出，其方向與地質構造線及地層走向一致。

　　馬崗聚落有「臺灣極東村落」之稱，位於三貂角東北側。聚落擇址於最低位的海階上，即日常潮汐和波浪危害不及之地。但踏查時，聚落內臨海處建有幾堵厚約 1 公尺、高達 3 公尺不等的石牆，略呈弧形。在地居民說道，早期馬崗漁港未闢築之前，颱風侵襲時所掀起的巨浪循此小灣澳灌入，聚落半數受到波及。於是，先民鋪造此防浪牆，面向東北，阻隔在聚落與海岸之間，時間應在日治時期以前。這可謂臺灣極少見聚落對抗海浪之案例，乃因此地理位置所致。

　　有趣的是，隔鄰馬崗的卯澳聚落卻無防浪牆，偶見象徵私人所有權的圍牆、庭院。此應與卯澳灣呈深 V 形凹入的喇叭灣，颱風侵襲時的風浪相對較小有關。

三貂角乃臺灣本島的極東，也是雪山山脈東北端。其地層為堅硬的澳底層媽崗段砂岩，
凸出為岬角，所以，此地波蝕劇烈，濱臺與海階極為發達。

馬崗聚落住民為對抗颱風時巨浪攻擊，築起一道道厚實的「防浪牆」，為臺灣少見的人們對抗海浪之作為。根據居民憶述，黃色線為巨浪所到位置。

馬崗聚落內防浪牆，厚約 1 公尺、最高達 3 公尺不等，以防堵颱風所掀起的巨浪侵犯聚落。牆面留有窗孔，究竟是通風用或防禦用銃孔，原因不明。

　　馬崗這一小小聚落僅約 50 餘戶，巷弄曲折、屋舍錯落，據說是因偏居邊境，出於防範盜匪而設計，進得來、出不去。不過，筆者對此說仍存有疑問。以前，聚落所有人蓋房子會同一時間動工嗎？且，刻意把聚落弄複雜以防盜匪之說，若這麼危險還會把家財性命押在這裡？最合理的推測，馬崗先民落腳建屋與地形的關係密切，海階上本非完全平整，屋舍比鄰錯落是受限地形，而後才有彎彎曲曲的巷弄。盜匪之說，大概是賦予故事、妝點傳奇，就這幾間房子會跑不出去？不過，更現實的效益是，此地偏居臺灣東北隅，颳東北季風時多少可收避風之效，猜想也是意料之外的收穫。

　　馬崗與鄰近的卯澳聚落，聚落內處處可見石頭厝，應該也是取材自當地的澳底層媽崗段砂岩，質地堅硬。而石材來源大多就近搬自濱臺，也就是浪打甚麼上來就撿甚麼，一群等浪的人。

　　有關石頭厝之砌法，略有亂石砌、平行砌、人字砌，主要因應材料形狀而定，大抵是方形當基石、梁柱，不規則或圓形填充為牆面。但是，細究兩處的石頭厝又略有不同。卯澳的石頭厝

卯澳石頭厝較具規模，但年代較久遠的吳、林家古厝等，均已頹圮、牆塌，尚可保留完整之石頭厝，年代不及百年。

馬崗聚落的屋厝石材細小零碎，且混雜咾咕石。

萊萊鼻附近的巨礫灘，這是臺灣顆粒最大的礫灘。

較具規模，甚至建成兩層樓建物；而馬崗的屋厝石材較細小零碎，也見咾咕石混雜，僅多建成矮房。

兩聚落為何有此差異？這可能與經濟能力有關。石頭要得經過加工，才會變成建材。撿拾搬運後，先初步分類為圓形（不規則）、方形，以及體積大小。而做為柱石的方形石塊，通常需經過打石等加工處理，得墊加費用。牆面用石僅需簡略處理，費用較低。看來，地理條件決定了他們的生存能力，進而決定住所的不同樣貌。

三貂角前端萊萊鼻至洋寮鼻，濱臺十分發達，寬度在 100 公尺左右，由比高數十公分之小單面山所組成。濱臺上方為離水濱臺，即最低位海階，高度約 6 公尺，相當於前一時期海準面的位置。

而在萊萊鼻附近有寬廣的巨礫灘，巨礫長徑達 3 ～ 4 公尺，略具蜂窩岩外觀。這是臺灣顆粒最大的礫灘，顯示波浪營力相當強烈，將細粒帶走，濱臺沖洗得乾乾淨淨，只留下如此碩大的巨礫。

11 ╱ 礁溪海岸的蝴蝶紋濱臺、萊萊鼻的侵入玄武岩岩脈

砂頁岩互層的地層因抗侵蝕力不同，容易形成軟岩凹入、硬岩凸出。

礁溪海岸為東部海岸最北的一段，介於萊萊鼻與頭城之間，長約 22 公里。海岸線呈東北－西南方向，相當平直，大抵平行雪山山脈，只有在海蝕劇烈之處形成少數極緩的弧狀彎入。沿著海岸發育的濱臺十分發達，寬度在 100 ～ 200 公尺之間，多為漸新世大桶

鶯歌石下方濱臺上，地層的紋路中斷、錯開成蝴蝶狀，此因斷層作用而成。

大窟的濱臺上，地層的紋路彎曲宛如筆刷，又像賽道，乃褶曲作用所造成。

山層、乾溝層的硬頁岩夾薄至厚層砂岩，經差別侵蝕，形成小型單面山的層階地形。

濱臺上地層的紋路，有的中斷、錯開成蝴蝶狀（如鶯歌石），有的彎曲像筆刷、操場跑道（如大窟等地），分別因斷層、褶曲作用所造成。

萊萊鼻西側濱臺上，有 3 條侵入大桶山層中的煌斑岩或鹼性玄武岩岩脈，各寬約 50 公分，相距 2 ～ 5 公尺，呈雁行排列，總長百餘公尺。由鉀－氬定年得知其於約 910 萬年前侵入；外澳濱臺上，有厚約 50 公分，長約 20 公尺火成岩脈侵入乾溝層硬頁岩中。

北關之蘭城更有典型的單面山，單面山緩坡上有菱形豆腐岩，陡坡下的硬頁岩風化成鉛筆狀構造的岩屑。該地也有隆起海蝕凹壁、海蝕洞、海蝕門等地形。沿岸也有高 20 公尺以下狹小的海階，北迴鐵路即鋪設於階面上。

西北側的雪山山脈陡崖高約 400 公尺，已顯著被切割，切割程度愈往南方愈甚。切割陡崖之小溪，河短流急，在崖下形成小沖積扇；大里、大溪和梗枋是沿線 3 個小漁村港灣，其凹入或由軟弱岩層引起，或因斷層的控制。

萊萊鼻西側濱臺上，雁行排列 3 條侵入大桶山層中的煌斑岩或
鹼性玄武岩岩脈。

外澳濱臺上，則有火成岩脈侵入乾溝層
硬頁岩中。

北關蘭城的典型單面山

北關蘭城單面山的陡坡下方，可見典型
的硬頁岩風化成鉛筆狀構造之岩屑。

北關蘭城單面山的緩坡上，排列整齊
的豆腐岩呈菱形狀，相當少見。

海蝕門係海浪沿節理侵蝕、擴大、貫穿形成，葫蘆肚形狀的海
蝕凹壁是判斷依準。

採金故事下的礦業聚落：九份、金瓜石。

1 / 採金：殖民時代的利慾薰心

在大航海探險時代，臺灣曾經是傳說中的金銀島，不幸招引了殖民帝國的覬覦目光。不同於對異文化或物種的蒐羅鮮奇，純粹是為了滿足人類的好奇心，採金的慾望是現實功利的，也最具貪婪的戲劇張力，交疊出一齣齣血淚或歡愉的故事。在後殖民時代，這些歷史或地景遺留都成了文化觀光的素材。

跟論述殖民者千篇一律的「權勢」不同，底層礦工的「故事」才是吸引人、感動人與否的關鍵。而九份、金瓜石最不缺的，就是「人的故事」，其圍繞於黃金的誘惑，地理場景就在基隆火山群。

2 / 九份、金瓜石憑什麼？

基隆火山群分布於臺灣本島東北部尾閭，亦即九份、金瓜石一帶，係臺灣北部兩大火山群之一。但其火山體、火山口等火山地形特徵，均不如大屯火山群顯著，也未見噴氣孔、溫泉，顯然已沉寂難以計數的寒暑。

但是，火山體周圍卻因蘊藏金銀銅礦，引來懷著淘金夢的人們聚集這偏遠山村。據說當貪婪、投機、慾念最盛時，九份、金瓜石這小小的地方擠進3、4萬人，人聲雜沓、焦躁、夜不眠，而有「小香港」、「小上海」之稱。不知這數字是否屬實？但實在讓人難以想像。若論最基本的物質條件，以這等山坡腹地，每個人不就站著睡覺？還有三餐的食物來源？奢侈享樂的酒、鴉片、性，就更不用說了。

3／地質成因與年代

人總是喜歡聽故事，尤其是淘金夢，實現的雀躍或失落的辛酸都得以引發共鳴，因為採金故事就是在講每個人的夢，但它卻模糊了火山地形、地質之美。於是，此處暫且不談採金脈絡的歷史學、淘金者間的社會學，僅著墨人與自然的關係，並以此從事地形、地質考察。

此等火成岩體的形成原因，今認為其位於侯硐背斜傾沒東北端之東側，與此地張裂的地質構造（正斷層）有關，進一步得由火成岩體群略呈弧形的排列獲得證實。

基隆火山群的形成年代，約於上新－更新世時侵入中新世的砂岩與頁岩內，抑或覆蓋其上。依照鉀氬定年法得出為200至81萬年前，又以雞母嶺的岩屑年代最老，基隆火成岩體東南部最年輕。本區火成岩體的產狀，包括岩床、岩脈、不規則的侵入體等，或為噴出熔岩及火山岩屑。

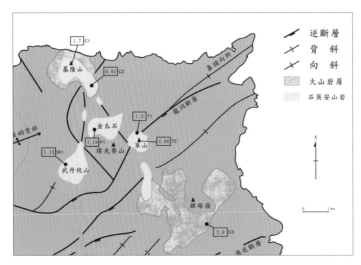

基隆火山群地質及鉀－氬法定年之結果圖（莊文星，1992）
註：方塊內數字代表年代，單位百萬年。

4／火成岩體與礦床

基隆火山群，包括基隆山、九份、武丹坑山、金瓜石、草山、雞母嶺等火成岩體。其中，草山與雞母嶺為噴出岩體，其他係侵入岩體。所謂侵入岩體，是指岩漿在地下冷凝並未噴出，後其上方覆蓋的岩層受到剝蝕、移除，而出露於地表。這些火成岩體的岩質，由石英安山岩和火山岩屑所構成，石英安山岩堅硬、抗侵蝕

基隆山是基隆火山群火成岩體的代表，石英安山岩堅硬、抗侵蝕力強，亦常見沿節理崩落，而成陡坡，山體渾厚，攝於報時山展望臺。

力強而形成陡坡，亦常見沿節理崩落，山形灰黑、肅然。

此地的金銅礦屬於熱液礦床，係岩漿分化達到末期，殘留含有許多金屬離子的熱液，貫穿火成岩體外圍岩石的裂縫，而形成礦脈。

各火成岩體及相關的礦床說明如下：

基隆火成岩體

基隆山可說是基隆火山群火成岩體的代表，名氣也最大，為風水傳說的臺灣祖山或龍頭。登山口就在金九公路分水嶺的隔頂，旁邊是九份。

在早期航行遠東的船商、水手的口中，流傳一句「雞籠山、淡水洋」，但是這裡的雞籠不指基隆、淡水不是淡水，其意為一座海島上汩流出源源不絕的淡水。推想古時揚帆迢迢大海，食物和淡水是航海船隊最需要的補給物，臺灣島因此寫入航海日誌，甚而支配航線的規劃。所以，雞籠山的原始意義擴及臺灣島，日後才窄化為今之基隆山。

高約 587 公尺的基隆山，其北端臨海，山體之勢彷如自大海破水拔出，轟然而立。若由海上遠望，非常明顯，可以理解其做為船隻航行進入基隆港的自然地標。而且火山體外形似雞的籠子，故稱「雞籠山」，後因不雅而改稱「基隆山」，另一說是清末為了爭取臺北城設址而改名。

基隆山分布於基隆火山群的西北端，東西長約 1.9 公里，南北寬約 1.6 公里之橢圓形火山體，
最高點稍偏西南。基隆山外形似雞的籠子，故稱「雞籠山」，攝於深澳灣。

　　另在俗民見解中，基隆山也是當地的氣象指標，夏天當山頭籠罩著烏雲，人
們咸信天氣將轉為陰雨。

九份火成岩體

　　潛藏地下未露出，頂部位於九份六號坑，其高約 390 公尺。其圍岩形成小金
瓜礦體，而小金瓜露頭於 102 市道 19.1K 旁產業道路上，高約 556 ～ 568 公尺，
由矽化砂岩與頁岩構成。

小金瓜石露頭，由矽化砂
岩與頁岩所構成。

金瓜石火成岩體

本火成岩體為安山岩組成，內含斑晶礦物黑雲母、角閃石和石英，位於基隆火山群之中心，高約 660 公尺。附近的沉積岩受到顯著之矽化作用，變為堅硬緻密的矽質岩，再經差別風化作用而凸出，如無耳茶壺山。矽化帶具角礫岩礦筒，係由地下高溫熱液所產生的壓力向上爆破岩層所形成，因此內部主要有破碎的岩石角礫，通常也受到強烈的矽化作用。

本火成岩體因蘊藏豐富的金礦，俗稱「大金瓜」、「金瓜石」。在金瓜石地質公園中，可見昔日金礦開採遺址。

金瓜石地質公園位於原來的本山露天礦場，本山乃過去所謂的「大金瓜」。本山礦場將山坡挖成一條大槽溝，槽溝兩側為矽化安山岩礦石露頭，黑色的硫化鐵岩壁，點綴橘色的苔蘚，崖下散置岩塊，荒煙蔓草，僅偶見登山健行者。

地質公園有南北兩個入口：北邊的入口，可由黃金博物園區在本山五坑前的階梯拾級上行；南邊入口，則是在 102 市道往上，過「貂山古道」指標後，步行約 700 公尺可達。

沉積岩經過矽化作用，變成堅硬緻密的矽質岩。在大自然的差別風化雕琢下，造型各異，若仔細端詳並融入想像，石頭似乎有戲。

矽質岩風化的崢嶸地貌，於黃金博物館上方特別突顯。

矽質岩：無耳茶壺山

武丹坑火成岩體

位在樹梅坪以南，為一橢圓形塊狀的火成岩體，南北長約 1.6 公里，東西最寬約 1.1 公里，高約 660 公尺。樹梅露天礦場位於燦光寮古道北端。

草山火成岩體

位於金瓜石火成岩體之東南側，原呈南、北兩個鐘狀火山丘，今因人為而剷平，設立民航局雷達轉播站。高約 715 公尺，為本火山群最高峰。山頂風大，僅生長芒草，因此得名。

金瓜石地質公園內露天礦場的槽溝

雞母嶺火成岩體

位於草山火成岩體之南，高約 622 公尺。雞母嶺的組成分上、下部，下部為火山岩屑，上頭再覆蓋石英安山岩熔岩流。火山岩屑分布頗廣，蓋覆雞母嶺東南坡一帶，南至土地公嶺，東至和美（蚊子坑）西南方的海岸附近。

金瓜石地質公園本山露天礦場矽化安山岩礦石露頭

草山火山體

5 / 火山群附屬地景：黃金瀑布和陰陽海

黃金瀑布

　　金瓜石地居臺灣東北端，春夏之交的梅雨、夏秋季節的颱風與冬春季的東北季風，均帶來充沛的雨水。當雨水流經礦區表層裂隙，滲入礦場，抑或地下水滲經地層時，水與黃鐵礦及硫砷銅礦接觸，會產生氧化還原及鐵細菌之催化作用，形成高酸性礦水。一旦湧出地表，再因地勢落差而形成數條白練般、垂掛於金黃色岩壁之「黃金瀑布」，同時也是陰陽海的重要源頭之一。

黃金瀑布

興建於昭和 8 年（1933）的水湳洞選煉廠，民國 62 年廢棄，俗稱十三層遺址。

原臺金公司濂洞煉銅廠的煙道，其功能為排放爐煙，民國 70 年廢棄。

濂洞溪河床可見黃褐色之（氫）氧化鐵沉澱，鏽染而成鐵褐色，溪岸屋舍後方伸入雲霧中為基隆火山體。

陰陽海：由勸濟堂上方的報時山展望臺遠眺，黃、藍兩色海水分明。

陰陽海

　　濂洞灣的海水呈蔚藍色與黃褐色分明的景象，被稱為「陰陽海」，有關陰陽海的成因，主要有二：

　　1.污染源：主要來自金瓜石礦區的岩體所含硫化鐵礦物（如黃鐵礦）風化解離，其中二價鐵離子溶於地下水，順著地勢排入大海。這些酸礦水遇到弱鹼性的海水，鐵離子釋出與黏土礦物結合，形成黃褐懸浮物。

　　2.海流：此一海灣內受地形所阻，沿岸流徐緩，海水淨化過程亦慢，造成澄黃的酸礦水污染物停滯不散，形成海水黃藍交錯的景象。此外，也可從灣內堆積沙灘、水湳洞漁港設址於此，差可證之。

6／歷史迷霧下的不同姿態

　　採礦是地理上的掠奪事業，將山腹橫剖、炸山鑿金，運輸工具輾出之字形山路，無非是向土地榨取財富。一遇礦脈枯竭，一切都無法回復或再生，這是對地景極大的破壞。

　　而九份、金瓜石的採礦遺跡，在時間軸線上就呈現不同的意義。

　　在以前挖金年代，礦區崛起於野性，是充滿賭徒投機性格的夢想基地，也是跳動不安、虛浮繁華的流光歲月，餐館、茶樓、酒家、電影院、賭博間蝟集成朦朧山城，讓燈籠照樣紅、酒興更豪邁。而今，九份、金瓜石的美，在於緩慢。這是古老斑駁的房舍、廢棄廠房、煙道、礦坑和神社所造就的緩慢，山霧也拖遲了時間。

金水公路，貼伏金瓜石地形而上，是著名的九彎十八拐，又稱浪漫公路。

　　當戲場無戲，應該只剩戲棚供人憑弔，冷冷清清。誰能料想到，地理、歷史想像成了觀光新玩意，滿載遊客的各式車輛魚貫地蠕動上山。

7／地形造就的兩樣情

　　地形對九份、金瓜石的影響，表露無遺。

　　九份、金瓜石的分水嶺在隔頂，如今闢為大停車場、車水馬龍，穿梭進出。從此地登上基隆山頂，兩側可眺望臺灣北部海岸的岬角、海灣與基隆嶼。回程才發覺，從山脊的隔頂剖成兩半，西側的九份受到基隆山屏障，冬季東北季風的風、雨被削減了大半，僅剩大霧穿進巷弄；東側的金瓜石像是後背脊，面迎濕冷，很難理解九份人為何把祖先掩埋在這裡？一個個坐定地刮風、受凍，黏貼錫箔的紙錢在廢棄礦區上空飄飛、焚燒，一派蒼涼。

　　在此看來，是地形給了人們理由，讓九份成喧噪、體面的市集，金瓜石卻是荷鋤鑿石、灰頭土臉的工地，甚至是墓地。只是，九份不該如此輕薄金瓜石，其不過是人生的兩面，繁華無疑是短暫的俗艷。

8 / 油毛氈：伏服風、水之下的九份、金瓜石民居

九份、金瓜石傳統的油毛氈礦工厝，攝於濂洞國小。

在氣候上，避風、避雨充分反映在建築特色。前述此地多雨，建築亦多採避雨考量，若再加進採礦的暫時性等變數，油毛氈的礦工厝成了在地特色的建築。

施作時先在屋頂鋪上油毛氈，再塗抹瀝青，作用是防水，早期礦工大多採此經濟廉價的簡約工法，縱使容易因狂風掀翻而破陋、不停補葺，透露出難有長期打算的無奈。至於屋壁或地基的石材，大多就地取材自石英安山岩塊，駁坎亦以此護山。也就因此，過去這裡的山坡上黑壓壓一片，與周遭火山體的地景頗趨一致。然而，今漸以新式樓厝代之，紅磚瓦或水泥牆突兀地嵌在山坳或平坦處，又一則喪失原始人地調和之明例。

此地居臺灣東北末端，遭逢東北季風或颱風時，毫無掩蔽而風勢強勁，除了對植物產生風剪效應，致使樹形普遍低矮而遮蔭差。我們在夏日考察無耳茶壺山、本山、基隆山之時，烈日炙燒，幸得海風順著山谷拂吹而上，稍解溽熱。

9 / 延續故事不能只靠人文想像

人類利用黃金的起源難以查考，但何處藏金卻始終是話題。論及黃金的物理性質，它不過是大自然的礦物，不能食用，且談不上藝術價值，連攜帶都嫌重。真正讓黃金產生致命的誘惑，就是被賦予了貨幣功能，它沾染上無限且綺麗的想像，也檢驗人性。

由地質公園遠望，基隆山又呈現另一面貌，狀似橫臥的孕婦，又稱「大肚美人山」。

　　而如今，九份、金瓜石的採金不再，僅遺留黃金體驗活動、黃金博物館、黃金瀑布、礦區遺跡等吸引遊客，販賣古味，山城又擠滿了人。但這回與淘走黃金不同，這些國際觀光客不挖黃金，卻帶著銀子來消費。他們遙想鎏金歲月時採礦人的揮金如土、意欲橫流、汗臭氣味、暗渡藏金、紙醉金迷，感嘆人事浮沉來妝點遊興。

　　支撐九份、金瓜石的，雖是不斷川流的採金人所湊成的故事。但是，歷史是時間脈絡，火山群的地形、地質卻是空間布局，甚至氣候也扮演一腳色，各以不同角度註解這塊土地。

　　或許，這些才是完整而真實、說不盡的故事。

大屯火山群
崇岡湧沸泉、丹山草欲燃

今所知至大屯火山群遊歷的紀錄，最早當屬康熙 36 年（1697）郁永河的《裨海紀遊》。那時，他在凱達格蘭族北投社人帶領下，登山親睹礦區、噴氣孔，驚懼之餘，留下極為生動的文字描述來詠歎所見。其中，有首五言律詩既寫實又富雅意：

造化鍾奇構，崇岡湧沸泉；怒雷翻地軸，毒霧撼崖巔；碧澗松長槁，丹山草欲燃；蓬瀛遙在望，煮石迓神仙。

郁永河前來採硫之時，臺灣剛入大清版圖，臺北一帶仍屬蠻荒迷境。他曾說，「游不險不奇、趣不惡不快」，姑不論是為了硫磺的經濟利益，還是擁有過人的膽識，蒐訪奇險、硬闖荒蕪，難怪乎其見聞非常人所及。

初讀他的文字，必然對大屯火山群產生奇幻異想，肇因於大屯山不是他空想的產物、夢境的造影，毒霧、怒雷、沸泉、煮石都是真實存在，這等奇景怎不叫人心動？只是，如今對於大臺北地區來說，只要能見度別太差，人們都可從各角度見著大屯火山群，掀開其宇紙所罩下的網紗。也從而了解，文學、美學會製作祕境，但科學卻通往它。

臺北都會區位居臺北盆地，大屯火山群屏障了濕冷的東北季風，讓生活環境條件趨於舒適，且提供了遊憩資源。但其就位在臺灣 1/3 人口的北側，「火山」讓人疑慮，得有更積極而正確的認識。

七星山主峰
七星山南峰
斷層崖
小油坑

錐狀火山體的七星山，攝於小觀音山。

1 ╱ 臺北有活火山嗎？

　　大屯火山群噴發的構造條件，可能與臺灣北部板塊碰撞的造山崩解張裂作用有關，因為地殼的張裂才能提供地下岩漿噴出地表的通道。

　　至於其生命週期，一般學界認為火山噴發約始於 280 萬年前，持續約 30 萬年。此後沉寂了好長一段時間，至約 80 萬年前又再度噴發，約 50～70 萬年前達到頂峰，休止於約 20 萬年前。

　　若查閱歷史文獻，大屯火山群並未有噴發紀錄，所以過去一直認為是死火山。但臺灣歷史紀錄不過 300、400 年，年代極為晚近，拿來當成證據是很薄弱的，且未被記載不代表未曾噴發。

　　但是，近年來的地質證據讓人訝然。先是在臺北盆地深井鑽探資料中，發現許多新的火山岩塊和岩層，亦即在臺北盆地沉積時曾經噴發過，年代約 2 萬年前，且偏在盆地西北角。後來，又在紗帽山下的乾涸古湖中，挖到約 1.16～1.95 萬年前的火山灰，繼而又出現更晚的約 5,500 年前。這項證據非常關鍵，把大屯火山群的噴發時間推進至相當年輕的 1 萬年內，具備了活火山的條件之一。

2 / 大油坑底下有岩漿庫

　　萬物無語，人們為了解答大地奧祕，四處採集科學證據，為的就在尋求一種合理的解釋。有時說是知識探求，也是出於解除現實生活的威脅，像是大屯火山群是否會再噴發？

　　若論科學證據，這些年在大屯火山群的氦（He）同位素、地震等監測資料，都有新發現。先說氦同位素，其噴氣與溫泉氣中所含的氦同位素成分，呈現有系統的變化，大於 60％是由源於深部地函源的氣體所組成。在大油坑底下甚至超過80％，而往西南的北投地熱谷、東北方的萬里大埔溫泉，比例逐漸降低至 50 ～60％。也就是說，地底下存在岩漿庫的可能性非常大，位置應該就在大油坑。

　　再依地震監測數據，七星山及大油坑附近底下確實有異常的地震發生，推測是岩漿活動引發的微震。這些訊息代表該地區的淺部地殼中，存有明顯的地熱來源，可能就是岩漿庫。

七星山步道旁的噴氣孔

3／大屯火山群還會噴發？

有了前述證據，得來對應現實的關切。眾所疑惑的是，到底大屯火山群會不會再噴發？若真噴發，波及程度、範圍又如何？

為了釋疑，民國 99 年召開了國內火山專家學者的諮詢會議。依照國際火山學會對於活火山的定義，是指 1 萬年內有噴發紀錄或地下存在岩漿庫。若監測數據可靠，大屯火山群同時具備了兩項，毫無疑義是活火山。

但考量自民國 93 年起，中央地質調查所的基礎調查與監測工作之結果顯示，雖有密集的微震，但評估是地下熱水流動所致；其次，火山氣體成分及地溫也都維持穩定；第三，也沒發現地殼隆起，更沒聽說棲息山區的動物受到驚動或大規模遷徙。在審酌這幾個更細膩的條件後，折衷認定目前處於休眠狀態，暫無立即噴發的危險。所以，目前將大屯火山群歸類為「休眠活火山」，其意為短期內不會噴發，但火山地區的地殼內部仍有岩漿活動，未來不排除噴發。

大屯火山地區連續觀測站，以記錄火山活動造成的地震活動與地殼變形情況，攝於小油坑。

似乎這樣的說法仍過於籠統，難以釋疑，所謂「不排除噴發」的噴發可能性有多大？這得有更縝密的監測證據，才能確定岩漿庫存在的範圍和狀態，進而更精確評估。於是，在國科會主導下，將中央研究院、中央氣象局、中央地質調查所及國內各大學所建立的各項觀測資料，整合於陽明山國家公園的菁山自然中心。民國 100 年更設置大屯火山觀測站（TVO），進行長期的整合性研究與觀測，不放過任何風吹草動。

4 / 郁永河筆下的臺北後山

若暫撇活火山的可能威脅，大屯火山群是一非常特殊的觀光地景。

從臺北市區北望，呈錐狀與鐘狀的山峰迤邐，山麓如仙女舞裙般延伸著熔岩階地。近至山中窪地，有裊裊白煙、嘶嘶作響的噴氣孔，彷如世外桃源，還有隱身密林中、但聞水聲的瀑布。

這裡是臺北後山，300多年前郁永河筆下的丹山、毒霧、碧澗、怒雷、沸泉，也是最早從感官建構大屯火山群的美學經驗。

如今，將循著他的文字去踏查前，得先解決一個方法論的疑問，歷史追溯式的地形考察到底可不可能？至少，我們認為是可能的。因為拿300餘年來丈量大屯火山群的變異，其不過略受自然力量修飾，變化細微。倘若再剔除人類居住的屋舍棚架、橋梁道路，大抵與他所見相去甚渺。

不同於郁永河，我們踏查少了詩興、風雅，僅從事素樸地形考察，希望從科學揭發另一種面貌。

大屯火山群地形分類圖（楊貴三等，2010）

七星東峰

5／火山體：金字塔、反經石、火口湖、穹丘

　　火山體具有多種形態，大屯火山群以錐狀為主，鐘狀為次。前者是熔岩流和火山碎屑交替構成，又稱層狀火山或複式火山；後者則以熔岩構成，又稱塊狀火山。

金字塔：凱達格蘭人的祭壇？

　　七星山是大屯火山群的最高峰，高度 1,120 公尺，得名自山頂有 7 個鐘形穹丘，又以主峰、東峰和南峰較為凸出。這些穹丘之間的窪地，似乎是火山口，但是，卻也因為有 3 個缺口，導致整體火山口的形貌並不明顯。

　　在窪地的南缺口，有一高約 10 公尺小丘，有人稱作七星錐，傳說是凱達格蘭人以人力徒手堆疊，做為祭天的金字塔。但金字塔之名來自後人，而凱達格蘭人與其之關係更難以確定，祭壇之說實在牽強。

　　有意思的是，田野傳說常是科學探究的誘餌，引來推敲所謂金字塔的成因。若也試著從岩塊的不規則排列，推測這可能是火山噴發的碎屑，自然拋落後所堆積的，不像是人為堆砌。

火山噴發碎屑堆成的金字塔形狀，據傳是凱達格蘭人的祭壇。　頂部雖呈尖狀，但從岩塊的錯落疊置來推測，應是火山噴發的碎屑堆。

　　可見，祭壇不過是民俗式的臆測，但傳說亦是地理事實，不必刻意去證實或破除，因為科學論述的斬釘截鐵常是無趣而殘暴，每每扼殺了地理想像。

愛情拱形石：海枯石不爛

　　另在金字塔附近約 50 公尺處，可見一特殊岩形，望之似兩人親吻，林間飄散幸福的馨香，姑且名之「愛情拱形石」。說其成因，最初可能也是火山碎屑堆疊，後受風化侵蝕而遺成拱形石，高約 5 公尺。

紗帽山藏了讓人迷航的反經石

　　紗帽山（643 公尺），位於七星山南 25 度西，約 3 公里的山腹，為七星山的寄生火山。依其山體，全由紫蘇輝石角閃石安山岩所構成，屬塊狀火山；論其外形，邊坡呈凸型，則屬鐘狀火山；又因形如中國古時官員的烏紗帽，而得名紗帽山。至於山頂凹地的成因，其並非火口，係熔岩冷卻收縮下陷而成。

七星山愛情拱形石：火山碎屑堆經風化侵蝕成的拱形石。

紗帽山山頂的反經石

七星山西北坡小油坑與東竹子湖

五指山山脈　紗帽山　山仔后熔岩階地　臺北盆地

紗帽山，山頂凹地係熔岩冷卻收縮下陷而成；紗帽山之南側為山仔后熔岩階地，中國文化大學設校於此，攝於大屯山主峰。

菜公坑山反經石

基底直徑約 1.1 公里，底部高度 400 公尺左右，相對高度僅 200 多公尺，但其南緣受南磺溪（磺溪）支流松溪的切割，比高已達約 300 公尺。

依紗帽山的完整火山體形貌，顯示受到切割仍少，推測其形成的年代較晚。又根據前人的研究，紗帽山於第 5 期噴發；前述在紗帽山下挖到年輕至約 5,500 年前的火山灰，為大屯火山群最近一次噴發的證據，也許正是紗帽山的傑作。

山頂有反經石，因含磁鐵礦，使羅盤磁北針偏轉成南 60 度東，另在菜公坑山頂等處亦見。

大屯山之名來自豬

大屯山(1,092 公尺)，位於七星山西方，為大屯火山群第三高峰。因山脊渾圓，像頭大豬的背脊，古稱大豚山，後覺俗氣而改成今名。

在其頂部可 270 度的展望，如西方鐘狀的面天山、西南方寬緩的南峰及尖陡的西峰、東方錐狀的七星山，更可南眺臺北盆地迂曲的河流與櫛比的房舍，有小天下之感。

形似大豬背脊側面的大屯山，攝於小油坑箭竹林步道。

小觀音山的火山口

　　小觀音山（1,070 公尺），介於七星、大屯兩山之間，是大屯火山群第四高峰，具有大屯火山群中最大的火山口，在地人稱「大凹崁」。

　　火山口位在小觀音山頂部，大致呈圓形，直徑約 1,200 公尺、深約 300 公尺。西北火口緣受大屯溪向源侵蝕，切穿成一缺口，原本積貯的火口湖水外洩，形成火口瀨。南側火口緣呈半圓形，大致同高，由臺北盆地望去，狀似平臺。

小觀音山火山口
與火口瀨

向天池：火山口積水的火口湖

　　向天山（946 公尺），屬於錐狀火山。其西側的火山口成漏斗狀，直徑約 370 公尺、深約 130 公尺。底部相當平坦，大雨過後潴水成池，略呈橢圓形，稱向天池，屬於火山口積水所成的火口湖。

　　我們考察時正逢乾季，湖水乾涸，滿地是漸層的綠。趁這時節得以散步湖底，風簌簌地吹出被遺忘的寧靜。置身湖底環顧，明顯感知四周火口壁包圍，但以東側較高、西南最低，這是為何緣故？

　　猜想是否為噴發後，西南側的火口壁崩塌量較大？還是西南側已是大屯火山群的邊緣，受侵蝕作用較甚？這似乎無解。大自然縱然有套規則，但這是場無人親睹的經過，若無田野遺留的確切證據，仍無法推知。總的來說，造就地理事實的因素非常複雜，探討個別現象尚稱容易，綜述彼此牽連的關係就讓人躑躅不前了。

向天池

在乾季時，向天火山口成草原旱象，一遇豪雨卻易積水成火口湖，名為向天池。

倒扣的碗：觀音山之中坑穹丘

　　觀音山位於淡水河口南岸，最高峰硬漢嶺（616 公尺）。在厚層的凝灰角礫岩堆積後，噴出觀音山的安山岩和萬年塔的玄武岩，其年代約為 63 ～ 20 萬年前。硬漢嶺孤峰特立，展望絕佳，彷如300度的地形劇場，可順時針方向遠眺淡水河口、大屯火山群、臺北盆地、林口臺地，略依時間序列搖搖擺擺入舞臺。

　　在觀音山南側中坑附近，整體地形呈穹窿狀，中心呈一半圓形漥地圍繞著小丘，觀音坑溪在凌雲路、中直路交會處切開後東流。

　　對其成因，學界有穹丘與巨火口兩種不同說法，尚無定論。從地形特徵判斷，中坑為一穹丘的可能性較大。理由是，中心為安山岩質火成岩脈，侵入到屬於沉積岩的觀音山層，將地層及地形面拱起。其東側及西南側的地形面呈半圓形向外傾動，東側福隆山為更新世火山岩類（普通輝石橄欖石玄武岩）及礫石層；西南

中坑穹丘

中坑窪丘中心小丘火成岩脈的安山岩，攝於凌雲路三段。

側為可對比 LH 面（紅土緩起伏面）的林口層（紅土及砂）。後來，經長年侵蝕成半圓形窪地，中間圍繞著一座小丘。窪地內觀音坑溪及其支流形成環狀水系，不斷切割、削形，小丘之狀逐漸浮現（楊貴三等，2010）。

另持不同見解的是巨火口一說，其認為火山口經塌陷擴大形成，後來被侵蝕殆盡，目前僅留有火山底座與周緣殘跡（鄧屬予等，2011）。

6 / 熔岩階地與河川襲奪

聚落搶攻熔岩階地

前述火山體的周圍，有著不同時期、不同火山噴發的熔岩和碎屑所堆積成的階地。這些階地頂面呈平臺狀，或者向山下緩斜。熔岩流自火山口朝外伸展，外形似舌；在舌狀前端率先接觸空氣，熔岩流漸漸冷卻而從液態漸轉為固態，前端因為固化而停滯，但後方持續推擠而形成陡峻的弧形前緣。

熔岩階地因地勢平坦、居高處避水患、水源無虞，乃是聚落擇址的適合所在；加上大屯火山群南半部地近臺北盆地，交通、採買等人文條件優異，以及冬季避東北季風、面南又朝向陽光的自然條件下，屋舍密集度高，例如陽明山國家公園遊客中心座落的苗圃階地、中國文化大學所在的山仔后階地。

永嶺河川襲奪

但熔岩階地高居山中，也常是眾溪向源侵蝕的對象，甚至發生河川襲奪現象。仰德大道上的嶺頭階地，原本與其東北側之新安、莊子頂一帶階地，屬於同一塊熔岩階地，後因雙溪支流新安溪的切割而分離。該溪原順著熔岩階地的階面斜坡，向西南流至臺灣神學院東北側折向南，注入雙溪。後因其上游段被襲奪，提前於永嶺

永嶺河川襲奪圖（藍色為今河道，橘色為舊河道，
下載並重繪自 Google Earth）。

仰德大道二段 70 巷底，斷頭河河段已埋
積成平坦谷地，居民闢為旱田。

改向南流，至故宮博物院東南側匯入雙溪。

於是，永嶺至臺灣神學院之間就成了斷頭河河段，寬約 100 公尺，今已埋積成平坦的谷底，平時無水流。風口位在仰德大道二段 70 巷底，與改向河的比高約 30 公尺。

而襲奪河因搶水而水量增加，與改向河因侵蝕基準降低而發生回春作用。一來下切河谷，削成 V 字形峽谷；二則，向源侵蝕加速，目前溯至永公橋下游側形成一遷急點。

此外，由向天山至關渡有數階熔岩階地，由東北向西南遞降，主要者如興福寮、小坪頂山、小坪頂、關渡等階地，其中以小坪頂階地最為寬廣。

7／火山窪地：竹子湖曾遭山崩與熔岩流堰塞成湖

火山窪地指火山體之間的低窪地，成因可能是溪水侵蝕、兩山之間的鞍部、乾涸的堰塞湖、停歇的噴氣孔等幾種，極難論定，都須詳加考察才能證實。

其中，噴氣孔是火山地形的產物，臭雞蛋味的白色毒霧是最鮮明的觀光地景。

火山噴發停止之後，地下仍殘存熱氣，其會將地下水加熱，一旦高於沸點即成噴氣孔；若低於沸點則為溫泉，通常，兩者同時噴濺出地表。因累積蒸氣的壓力而使地表爆裂，但並不伴隨碎屑噴出物的堆積，所以，僅見圓形或橢圓形窪地，而無火山體。而硫氣不斷地腐蝕周圍岩石，從而加速崩塌、侵蝕作用而成凹谷或圓穴，稱作爆裂火口（又名平火口）。

竹子湖包括東、西兩部分，均因山崩（崩塌）與熔岩流堰塞而成湖，後因湖水溢流下切、湖水外洩乾涸，而出露湖底。山崩來自七星山西坡，係由 LiDAR DTM（Tsai et al.，2010）及現場均見雜亂無章、角狀、大小不一的岩塊，而缺乏厚層塊狀熔岩的組成得知。

西竹子湖，先是大屯山與小觀音山的熔岩流圍成窪地，再遭七星山西坡的山崩橫堵缺口，堰塞成湖。西南緣湖底受南磺溪之一源流竹子湖溪蝕穿，下切達 30 公尺，導致湖水外洩。東竹子湖，由小觀音山熔岩流及七星山西坡的山崩堰塞形成，以狹長嶺脊與西竹子湖分隔。

今之竹子湖以海芋田、繡球花、野菜土雞城聞名，成為臺北人的田間廚房，假日人車魚貫而入，不畏塞車之苦。熙熙攘攘的人潮中，恐怕多數未能發覺，為何東竹子湖的湖底較西竹子湖高出約 50 公尺？且，東竹子湖的西南緣湖底僅被南磺溪下切約 2 公尺，遠比西竹子湖的下切量小，究竟是什麼原因？

我們做一假設，東、西竹子湖是同一期山崩堰塞，所以，東竹子湖的湖水較晚才外洩，下切量當然小；倘若是受到不同時期的山崩堰塞，這就另當別論。不管如何，或可推知東竹子湖的形成年代，較西竹子湖為晚。

日治時期曾是殖民幫手，因應來臺日人的飲食習慣，竹子湖曾被選為本島蓬萊米原種地，其後改變為臺北市郊區高冷蔬菜的專業生產區，今則栽種海芋等花卉。

東竹子湖（左）與西竹子湖（右）

從七星山西坡至竹子湖一帶，分布雜亂無章、角狀、大小不一的岩塊來看，推測竹子湖的成因應是表層山崩（崩塌）與底部熔岩流堰塞而成。

8 / 七星山西坡：晴雨相異的仙氣谷

七星山西斷層的斷層崖，攝於小油坑。

從竹子湖上行，過了鞍部，轉往七星山西坡的小油坑，公路前方即見七星山西斷層的斷層崖，仙氣谷就在崖下。

我們從小油坑往七星山的登山步道，爬一小段後鑽入箭竹林山徑，朝東北東方的仙氣谷前行。由仙氣谷向南南西延伸至竹子湖噴氣孔（陽金公路與中興路交會口），有 6 個窪地排成線形，部分有噴氣孔，依其形態特徵推測可能均因斷層經過所致的爆裂火口。

仙氣谷屬於 6 個窪地之一，並無噴氣活動。呈長方形，長約 150 公尺、寬約 70 公尺，包含 3 個由南向北遞降的窪地，依沉積物年代得知於 2,000 多年前形成，相當年輕（廖陳侃，2018）。谷之東、西、南三面高陡，陽光不易射入，底部長滿翠綠的苔蘚植物，彷如仙氣而得名。豪雨後積水較深，昭和 16 年（1941）曾有文獻記為鴨池，後稱七星池。

乾季到訪，仙氣谷生長著的金髮蘚（苔蘚植物門）。

雨季時仙氣谷，積水成池，又名七星池。

七星山東線形

窪地內的金露天宮

成直線狀的七星山東坡窪地

　　七星山西坡、竹子湖噴氣孔東北側的窪地呈橢圓形，金露天宮廟宇擇建於此，大抵是崇信地形若穴輒能聚氣的風水考量，廟後山地依稀可見此線形所成之凹谷。每遇豪雨，廟前常積水成池，幸好目前未有噴氣活動，但未來是否復活？今尚不知。

為什麼七星山東坡的窪地成直線狀？

　　相對於七星山西坡，東坡由冷水坑向西南延伸至七星公園一線，有 5 個圓形或橢圓形的小窪地，其亦是停止活動的噴氣孔或爆裂火口，窪地直徑約 30 公尺，深約 10 ～ 20 公尺，邊緣大多陡峻，其形成年代約 6,000 年前（廖陳侃，2018），成因與七星山西坡類似。

9／夢幻湖的成因爭論

　　夢幻湖窪地較大，水位滿時呈橢圓形，長約 200 公尺、寬約 100 公尺、水深約 2 公尺，因集水域較大而積水。早年，湖面常有水鴨群集。後因地形及東北季風影響，冬季常受雲霧籠罩，乍隱乍現如夢中仙境，改名為夢幻湖。只是，長期受植物生長及降雨沖積作用的影響，已成淺水池塘。乾季時湖水縮剩數平方公尺，濕季則有 0.7 公頃左右。

夢幻湖為七星山東坡窪地，為保護臺灣水韭而設為生態保護區。

夢幻湖在多久以前出現？怎麼形成的呢？今以鑽井採取夢幻湖沉積物，並做碳 14 定年，得知約在 5,600 年前形成（劉聰桂，1990）。但其成因，學界則有兩種說法：

一，火山噴發造成的火口湖或火山堰塞湖；

二，南北走向的山谷，南、北兩端因山崩堰塞。

而這兩種蓄水成湖的不同見解，尚無定論。有疑問的是，若為第一種，是否與七星山東線形有關？在現場考察時，我們從東坡上的無數落岩塊來看，似乎不應忽視第二個說法的可能性。

七星山東坡的落岩塊，是否暗指夢幻湖為山崩堰塞？

10 / 冷水坑是乾涸的堰塞湖？

冷水坑，位於七星山東南、七股山南側的窪地，似為七星山火山碎屑流或山崩堰塞而成的湖泊。今湖緣南側比高約 5 公尺的小丘，可能是堰塞所遺存的證據。此小丘後被冷水坑溪切穿，湖水外洩而露出湖底。

但另有持不同看法，懷疑堰塞湖之論。理由是，此窪地幾乎都是火山角礫碎屑岩，缺乏泥質或砂質的湖相沉積物（劉聰桂，1990）。

冷水坑，南側（照片右側）漸增為比高約 5 公尺的小丘，可能是堰塞證據。

11 / 牛奶湖沒有牛奶：
臺灣唯一的沉澱硫磺礦床

冷水坑窪地的北緣有一爆裂火口，外形像個鍋子，徒有火山口而無火山體，目前不再活動，可說是七星山區形態保存較完整的爆裂火口。

現在是雙溪支流菁礐溪的水源地，積水成池，因池底游離的硫磺微粒，受到硫磺芝菌的包裹而呈乳白色，稱牛奶湖，是臺灣唯一的沉澱硫磺礦床。

但另有一說，窪地北緣所謂的爆裂火口，原為採硫或溫泉而屬人工挖掘者。

位於冷水坑的牛奶湖，是臺灣唯一的沉澱硫磺礦床。

硫磺谷（大磺嘴）

民國 74 年，臺北市文獻委員會於龍鳳谷立一「清郁永河採硫處」石碑。

12 / 噴氣孔：
大磺嘴、小油坑、大油坑

　　大屯火山群噴氣孔的空間位置，分布在山腳斷層以東，亦即北投到金山之間，長約 18 公里、寬約 3 公里的地帶。

硫磺谷（大磺嘴）：郁永河稱作大沸鑊

　　硫磺谷（大磺嘴）位於新北投東方，呈東西向延伸的盆谷，長約 700 公尺、寬約 150 公尺，其東端隔一狹窄鞍部（分水嶺）與東側的雙重溪噴氣孔區（龍鳳谷遊憩區）相鄰。硫磺谷與龍鳳谷，即是康熙年間郁永河採硫磺的處所，曾被形容置身其間像個大沸鑊。

　　盆谷分為中央與東北兩區，中間隔以小丘。經鑽井 30 餘口，引出蒸氣加熱地表水而成溫泉，再由水管輸出，為新北投各旅店的溫泉水脈源頭。盆谷內有多處小噴氣孔，使碎屑岩中常有硫磺細脈產生。

小油坑：硫氣腐蝕出馬蹄形谷地

　　小油坑，位於七星山西北麓大屯橋東方，呈馬蹄形谷地，係遭硫氣腐蝕與崩塌而成。

　　東、南、北三面陡崖環抱，長約 180 公尺，寬約 120 公尺，乃本區僅次於大油坑的第二大噴氣孔群，坑內西南側有數十個噴氣孔，嘶嘶噴出高溫含硫質的水蒸氣，瀰漫坑內，氣體中 90% 以上是水蒸氣，另含有臭雞蛋味的硫化氫等。坑內

小油坑：爆裂火口的硫氣腐蝕崩塌出馬蹄形谷地，攝於小油坑箭竹林步道。

各噴氣孔周圍岩石表面及岩隙中，均有昇華而凝結的硫磺。

「油坑」意即出產礦油之地。其向東南延伸的谷地，沿著七星山步道旁尚有噴氣孔數處，排列成線，也有不噴氣的圓坑，與小油坑同位於一條斷層線上。

廢墟地景的大油坑

大油坑，位於大尖後山西側，為大屯火山群最大的噴氣孔區，曾為臺灣硫磺的主要產地。

郁永河稱噴氣孔為硫穴，還攬起衣袖慢慢湊近，他當下形容：

聞怒雷震蕩地底，而驚濤與沸鼎聲間之；地復岌岌欲動，令人心悸。

如果也仿其立身噴氣孔之側，轟隆沸騰聲響確實像是地底所發出的怒雷。毒霧裏藏著沸珠，噴濺出穴，匯成小水流。當場並不敢直接試水溫，直到走離數十公尺之外才以手指伸入泥濘的濁湯中，沒想到，連餘溫都仍燙熱。又以指尖略加搓揉湯液，濃稠而滑膩。

而縷縷上升的白煙，將周遭岩塊燻染上大片黑色的硫化鐵成分、紅褐色的氧化鐵，風化崩落的碎塊狀白土，像是炙燒後遺棄的淺白色灰燼，偶在岩縫中點綴著黃色的硫磺結晶，一欉欉明亮的黃。

此處雖各色雜陳，地景卻一片單調。這裡的草木盡遭硫氣摧毀，顯得憔悴枯黃。穿走其間，舉目光禿荒涼，地熱像在悶蒸著啥物，宛若置身鑊鼎之中。又像宗教所建構的地獄圖像，也像戰爭過後的廢墟，敗壞中冒著白煙。

早期德記礦業公司在此煉製成塊狀硫磺，再以人力走挑硫古道運送出貨。提煉製程係將含硫磺之水蒸氣，引入彎曲的大鐵管中，形成礦油，再導入方形模型中，使其冷卻凝成硫磺塊。今已停產，僅遺留一些生鏽的鐵管。

大油坑噴氣孔沸騰濺揚的水花，搖曳竄升的水蒸氣，攝於大油坑。

成針簇狀的黃色硫磺結晶，攝於大油坑。

早期德記礦業公司遺留在大油坑的煉製硫磺器材，攝於大油坑。

13 / 大坪熔岩流：
火山、河流與斷層的交互作用

數十萬年前，大屯火山群東北部的磺嘴山，在一次驚天動地的火山爆發事件中，先是猛烈地噴出火山碎屑，後穩靜地由火山口嘔出熾熱的熔岩，向東南東方低地呈舌狀緩緩流動。待冷卻凝固後，地表水開始在熔岩流上頭施展作為，淺淺地向下切割。之後，伴隨斷層活動發生大地震、地層錯動所形成的斷層崖切過熔岩流表面，導致水系的受阻、匯聚、襲奪、下切等現象，最後休止成今日的地貌，這是場「火山、河流與斷層交互作用」的戲齣。

除了依照時間序列及邏輯關係描述地理脈絡之外，我們也嘗試探究地形上的疑惑。大坪熔岩流被兩條地形崖切成 3 塊，有研究指出，該兩處地形崖係河流差異侵蝕與岩漿冷卻收縮所致，不過此處仍有討論空間。首先，差異侵蝕係立論在軟硬岩互層之上，而熔岩流的岩性較趨一致，如何能造成顯著的差異侵蝕？這是第一個疑惑。其次不解的是，岩漿冷卻收縮時只會造成節理，比如澎湖的玄武岩，而非造成地形崖。

那麼，此兩條地形崖的成因到底為何？這是值得探索的問題。

磺嘴火山的噴發

約 280 萬至 5,500 年前，臺灣北部的板塊碰撞作用漸漸轉為後造山的崩解張裂作用，這時，岩漿就從張裂的斷層噴出數十座火山體，合稱大屯火山群。而磺嘴山即為其中一座火山體，今被劃設為生態保護區。

磺嘴山、大尖後山，磺嘴山位在照片最遠方，頂部的火口緣呈平臺狀。

磺嘴山

大尖後山

磺嘴山火口瀨、磺嘴池。

防迷地線，在步道、指引告示牌未施作完善的野外，是非常重要的預防迷路措施，攝於磺嘴山。

火山口內的小型沖積扇，扇面受回春的蝕溝切割成平行長條狀。

　　從擎天崗端入口，步道路跡尚稱清晰，部分遭侵蝕成蝕溝，雨後泥濘濕滑。先是上坡至山稜線，左望磺嘴山西南西方的大尖後山，高度 885 公尺。此山稜線呈半圓形，圍繞大尖後山的東、南、西側，其間凹處呈半圓形山谷，屬於上磺溪的上游，谷底有翠綠禾草，稱「翠翠谷」。根據此種地形配置，可推知早期的火山口經坍塌成為巨火口，後期於巨火口中噴發的火山，稱為「中央火口錐」，大尖後山即是；而呈半圓形山稜的巨火口外緣，稱為外輪山，步道築於其上。今外輪山北半部缺失，可能因大尖後山的熔岩流向北流動覆蓋所破壞。

　　途經高大的芒草、雜木林，到了稜線盡頭，循著國家公園管理處所設之防迷地線，向北爬了段山徑後，攀上磺嘴山的火口緣。

　　磺嘴山高度 912 公尺，乃一錐狀火山，頂部有明顯的火山口。火山口大致呈圓形，直徑約 450 公尺，深約 85 公尺，火口瀨朝向北北東；目前該處以人工築成約 1 公尺高的土石堤，阻水成一長約 130 公尺、寬約 30 公尺的水塘，名為磺嘴池。南側呈馬蹄形的火口緣，高約 900 公尺，呈平臺狀。推測早期火口壁的蝕溝搬運物，受控於火口瀨硬岩，於壁腳堆積成小型沖積扇；後期因硬岩被蝕破、侵蝕基準降低，致使蝕溝回春下切，將沖積扇切割成平行長條狀。

大坪熔岩流的西緣受到員潭溪的下切，形成比高數十公尺的熔岩階地，且其支流襲奪階地面上的員潭溪另一支流貢寮溪。

　　從磺嘴山火山口仍相當完整、火山邊坡受水系切割不顯著、舌狀的熔岩流（大坪、大孔尾、頂中股）與旺盛的噴氣孔（煉子坪、四磺坪）等地形特徵判斷，其最後停止噴發的年代較為晚期。

大坪熔岩流

　　磺嘴山有多條熔岩流，包括北麓的大孔尾、北北西麓的頂中股與東南東麓的大坪等地。其中，以大坪熔岩流最典型。大坪熔岩流噴發之時，先向東南東方流動，但後續流路受到較早噴發形成的中福子山（丁火朽山，472 公尺）、八斗山（湳子

大坪的梯田景觀

山，360 公尺）的阻擋，轉向地勢較低的北方流動，高度約從 410 公尺下降到 190
公尺，長達 4 公里，平均寬 1 公里，其前端呈典型熔岩流前緣的弧形舌狀，可說
是大屯火山群熔岩流的樣板。接著，其邊緣又受瑪鋉溪、員潭溪的下切，成為比
高達數十公尺的熔岩階地，遠眺呈廣大緩斜的臺地，得名「大坪」，附近居民利
用斜坡墾成梯田。

水系的發育與龜吼、石洞山斷層的活動

由礦嘴火山流出的大坪熔岩流，冷卻後，雨水就在其表面順著熔岩流的流動
方向，漸漸匯聚凹處，大致呈平行水系，後再發育支流，依重力構成樹枝狀水系。

隨後，石洞山與龜吼兩條斷層活動，其走向與熔岩流表面水系相交，且水系
下游地面卻相對隆升，形成朝向水系上游的「反斜崖」異常地形。反斜崖是辨認

石洞山與龜吼兩條斷層活動，在水系下游側相對隆升成「反斜崖」。

活動斷層的極佳地形證據，因此，該兩條斷層可列為活動斷層，即其未來仍有再
度活動、發生大地震的可能性。

目前分成三塊的熔岩流表面，雖然水系被斷層切斷，但依稀可以看出其連貫
性。卻也因斷層崖的阻擋，水系匯聚崖下，再沿崖朝低處流。

先說龜吼斷層。崖下的水流本來順著坡度朝東北東流，但因員潭溪的向源侵

石洞山斷層崖所造成的反斜崖及其下的平底谷地。

蝕，切穿斷層崖分水嶺，而於二坪尾西側襲奪崖下水流，造成崖下水流的上游段（貢寮溪）大轉彎（稱襲奪彎）改向員潭溪（稱改向河），遂因侵蝕基準降低而發生下切，河谷加深。崖下水流的下游段則因源頭斷絕，成為谷大水少的「斷頭河」。斷頭河的最上游端位在二坪尾，昔日有水通過，今無水卻有風吹過，是為「風口」，也成為目前崖下水流的分水嶺。由風口流往改向河的水流，因與早期水流的流向相反，而稱「反流河」，今仍發育中。此地的襲奪地形特徵明顯，代表河流與斷層的交互作用現象。

再談石洞山斷層。崖下的平底谷地，分東、西兩段，各自匯聚熔岩流表面的水流，但是否發生襲奪現象？可惜的是，今所獲之田野證據尚不足，難以論證。僅能略述東段較低，水向東北流；西段較高，水往西南流。至於形成平底谷的原因，可能是受下方安山岩熔岩的阻擋，無法下切而發生堆積所致。此地所積渚的水池，究竟是人為還是自然形成，同樣難斷。

此外，我們也試著從地形特徵，解讀其屬於正或逆斷層？龜吼斷層的隆起側卻北傾動，坡面比下降側原本的熔岩流坡面略陡，且崖線較為彎曲，顯示應屬逆斷層；而石洞山斷層，隆起側的地塊狹長，頂部平坦，崖線筆直，崖面平整，此種地形特徵暗示該斷層應為正斷層。

總之，河流最初沿熔岩流表面向下流動，後來被斷層截切，河流受阻而匯聚崖下並轉向或發生襲奪現象。今之龜吼、石洞山斷層崖的崖高，分別約 15、50 公尺，但因其下部受後期河流的侵蝕而使崖變相增高，必須納入考慮，避免被誤導。因此，斷層活動造成的變位量，應比目前的崖高為小。

14 / 南磺溪支流湖底溪的石灰華地形

南磺溪支流湖底溪下游兩岸的石灰華地形。

妙天宮的建築，部分就地取材自石灰華。

在龍鳳谷東北側山谷，距紗帽橋約200公尺的南磺溪支流湖底溪下游兩岸，有面積約2,000平方公尺的石灰華地形，其斷面分布很多細孔，係由石灰藻、腐敗枝葉構成。

其主要成因乃該山谷蔽蔭潮溼，加上火山熔岩底下屬於木山層沉積岩，地下水經過木山層沉積岩的過濾，而呈現具有碳酸鈣的碳酸鹽泉，容易生成石灰藻。再經過膠結、累積的過程，混雜腐爛的樹枝而形成。附近的妙天宮，即利用此石灰華當作部分建材，臺灣罕見。

15 / 大屯、絹絲瀑布

因火成岩相當堅硬、耐侵蝕，常成為造瀑層。在大屯火山群各放射狀河流，常見瀑布。

大屯瀑布

南磺溪上游的陽明溪，位在陽明公園的西側，瀑布分為2段，高度各為6、7公尺。陽明書屋所在的熔岩階面與陽明公園之間有高達100公尺的階崖，陽明溪穿流此處，流瀉出大屯瀑布，造瀑層為安山岩。

大屯瀑布是陽明溪穿流熔岩階崖而形成，瀑布下方有巨大落岩塊。

絹絲瀑布

絹絲瀑布

　　從絹絲瀑布站上行的步道，是「日人路」之一段。這條步道左側是日治時期開鑿的山豬湖古圳，右側為雙溪支流菁礐溪深谷，偶從蓊鬱林隙、由近而遠可眺望小草山火山、五指山山脈的大崙尾山及雪山山脈。

　　一路上坡，水聲縈繞谷間，不久即見絹絲瀑布，位在雙溪支流菁礐溪上游的冷水坑溪，瀑布高約14公尺，瀑身細長，形如絹絲而得名。可惜的是，步道與瀑布之間的植物生長茂密，難窺瀑布全貌。

　　絹絲瀑布的成因，是因位於含角閃石兩輝石安山岩與紫蘇輝石角閃石安山岩兩種熔岩流的接觸帶。前者在上，質地緻密、抗蝕力較強；後者在下，風化程度甚深，且有熱水換質作用發生，質地鬆軟。兩者在侵蝕差異下，形成上凸下凹，屬於硬岩控制的帽岩瀑布。

　　瀑布下方的岩塊呈紅褐色，這是因其染上瀑水帶來氧化鐵礦物的緣故。瀑布附近步道旁陰濕，茂生水鴨腳秋海棠，當夏天盛開粉紅色花朵時，為平淡的林蔭增添色彩。

16 / 擎天崗

北擎天崗火山的小階地形。

　　擎天崗高約 770 公尺，係魚路古道（金包里大路）最高點，也是流往北海岸的北礦溪上游上礦溪與流注基隆河的雙溪二源流（菁礐溪、內雙溪）之分水嶺。

　　若稍留意，分水嶺兩側的地形景觀截然不同，前者坡陡谷深，又迎東北季風，多霧多雨，向源侵蝕較盛，因此分水嶺有往後者緩慢遷移的趨勢。後者呈數十公尺深的淺谷，谷間的平坦稜，為竹篙山熔岩流向北噴溢所形成的熔岩階地、再受切割的殘餘；平坦稜長著類地毯草，為陽明山牧場所在。

擎天崗，乃是竹篙山熔岩流所形成的熔岩階地。

北擎天崗火山、平坦稜的邊緣，因牛隻的踐踏而潛移、塌陷，形成小階地形。

在擎天崗，晴日可徜徉草地，近觀吃草的牛隻，遠望大屯火山群的數座火山錐。向西最近為冷水坑火山（810 公尺），係較新發現的火山錐（陳文山等，2007），火山口南緣火口瀨的水流向南，擎天崗戰備道路通過；次為七股山（899公尺）；最遠為七星山，為大屯火山群、也是臺北市最高峰，高達 1,120 公尺，曾作為清朝興建臺北城的風水靠山。

南方為竹篙山，頂部的火山口直徑約 750 公尺，深約 120 公尺，火口緣的北大半呈半圓形，南小半切割成火口瀨，為雙溪支流礁坑溪之源頭；可經由擎天崗草原登竹篙山頂，觀覽這一帶的壯麗山景。

17／魚路古道的「魚」爭議：
魚貨非漁獲、秋冬限定

關於魚路古道，據說是一、兩百年前先民往來金包里（今金山）與八芝蘭（今士林）之間的聯絡道路。長期以來，部分人士對於魚的運送存在爭議，而質疑魚路。

首先，不妨先從古道是否存在來當作觀察的起點。若從金包里大路上的兩座土地公廟來推想，一在嶺腳，一在擎天崗，其中，擎天崗之廟即是新廟後方的古廟，內供奉山神，為泛土地、山靈之崇拜。其建造時間在清代中、末葉之間，乃行旅為祈求平安而設，應可視作古道存在的客觀證據之一。

那麼，魚路存在與否的爭議，在於遙遠的運送路途、漫長的時間如何保存漁

獲？尤其部分路段在風剪效應之下，草木低伏，日光直曬，運送中的魚豈不臭氣薰天？抱此論者，進而否定魚路的存在可能性，指其僅是口述訛傳的神話。但是，確認魚路存在的一方，援引耆老之說做為論據，抹鹽、姑婆芋葉子遮陽是常民知識。兩造各有所依憑，有如在理性與經驗之間拉鋸。

擎天崗古山神廟，為土地崇拜之一。

根據昭和 2 年（1927）的《臺北州漁村調查報告書》，金山礦港的漁民以地曳網、焚寄網為主要漁法，為了避免運送過程中腐敗，而把捕獲的鯤、鰺加工製造，其製法大略是將 100 斤生魚、25 斤食鹽投入大桶中煮熟，再乾燥、冷卻成魚脯、熟魚等魚貨。

而魚貨的運送方式有陸路、水路，又以水路為大宗，主因是水路仰靠水的浮力，運費便宜很多、運量也大，如礦港到基隆，百斤才 25 錢。但是，若遇到東北季風盛行，北海岸風浪大作、船隻顛簸難以航行，只好改採陸路，比如從礦港到基隆，百斤耗資 2 圓 50 錢；礦港到大稻埕，挑魚貨的日間工資是百斤需 3 圓 50 錢，夜間更貴，挑百斤的工資需 4 圓 50 錢至 6 圓，每分錢都是扎扎實實靠人體荷重物的報酬。所以，才有魚路古道之名。看來，魚路並非浪漫化的風土產物，亦非神話。只是此魚貨非彼漁獲，加工製品不易腐敗。若真有剛撈上岸的鮮魚要運送，大多是颳東北季風的秋冬時節限定，一路上氣溫涼爽，甚至冷凜，有時還利用夜間，猜想是避開日曬或趕早市，以求保持鮮度。

每回走這段古道，總想起這一困擾已久的疑惑，應得其解。

18 / 天母古道、沖積扇

何為古道？

人類尋求宜居地之後，闢地建築屋舍、形成聚落。所有的道路都初始於各家門口，並向外延伸，此乃經由雙腳踩踏、抑制植物生長而成的泥土路，或稱羊腸小徑，是最原始、最簡陋的道路形式。

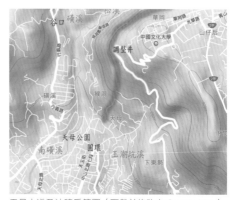

天母古道及沖積扇簡圖（下載並修改自 Google Map）

人們也漸因日常生活的物質需求，產生往來兩地的交通。路線考量，以最簡便、快速為標的，這也就關乎自然地理，尤其地形；而道路規模依使用之目的、重要性、頻率而異，此則為人文地理的範疇。也許小徑終究為小徑，抑或得以拓成大路，都是極具地理學意味的地表事實。

這些未發展成大路的小徑，今多稱古道，其形成年代的查考非常困難，包括天母古道。

天母古道的上段步道，為一平緩的碎石路。

天母古道

本文所稱的天母古道，大抵溯源自日治時期，那時為了接引第三水源地（第三淨水廠）的泉水到天母、士林一帶而開闢，又叫水管路，至於廣義上的天母古道不在討論範圍。

這段天母古道長 2.6 公里，步行時間約 2 小時，海拔介於約 100 ～ 400 公尺之間，落差約 300 公尺。搭公車由文化大學站，經愛富二街，至陽明天主堂右轉愛富三街 12 巷，可下行至步道北口；若由天母圓環公車站循中山北路七段，可上行至步道南口。

步道略以中途的調整井為界，分為上、下

山仔后熔岩階地表層的上部凝灰角礫岩，攝於愛富三街 12 巷旁。

兩段：上段步道位在山仔后熔岩階地西北側階崖腰部，屬於平緩的碎石路；下段則在該階地西南側的階崖上，落差頗大的石階路。

山仔后熔岩階地

古道起點是山仔后熔岩階地，位在紗帽山南側，高度 350 ～ 414 公尺，呈三角形，東側底邊長約 1.1 公里，東西向之高約 1.4 公里，中國文化大學與前美軍宿舍群在此。中國文化大學體育館居高臨下，是眺望臺北盆地的適合地。而興建於民國 42 年的美軍宿舍群，已列入臺北市的歷史建物和文化景觀。

我們考察從山仔后熔岩階地下行。首先，浮現出的疑問是，此階地究竟是哪座火山、何時噴發所堆積的？根據陳文山等（2007）利用火山地形、鑽井資料以

及野外調查，試圖建立大屯火山群的層序，並將噴發層序劃分為 7 期。其中，第 3 期噴出兩輝石角閃石安山岩的熔岩，包括七星山等火山。山仔后熔岩階地位在七星山之南，推測可能是第 3 期時，七星山的熔岩流沿著今仰德大道四段（山仔后），向南延伸至一段（嶺頭）。今在國家安全局西南側路邊，見有該熔岩的露頭。若再查閱中央地質調查所出版的地質圖，標示該熔岩（火山岩流）介於上、下部凝灰角礫岩之間。

另外還有幾處露頭，比如山仔后熔岩階地表層為上部凝灰角礫岩，出露於愛富三街 12 巷旁。

在西北側步道旁，有顯著的塊狀兩輝石角閃石安山岩熔岩露頭。此處樹根伸入節理中，當樹根持續生長，便會撐開、擴大裂縫；甚或分泌有機酸，助長化學風化；遇豪雨時，水分滲入；抑或地震時的搖撼，均可能造成落石、傾覆的危險。因此，若值豪雨期間與地震發生時，宜避免行走其間或速離此地。

草山水道（自來水）系統

大正 14 年（1925）後，因臺北市人口持續增加，公館水道的供水量日漸不足。日人遂於昭和 3 年（1928）動工興建草山水道系統，匯納竹子湖、紗帽山兩地的豐沛湧泉，以暗渠、鐵管、水井等設施，長程輸送到圓山儲水，再越過基隆河向市區配水，使臺北市整體供水量增加數倍之多。

草山水道系統之一的水管路，以調整井為界，分為以上的平面段與以下的階梯段兩部分。平面段幾乎等高，輸水管埋於步道下方；階梯段的輸水管為內徑 25 吋黑色鑄鐵管，多出露於步道旁。其利用約 200 公尺落差，在山腳設三角埔發電廠（所）發電。草山水道全系統已列為市定古蹟，但發電廠則無遺跡。

西北側步道旁，塊狀兩輝石角閃石安山岩熔岩露頭。樹根伸入熔岩節理，恐有撐裂、傾覆之慮。

調整井

天母古道旁內徑 25 吋黑色鑄鐵管，水管路也因此得名。

天母沖積扇地形

　　臺北盆地的盆底相當平坦，盆緣難得見到顯著的沖積扇。經由航照判釋，卻於南磺溪進入臺北盆地的谷口處見一沖積扇，扇頂約在「行義路三」公車站，扇端約在天母東、西路。

　　南磺溪自谷口南流，至天母公園折向西南流。南磺溪切割沖積扇，原扇面成為扇階，中山北路七段即位於保留較完整的東扇，西扇僅殘餘天母公園以北的行義路一帶。天母公園設址時，就選在南磺溪下切後的氾濫原或最低位河階。

在野外如何領會沖積扇？

　　沿著中山北路七段南行考察，因為沖積扇的縱剖線比盆底傾斜，呈上游陡、下游緩的凹型，徒步時先稍陡，再逐漸趨緩，至天母西路時幾近平坦，約略已至扇端。而沖積扇的橫剖線，則呈中央高、兩側低的凸型，玉潮坑溪與南磺溪即分別位在沖積扇的東、西兩側低窪處。

再積性火山碎屑岩

　　於天母公園東側的階崖出露呈角狀的安山岩塊，表示其搬運距離不遠，且堆積之快速；若再從其膠結疏鬆、基質顏色灰黑、未紅土化來看，判斷其堆積的年代頗新。

南磺溪造就了臺北盆地盆緣難得的天母沖積扇，也可能是火山碎屑流的搬運載具，攝於天母公園。

天母公園東側的階崖出露角狀安山岩塊，可見其角狀顆粒、大小混雜、岩塊覆瓦朝南（照片右方）等堆積特徵，推測可能是再積性火山碎屑岩。

天母公園東側的階崖出露角狀安山岩塊，長徑可達3公尺。

　　進一步查核地質圖的標示，此沖積扇的地層為上部凝灰角礫岩。但是，依其角狀顆粒、大小混雜、大者長徑達 3 公尺、岩塊覆瓦狀大抵朝南等堆積特徵，推測應該是再積性火山碎屑岩，並非火山碎屑的原始拋落堆積，料源可能來自竹子湖等集水區的火山碎屑流或土石流，再經由南磺溪搬運至此堆積。

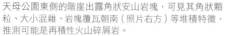

注意 / 事項

　　古道旁的解說牌提到，本古道是臺北地區最容易看到臺灣獼猴的所在，但先前多次造訪都未遇到。本文考察時，竟被擋於紗帽山步道，一時不知所措，原地靜待約 20 分鐘後，猴群漸離，一行才默然通過。對於突遇猴群的應變方式：

1. 不要直視擋路的猴子，側身從容通過，繼續前進。
2. 如果帶有食物、寵物，務必掉頭或改道而行。
3. 看到遊客餵食、觸摸或攻擊獼猴時，不要圍觀，並立刻勸阻。

　　本古道與紗帽山之間的松溪河谷，因屬水源重地，受到臺北自來水事業處長期保護，也就成為臺灣獼猴的棲地；或因猴群早就群居於此，附近有「猴洞」地名。

五指山山脈
科學與風水

　　五指山山脈從臺北市的圓山，向東北東延伸至基隆市的大武崙海岸。北界的雙溪與瑪鍊溪於風櫃嘴分水，相背而流，其係沿著崁腳斷層帶侵蝕形成的河谷，亦是循地層走向而呈縱谷。這條河谷線也是重要的地層界線，南邊為五指山山脈等沉積岩區；以北為大屯火山群火成岩所覆蓋的萬里山地，僅僅局部出露沉積岩地形，如野柳、北投軍艦岩等。五指山山脈的南界，乃八堵至圓山的基隆河段，其西段屬臺北盆地。山脈東寬西狹，從空中鳥瞰呈一楔形。

楔形的五指山山脈（下載並修改自 Google Map）

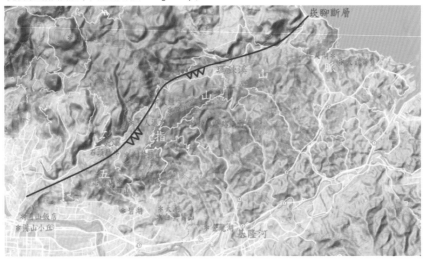

臺灣民間傳說五指山山脈為龍脈，從內湖圓覺寺南望臺北盆地東半部，眺望雪山山脈，拍攝於圓覺禪寺。

1／風水臺北城：龍頭、龍珠、龍脈？

　　五指山山脈西端的圓山飯店所在地，日治時期曾建臺灣神社，為臺灣最高位階的神社。地理學最切要的課題是「擇址」，也就是必須先弄清楚，神社為何選建於此？若這從民間傳說或文獻所記，可能係風水考量。先說堪輿家的看法，圓山是龍頭，而圓山小丘為龍珠，五指山山脈則是龍脈。龍頭具有駝頭、兔眼、牛嘴、鹿角等圖騰形象，行進時呵氣成雲。當祂走至五指山山脈西端的圓山，蟄伏聚氣而成龍穴。

　　對於堪輿家之說，誰能證實有人見過龍？若無，又該怎麼把山形容成龍？其實，向玄學求取解答，只是徒勞。風水之說，向來僅為鄉野知識或傳說迷信，無法證以科學真偽，連覓其出處都難。話又說回來，風水之說卻又真實地深植臺灣民心，特別是當政官吏。這又怎麼解釋？

　　這件事得從臺北建城說起。

五指山山脈東南坡分布幾條大致平行的支脈，被順向小溪切穿成橫谷，與地層走向垂直，谷間散布聚落。從五指山上展望良好，遠眺基隆山、東海，難怪乎被稱風水寶地，攝於五指山公墓。

圓山飯店為日治時期臺灣神社之址，也是龍脈的龍頭。兒童育樂中心所在的圓山小丘，則被稱龍珠。

同治 13 年（1874），牡丹社事件重擊大清帝國的邊防思維，也強化了臺灣的戰略地位。當時臨危受命為欽差大臣的沈葆楨洞察一事，日本人雖舞刀弄槍於恆春半島，禍心卻意指臺北。次年（1875）他上了〈臺北擬建一府三縣摺〉，以國家力量插手臺北的命運改造。

既要設府，就得有臺北府「城」，這才相稱。那麼，城該設在哪？這下子可激起了龐大的利益競逐，過程峰迴路轉。雞籠集合山城、海港、煤礦、鐵路等條件，還改名為基隆，卻不敵艋舺（萬華）東北的水田、沼澤地，背後隱現板橋林家斧鑿之力。

府城既定，接著就得構想城廓。

概念中的「城」，最重要是防衛的現實需求，所以得有個實體的城廓。但有些事卻又說不太清楚，其即埋於人心的象徵觀念，也就是一旦臺灣提升至府的級別，臺北城代表甚麼？該怎麼蓋？於是，清末臺北建城時有一套傳統文化思維隱身在後，風水之說悄悄流竄，更戲劇性地讓理氣派與巒頭派頻頻交鋒。

原規劃者陳星聚的風水觀是理氣派，重視格局、氣勢。城址擇定在艋舺、大稻埕之間稍偏東，如此一來，雙子城一躍為鼎足的三垣城，兼具權衡、聚市的祥瑞象徵。而城之中軸線得配合子午線，可想而知，原始城池、街廓應是棋盤式的東西、南北向。

後來此一格局，卻被臺灣道劉璈給修改了。他是巒頭派，此派強調山水對位關係，建城必須仰一祖山當成靠山，才坐得穩、趨吉避凶，那即七星山。但七星山並非正北，這麼一來，遂讓臺北城的中軸線向東偏旋。臺北城廓就建成了歪斜的梯形，而非方方正正，中軸線為了對準七星山，東偏了 16 度。

若在臺北城與七星山之間畫一條線，正好會經過圓山小丘。至此，日人將臺灣神社設址在圓山，似可理解了，一來居龍脈之龍頭、二則破除大清臺北府城的祖山軸線。可見，風水堪輿雖無法以科學探究，卻有歷史線索和脈絡可循。

2 / 龍脈：古老地層裡住著龍

—忠勇山

白鷺鷥山

剪刀石山，五指山層經差別風化後，軟岩被蝕去，殘留堅硬的岩塊。因岩塊傾斜凸出似剪刀狀而得名，攝於金面山（剪刀石山）。

五指山山脈，受大地應力而擠成向南南東傾斜約 15~35 度，嶺脊裸露堅硬的五指山層厚層砂岩，部分石塊因風化作用而成紅褐色，表層有許多風化窗，被視為龍脊之背鰭、龍鱗。而且，五指山層含有石英礦物，從臺北盆地遠望經太陽照射的裸露岩層，閃閃發亮，故稱之金面山，攝於金面山（剪刀石山）。

　　若從地球科學來論，五指山山脈是菲律賓海板塊擠壓歐亞板塊的作品之一。臺灣北部從約 600 萬年前開始，受到這兩個板塊的擠壓，海底沉積物逐漸褶皺彎曲、浮陸造山。且因菲律賓海板塊向西北擠壓的力量較大，先形成西陡東緩的不對稱背斜，再於背斜西側地層斷裂錯動，產生逆斷層。這一連串近乎平行的逆斷層，愈西北邊的斷層，年代愈新。以臺北地區為例，由東南向西北依次排列著屈尺、新店、臺北、崁腳、新莊 - 金山等大斷層，崁腳斷層即為其一。

　　崁腳斷層上盤的上衝、抬升，造就了地勢向南南東傾斜 15 ～ 35 度的五指山山脈。這裡出露著臺北地區最古老的地層，並以標準地命名為五指山層（年代約 3,300 ～ 2,400 萬年前）。此地層也最堅硬，不易被侵蝕，屹立為山脈嶺脊，走一趟金面山步道即可明瞭。

清光緒年間要建造臺北城，採石場原在北投奇岩山西側，然而其岩層為木山層，不若五指山層堅硬，較容易風化，乃改往內湖五指山脈之金面山開採，再透過基隆河的河運運送，今採石遺跡仍在，攝於金面山（剪刀石山）。

忠勇山順向坡

3／砂頁岩互層的典型層階地形

五指山山脈東南坡為順向坡，西北坡為逆向坡，地層為砂頁岩互層。因砂岩與頁岩的硬度懸殊，經過差別風化侵蝕，兩坡坡度大致相等者，稱為豬背嶺；若順向坡較緩，逆向坡較陡，則是單面山地形，一系列豬背嶺和單面山排列成鋸齒狀的層階地形，倒也可想像為龍脊之背鰭，如內湖一帶的忠勇山、圓覺尖、小尖坑山（鯉魚山）、開眼山、金面山（剪刀石山）等。

五指山山脈為典型西北陡、東南緩的層階地形，單面山的金面山；前方大斜坡為忠勇山順向坡，攝於內湖碧山巖。

4／潛藏的順向坡地質災害

順向坡本是單面山的緩坡，人類為了便利通行山區，常於平緩坡面興築公路，道路旁則形成聚落。但也常聽聞順向坡所潛藏的危險，其究竟是怎麼一回事？來到汐萬公路旁的邊坡，非常適合當作順向坡的解說地點。

公路旁邊坡上錯生大片植物，若仔細觀察，其非無序。對植物而言，生長的首要條件就是水，這裡除了降雨外，就是從層面所滲出的水源。換句話說，水、夾縫泥、植物根的伸展等，尤其是頁岩層，都會助長層面成為滑動面，這是順向坡地質災害的前提要件。

災害的關鍵，常常是人為破壞。若因人為開挖或河流切斷順向坡坡腳，則容易發生

金面山（剪刀石山）為標準單面山，登山步道沿著緩坡而闢，扶手拉繩固定於五指山層厚層砂岩，地層傾斜約 30 度，人們喜愛至此爬山鍛鍊。

擠壓應力主要來自西北的忠勇山方向

碧山路滑動體上的小斷層露頭，此似乎為逆斷層，擠壓應力主要來自西北的忠勇山方向。

汐萬公路順向坡

汐萬公路順向坡，地層側面剖面，
明顯可見地層遭截切。

人為移除或下滑的順向坡地層

砍斷坡腳的順向坡地層

地層滑動，原理有二：一是地層因缺乏坡腳支撐，受重力牽引而下滑；二為砂岩組成顆粒大、易透水，反觀頁岩係由細泥膠結、不易透水，一旦降水滲透過砂岩，遇頁岩不透水，頁岩層面頓時成了滑動面。

若從碧山路上行，眼前斜矗忠勇山的平直坡面，也是順向坡，地層傾向東南。但地層在太陽廟附近卻反朝西北，這不符合常理。查考以前的煤田資料，更深部的地層仍向東南傾斜，並未受到擾亂，亦即地層變動僅限地表淺部。所以，答案應為早期忠勇山發生順向坡滑動，下滑至山腳受阻而反轉。今之碧山路即蜿蜒此滑動體上頭，寬約1公里。在這滑動體上，可看到一小斷層露頭，發生時間應晚於地層滑動。此外，也見木山層薄薄煤層出露。

另外，民國86年汐止林肯大郡、99年國道三號（北二高）的順向坡災變，也都為著例。

5／南側大溝溪溪谷地形

五指山山脈分水嶺之山脊，較接近崁腳斷層線，以致山脈北坡呈狹窄的陡崖，南坡為寬闊的緩坡，幾條小溪順著坡向切割成平行的小橫谷。當小溪流路受厚層砂岩的硬岩阻擋，便產生遷急點或瀑布，如圓覺瀑布，位於大溝溪上游的圓覺尖東側。瀑布高約5公尺，瀑布下方巨大岩塊為瀑布後退所崩落。

這也構成了臨時侵蝕基準點，此致瀑布上游的溪水下切不易、轉而側蝕成寬淺河谷，地形似一集水盆，如白石湖、崁子腳、忠勇山北側等地。

大溝溪上游的圓覺瀑布，瀑布下方崩落巨大岩塊，為瀑布後退的證據。

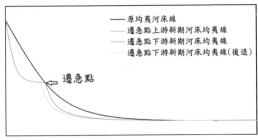

遷急點與河床均夷之關係

圓覺瀑布至葉氏祖廟之間的大溝溪河谷，出露木山層砂頁岩互層，傾角達59度。民國90年納莉颱風時，大溝溪曾發生嚴重的水災，之後水利處在大湖山莊街底築土壩，成一滯洪池，名為大溝溪生態治水園區，並設有土石流潛勢溪流觀測系統。

大湖山莊街底的大溝溪生態治水園區。

白石湖集水盆地形

6 / 古臺北湖：南望基隆河、臺北盆地

　　從金面山南望，可望見基隆河谷、臺北盆地。

　　不禁遙想，這些地方歷經數百萬年來的自然規則，不是很有趣嗎？地盤受擠壓而抬升的山脈，坡度變陡而易遭侵蝕；因約44萬年前山腳斷層活動而陷落的盆地，坡度變緩則轉為堆積。若再細數氣候變遷所造成的降水營力增強、冰期的海面下降導致侵蝕基準降低，河流又加劇侵蝕；反之，間冰期的海面上升，又改催促堆積盛行。隆起、夷平，不斷上演周而復始的戲碼。

　　最近一次地形劇變，就是約2.7～1.8萬年前的末次冰期。當時海平面下降約120～140公尺，臺北湖面隨之低洩，盆地周圍河流因侵蝕基準降低而回春，不斷向源侵蝕，許多河川接連發生襲奪現象，最著名為古三峽溪襲奪古大漢溪，打通了臺北盆地南大門，也切斷桃園臺地的水脈。

　　到約1.8萬～4,000年前，氣候轉為暖濕，冰河融冰使得海水面逐漸上升，形成第二次古臺北湖。這次因海水首度入侵臺北盆地，呈半鹹水灣、湖面也再次擴大，伸入四周河谷。

從開眼山南望基隆河、臺北盆地，櫛比鱗次的樓房蓋在古臺北湖上。
五指山山脈向西南延伸末端即圓山飯店，為傳說中的龍脈龍頭。

7 / 孤丘、谷灣、湖塘的成型

甜水鴛鴦湖，位於大崙頭山東北側的主稜線旁，係人為築壩於谷口凹地，蓄水灌溉山間農地。

汐止金龍湖為人工築壩蓄水灌溉的埤塘

　　略從 4,000 年前以來，海水面不再上升，但各河川所搬運的沉積物，持續堆積在臺北盆地、河谷之中，這是盆地堆積物的最上層「松山層」，在五指山山脈南側的內湖、大直地區堆積厚約 50 公尺。這使得原本山谷低窪處，被堆積物充填；而盆地邊緣的山脈趾部凸出處，地勢較低的鞍部遭掩埋，前端析離成孤丘，如被稱龍珠的圓山小丘、內湖白鷺鷥山、達人女中西側小丘；山脈南側山麓線彎曲，具有凸出的山嘴與凹入的谷灣。

　　也因此谷灣式山麓地形，早前先民利用丘陵中的谷口築壩、窪地蓄水，闢成灌溉用的埤塘，如碧湖（內湖大埤）、大湖（十四分埤）、汐止金龍湖、汐止新山夢湖、大崙頭山西南側的大崙湖與東北側的甜水鴛鴦湖等。

　　金龍湖，又稱象頭坡、匠頭埤，地方傳說清代時在此採樟樹，後因北峰溪豪雨釀土石流，沖刷下的土石、樟樹堰塞成湖，淹沒許多樟板寮。今為人工築壩蓄水灌溉。

　　甜水鴛鴦湖，位於大崙頭山東北側的主稜線旁，係人為築壩於谷口凹地，蓄水灌溉山間農地。這麼美的湖名，據說得自於早期水質清澈甘甜，鴛鴦群聚棲息。但是在民國 72 年間，曾因湖底漏水，乾涸見底，後來，臺北市政府大地工程處於 97 ～ 99 年重修壩體，並舖皂土毯防漏，重建隱匿山中的湖光山色。

內湖一帶的谷灣式山麓線

　　而山脈東北端的情人湖，原名五叉埤，「五叉」指5條呈樹枝狀的小溪。在堤壩出水口下方，可以看到砂岩所形成的遷急點。或可推斷，此為5條小溪谷口，在未築堤蓄水之前，眾溪

汐止北峰溪上游的翠湖

流至此受遷急點影響，流速緩而轉為側蝕，並積蓄為一淺水塘。後可能是附近居民為求有穩定的水源，人為築壩成埤。

　　至於翠湖，位在注入金龍湖的北峰溪上游，直徑約100公尺的近似圓形小湖。其成因係昔日益興煤礦（北港二坑煤礦）礦坑挖出來的捨石，拋棄入北峰溪河道而堵成的堰塞湖。這種因人為捨石形成的堰塞湖，可能是臺灣首見。

　　如今，各埤塘均闢為公園，有湖光、也映襯山色。

臺北市內湖區大湖（十四分埤）

8 / 搶地盤：河流也攻山頭

　　五指山西側一帶具有懸谷，切割僅約 50 公尺的緩起伏地形，這是受侵蝕而漸趨均夷的老年期地形。後來，地盤不斷擠壓、抬升，侵蝕基準下移而使得雙溪回春，下切成 V 字形峽谷，這種田野體會可從故宮上溯雙溪。

　　不管如何，雙溪的此一新期回春，向源侵蝕仍牛步上溯、未及五指山頭，前期的老年地形得以殘存、負嵎抵抗。就這麼讓不同時期的地形，各據山脈一角。

五指山西側的緩起伏老年期地形

9 / 分水嶺會移動：風櫃嘴

　　到了雙溪與瑪鍊溪的分水嶺風櫃嘴，許多登山健行者從這走往擎天崗，也是適合的考察站。崁腳斷層從此鞍部通過，兩溪相背而流，東北季風受河谷導引與狹窄鞍部的約束，致使風速增強，為俗稱的風口。依田野現場所見，兩溪雖不斷向源侵蝕，但陡、緩差異不大。若考量西南側的雙溪支流受聖人瀑布遷急點影響，侵蝕力應稍弱；東北側瑪鍊溪面迎東北季風，雨量較豐、距海較近、坡度較陡、侵蝕力較強。縱雖影響因子複雜，仍可推測瑪鍊溪向源侵蝕較劇，未來分水嶺將漸向雙溪側移動。

大屯火山群火山錐，熔岩階地（太平尾）、盾狀火山（鵝尾山），攝於大崙頭山乘風堡上空。

10 / 崁腳斷層帶：翠山 - 碧溪步道

　　若考察雙溪側，翠山 - 碧溪步道是很好的路線選擇。

　　翠山步道，途經翠山廣場有一大落岩塊，上有肋骨狀條紋，為岩塊崩裂的證據。從這北望是大屯火山群火山錐，稍南側是熔岩階地（太平尾）與竹篙山的熔岩流及鵝尾山盾狀火山，其始自約 280 萬年前噴發，最後紀錄約在 5,500 年前。

　　銜接碧溪步道，沿小溪而行到石頭厝。

　　石頭厝因位處崁腳斷層帶上，岩盤較破碎，以致建物歪斜或塌陷；加上地下水位高，屋左前方有地下水湧出，生長著水生植物；臺北市政府大地工程處對其復舊及地盤改良，於原地將牆面石塊拆除、重砌。根據屋外解說牌，原石材為唭哩岸岩，對此讓人感

位處崁腳斷層帶上的石頭厝，因岩盤破碎而使得建物歪斜、塌陷，已重建，且地下水位高，屋左前方有地下水湧出，生長水生植物，並掘有小水溝引流排水。

碧溪橋下豆腐岩及壺穴

到疑惑，為何早期搭蓋石頭厝捨棄取材附近的五指山層、大寮層砂岩？卻大老遠從北投唭哩岸搬來？另外，石屋內設有地質解說教室，戶外也有岩石說明。

該處視野良好，可以遠眺周圍地勢、觀察岩性差異及斷層所造成的地形特徵。崁腳斷層為逆斷層，年代較老的五指山層逆衝到年輕的大寮層上，從地形可判讀斷層所經的山稜，上部較陡的是五指山層，下部較緩的為大寮層（獅頭山頂部）。

續行經過內雙溪自然中心，前至碧溪橋時，西南方是獅頭山，其下方有一大寮層的厚層砂岩，形成陡峭的岩壁；橋下出露的砂岩有些正交節理，經溪水侵蝕成大塊的豆腐岩，另見零星的壺穴地形。

11／追尋消失的古河道：士林雙溪

「怎麼只剩這一段，其他的河道呢？」我們站在小丘前，不禁啞然無語。

不過，沒有多少時間可驚嘆大自然造化的魔力，地理還原工作正在前方等著。於是，除了田野採集線索，撿拾、拼湊野地殘留的遺跡，還必須透過穿梭時空的地理想像，重建古地理。

從雙溪的碧溪橋再往上游前行，來到聖人橋旁邊的雙溪左岸，這裡有一比高約 50 公尺的孤立小丘。雙溪旁怎麼會出現這座小丘，令人納悶？地形是地質在地表的客觀呈現，以致山脈常是綿延伸展的、連續的概念，若遇孤丘，都須特別考究。就舉臺北盆地為例，盆地邊緣及淺山地帶零星散布一些小丘，像是芝山巖、圓山、內湖一帶等，成因便各有不同，不能一概而論。

聖人橋下溪床出露的砂岩地層，經溪水順著節理侵蝕成豆腐岩。而地層斜向東南，導致雙溪溪水順著地層向東南移動，埋下河川襲奪的前因。

帶著這般疑問，仔細查看這小丘，發現竟是「河川襲奪」的大自然現象，且是齣臺灣少見的「主流襲奪支流」戲碼，而戲棚就在臺北市。

聖人橋下傾斜的豆腐岩

我們考察當天，先到了聖人橋。橋下溪床出露的砂岩帶著正交節理（岩石裂縫），因為長期被溪水沿著節理侵蝕，切成大塊的豆腐狀岩石，排列整齊，這是很標準的豆腐

聖人橋旁的雙溪氾濫原，房屋後方小丘即本書考察的腱狀丘。

岩。另外，可注意到豆腐岩呈斜擺，查閱地質圖幅（臺北）標示，此處地層傾斜約 10 度。而傾斜的河床讓雙溪溪水滑向東南側，也不斷地掏蝕左岸。

橋旁有處佔地不大的小平臺，上有建築房屋。頓時在地形上感到困惑，這該算是氾濫原還是河階？有時田野判讀遲疑是正常的，若欲釐清所屬，就得從定義著手。所謂河階，是指河流營力於河岸所生成的階狀地形，包括河階面及河階崖，後因河流下切出新河道，舊河道高懸成階地；而氾濫原，其乃溪水暴漲時可能會淹到的地方。而此小平臺的河階崖並不明顯，且，倘若雙溪水量暴漲時應該會淹漫小平臺。所以，這比較接近氾濫原，還搆不上是河階。

乍見古河道

接著，從至善路三段 336 巷 12 弄循石階而上，石階旁出露砂頁岩互層，彷如是個地質小模型。別小看這小模型，日常所見的地貌大多受到此原理支配，比如說堅硬的地層抗侵蝕而成山脊或岬角，軟弱的則易被蝕去為河谷或海灣，多看多聯想會領悟一些道理。隨著越爬越高，上到頂部後，視野忽轉開闊。前方矗立一小丘，小丘旁緊連一寬平淺谷。

至善路三段 336 巷 12 弄旁石階

「是古河道！」我們驚訝地說。

「這裡怎麼會有古河道？」

有時候，大自然彷彿是古代神祇所精心布置

階梯旁可見砂頁岩互層，其抗侵蝕力不同而決定地表形態。

因雙溪襲奪，導致雙溪支流遺留腱狀丘、古河道（斷頭河道）。

的神祕謎題，等待我們向它發問，找尋可能的解答。問了附近的居民，「你知道這座小丘嗎？」

「當然啊，這山從古早時代就在這裡」，他們如此平淡地回答。

這樣的回答是可以預知。對住在這裡或是路過至善路三段的人們來說，小丘只是理所當然的日常存在，河流也不過是生活的布景，從來不會成為「問題」。

為了回答這古地理謎題，必得仔細查看周遭，找尋可能的證據。此時，清風吹來，沒想到臺北市大都會竟有此小閣樓般的避世野居。這小塊地上鋪著屋舍及小橋，建築材料大多採用石塊，料想應該是就地取自附近大寮層厚層砂岩，堅硬而饒富古味。而是日，這段古河道乾涸，殘餘成一小水溝，附近住民在古河道上耕作菜園。

這也不過是一小段古河道，為求完整還原，眾人把目光指向聖人瀑布。

轉往聖人瀑布找線索

沿著至善路三段，向雙溪上游走去。約 200 公尺後，抵達聖人瀑布停車場。從地形圖與地質圖比對、查看，停車場所在是雙溪河道凸岸，又稱滑走坡，以堆積作用為主而舌狀凸出，正好提供腹地闢為停車場。

再下到河床、跳過一塊塊溪石，前往聖人瀑布。那是雙溪支流，屬於臺灣常見的「支流懸谷瀑布」。簡單說明其成因，就是支流的水量較主流少，所以主流對河床的侵蝕切割力量大過支流，長期差別侵蝕之下，主流的河谷下降、支流河谷高懸，支流注入主流處就傾洩成瀑布。那日考察時，

古河道（斷頭河道）旁屋舍及小橋所用之石材，可能就地取自附近大寮層厚層砂岩。

雙溪的支流懸谷瀑布：聖人瀑布，小圖為砂頁岩互層。

我們被擋在距離瀑布數十公尺外的圍籬，告示禁止民眾靠近瀑布底部，但還是清楚可見溪水破崖沖濺。

　　順道提醒，為什麼盡量不要靠近瀑布底部？這是因為瀑布沖刷力大，常撞擊崖壁岩石，崩落岩塊，瀑潭旁的河道常見落岩塊就是證據，瀑布上頭的懸谷也被沖毀出 U 字形。也因為這樣，瀑布不斷地向上游後退。

答案隱現出「河川襲奪」，證據在哪？

　　踏查到這裡，答案隱現是「河川襲奪」。

　　但是，這又是怎麼襲奪法？證據在哪裡？答案就藏在地層與曲流之中。

　　第一，地層。這裡的地層向東南傾斜約 10 度，以致雙溪主流河道逐漸向東南侵蝕、遷移，此稱「同斜移動」。

　　第二，這條支流位於雙溪主流的曲流凹岸（基蝕坡），反觀聖人瀑布的停車場是凸岸（滑走坡）。於是，主流河道向東邊的河岸側蝕，主流逐漸向支流靠攏。

地理想像：重建消失的古河道

　　隨著這場河川襲奪的古地理重建逐步廓清，演育過程大致為：

　　一、 目前自聖人瀑布流洩的雙溪支流，曾有舊流路穿流這小丘的東側，近乎直角繞過小丘後，突轉向西注入主流（橘色線）。這小丘乃雙溪主、支流互相切割而成，地形學稱為「腱狀丘」。

　　二、 雙溪主流（黃色線）受地層、曲流之影響而東偏（藍色線），最先在小

雙溪腱狀丘

主流舊河道　支流舊河道 (6)

聖人瀑布

主流同斜移動
及基蝕坡側蝕
而襲奪支流。 (5)

(3) 襲奪灣

(4)

(1) (2)

腱狀丘

斷頭河
河道

至善路三段

雙溪主流襲奪支流示意圖、探勘路線圖，下載並修改自 Google Earth。
（1）聖人橋下傾斜的豆腐岩；（2）氾濫原；（3）至善路三段 336 巷
12 弄旁石階；（4）腱狀丘、古河道（斷頭河道）；（5）聖人瀑布停車場；
（6）聖人瀑布。

丘北側碰觸支流，進而搶水成功、襲奪支流。而這段被搶水的支流河道，長約 150 公尺（箭頭所指的藍色、橘色接合處），支流遂改從今主、支流匯流處注入。

三、　支流又因主、支流侵蝕差異而成懸谷瀑布，且不斷後退約 50 公尺，即今聖人瀑布。

四、　原繞行小丘東側的古河道，遺留成了斷頭河，即本踏查所見。而河道地形因河水的重力慣性，沿著地表流往地勢較低的下游，所以河道常被侵蝕成緩緩斜向下游。但微地形不易肉眼觀測得知，今有條小山溪潺流經古河道，勉可為佐證之一。

回過頭再談那個小平臺（氾濫原）。其實，那就是一小段消失的古河道，再被河水向下切割河床而成小平臺。水量不豐或人為限縮之下，再下切至今雙溪河道。不過，探索古地理得有點想像力，這段長約 150 公尺的消失古河道，得銜接現在的雙溪支流現河道與殘存的古河道遺跡，懸在空中。

地形考察是科學的觀測，所獲得的是客觀存在的「事實」，不因人的見解而異、無價值涉入。反觀風水、傳說卻無法驗證，但其是否具有「真實」？答案是肯定的。這如同宗教信仰一般，容或不同立場、信與不信，風水、傳說卻真實存在於這個社會，甚且深入人心。

只是，風水的真實不等同於科學的事實，五指山山脈讓其各自言說。

基隆河
流路之謎

十分瀑布

　　從空中鳥瞰山川，每條河流的整體形狀、線條都略有不同，有的像生長的樹枝，有的像童玩的地面方格，也有擺動似蛇等，這是何種緣故？追索一條河流如何生成，始於觀察「水」的特性。

　　水性「就下」也「就弱」。

　　就下，是受重力的影響，地表水順著斜坡向下流動，然後匯聚於低窪處，並向下切割鬆散表層。於是，初始的散流漸漸匯合、襲奪成為較大而深的溪流，各因不同條件而成主、支流，終以銳角相會成樹枝狀的廣大集水域。

　　就弱，乃河流切入底岩，會深蝕其中的軟岩、節理、斷層等地層脆弱處，並受硬岩阻擋或順向斜軸流動。於是，順沿著地層、節理、斷層、向斜的走向，發育成主、支流直角相交的格子狀水系。

基隆河谷衛星影像圖（下載修改自 Google Earth）

　　基隆河的生成亦是如此。但其一生，又受地殼、海面（湖面）變動與氣候的影響。約 600 萬年前開始的蓬萊造山運動，菲律賓海板塊在花蓮北方碰撞歐亞板塊，漸漸將後者的東緣擠壓、抬升成雪山山脈，且持續向西北推進、增積形成西部衝上斷層山地的加里山山脈。約於 200 萬年前，基

隆河開始潺流於此山脈中。

　　基隆河位於臺北市東北，為淡水河二大支流之一。基隆河主流流路，呈現很怪異的右傾几字形彎曲，在瑞芳與八堵兩地距海都很近，這難免會啟人疑竇，為何基隆河不在該兩處直接入海，卻大老遠繞進臺北盆地？每當河道不尋常地大轉彎，常讓人聯想到河川襲奪，自此，相關研究紛紛模擬基隆河改道的可能方式，但立論都令人費解，缺乏明證。為了解決此疑惑，我們沿著河道一路踏查，尋找可能的線索與證據，這也是釐清流路之謎最好的方法。

　　另一值得探討的，基隆河谷的主要地形為河階、瀑布與壺穴，尤可說是臺灣瀑布與壺穴分布最密集的地區，其原因究竟為何？其次，基隆河的河階階數較少，階崖高度也較小，這又是甚麼緣故？是與板塊運動有關聯嗎？種種大地謎題，只能就目前田野遺存的證據，嘗試勾勒可能的答案。

1 ／ 從煤礦到天燈的平溪

　　為了挖掘基隆河的地形謎題，先行至平溪一帶，這是個古老的煤礦聚落，今成吸引國際觀光客的展物，連鐵軌的文化價值都難用鐵的秤斤論重來談論。煤礦之所以讓平溪成就名利，關鍵是地處石底向斜，地層中分布著石底層，這是煤層的所在，更可比擬為石油的老祖宗。在以燃煤蒸氣為動力來源的時代，燈火山城夜不眠。煤礦的經濟效應讓耕地狹小的基隆河谷，人聲鼎沸、輪軸轆轆作響。

　　當人群湊過來討生活，遮風避雨的屋舍就接續從地表冒出。然而，受限這段基隆河谷地的河岸腹地狹窄，街衢只能沿著河谷排列，呈現典型的線形聚落。同樣地，運煤的鐵軌依著谷地接合、拉出線條，於是，地形預設了交通線路，煤礦利益讓道路順服而朝它集中，人們不過稍加修飾。也就是說，鐵路是嚴肅的經濟實體，因應交通運輸而生，哪像現在是「玩物」。看來煤礦業蕭條使得鐵路不再庸碌繁忙，虛擬經濟的人造天燈又豈能與之爭輝？

　　臺灣 3 大主要煤層，由老到新依序為木山層、石底層與南莊層。其中，最重要者為石底層，其標準地即在平溪區的石底里。位於侯硐的瑞三煤礦，曾是全臺產量最大的煤礦，直到民國 69 年收坑。十分的新平溪煤礦稍晚於 86 年停止開採，轉型為新平溪煤礦博物園區。日治時期為了輸出煤礦，大正 10 年（1921）興築由三貂嶺至菁桐坑的鐵路，在礦坑相繼關閉後，轉型為人文觀光路線，瀑布、壺穴等地形陪伴下，成為觀光的自然資源。

煤業在田野尚遺存一證物，卻少被提起，也忽略其安全性，其為捨石山。早年煤礦利益之下，人們採礦取走有價值的煤，淘汰無用的石塊，就近拋疊成山，名叫捨石山，位在新平溪煤礦博物園區旁，比高約 50、60 公尺，呈圓錐狀，今植被良好而難窺原貌。月桃寮溪蜿蜒繞過小丘，南注基隆河。這麼大塊土方，成山不及百年，又南臨基隆河，實應審慎看待。

捨石山

2／河道怎麼受到地質構造控制？

為什麼基隆河會繞一大彎？臺灣的河流類似此者，相當少見，揣測也就多。

這般右傾几字的流路，乃受到幾段不同的構造因素控制。其發源地為新北市平溪西方的分水崙；上源約 13 公里間，介於南邊的伏獅山山脈與北邊的南港山山脈之間，沿石底向斜軸東側朝東北東流，呈縱谷；至三貂嶺附近，忽然折向北與北北東流約 5 公里，呈弧形繞行侯硐背斜東北端，此段為橫谷；於瑞芳東方苧子潭，又突然轉為西南西於寬闊之河谷中，彎曲流動約 13 公里。

至八堵再轉向西南，介於南邊的南港山山脈與北邊的五指山山脈之間，沿八

基隆河於三貂嶺至瑞芳東方的苧子潭之間，呈弧形繞流侯硐背斜，屬於橫谷地形。

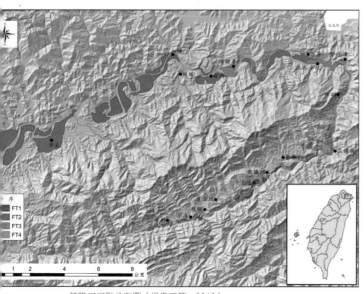

基隆河河階分布圖（楊貴三等，2010）

堵向斜軸部附近呈兩岸對稱之嵌入曲流；於南港附近進入臺北盆地；入臺北盆地後，更呈顯著之自由曲流，蛇行狀擺動於內湖、中山、士林區，最後於關渡隘口注入淡水河。基隆河主流與眾多支流構成格子狀水系。

從地形學來看，背斜容易凸出成山脈，向斜則凹下為河谷。平溪北側的南港山山脈嶺脊為侯硐背斜，向東北延伸至侯硐傾沒。南側為伏獅山山脈，也是背斜；兩背斜之間為石底向斜。

這裡雨水充足、植木茂密，地理因素是東北季風將黑潮暖溼水氣吹來，山脈地形攔截著陸，附近火燒寮是臺灣雨水最豐沛的地區。當雨水淋灌南、北兩背斜坡地，逕流注入谷地成基隆河。

此外，河谷地形也導引冬季東北季風轉以偏東、東北東向，襲入臺北盆地，風、水雙雙掣肘著臺北地景：一來，松山機場起降均朝東或東北東，利用風阻抬升機身或減速剎車，城市格局伏服在風的膝下；二則，冬日雨量從瑞芳、暖暖、汐止、東湖等，一路遞減，臺北常陷入東雨、西陽的反差天光。

本河中，源流至三貂嶺為上游；三貂嶺至南港為中游；南港以下為下游（「基隆河河階分布圖」）。本文僅探討基隆河中、上游之地形，下游則劃入臺北盆地。

3 ╱ 曾發生河川襲奪、改道嗎？

河川的襲奪通常須兼具高位與低位河，這是先備條件。由於低位河的向源侵蝕或側蝕，切穿兩河之間的分水嶺，而使高位河轉向低位河流動，並造成一系列襲奪的地形。

基隆河流路怪異，多年來已不少人嘗試猜想、推論，都因田野證據不足而難以釋疑。

最上游：是否曾被景美溪襲奪？

　　林朝棨（1957）曾提及：基隆河上游，在菁桐西南西方約 2 公里的分水崙附近，河床淺而緩，基隆河源流忽然折向北方，然而基隆河之乾谷卻繼續向西方延長，由薯榔寮順基隆河谷約 1 公里，即至分水崙。分水崙以西係景美溪上游永定溪之源流，河床深而陡，此地基隆河谷似被永定溪之源流襲奪。

　　根據這一說法，野外踏查分水崙附近之地形。永定溪確實可視為低位河，基隆河是高位河，但分水崙處當作風口地形卻偏窄，與今之基隆河的河寬不相稱，又缺乏礫石層等證據，於是，推論可能沒有發生襲奪。

　　但此區可注意到另一現象，永定溪大湖格支流的向源侵蝕較基隆河來得旺盛，假以時日，兩河之間的分水嶺有可能向基隆河方面緩慢移動，從而擴大永定溪的集水區，也增加泥沙沖刷量，改變河川環境。

中游的苓子潭與深澳灣之間是古河口？

　　基隆河在苓子潭處，距離深澳灣不及 2 公里，加上兩者間所夾的丘陵，最低處的鞍部高僅約 113 公尺，這麼近的距離、鞍部又低矮等兩條件，不免引來「河口」揣測。

　　林朝棨（1957）就說：基隆河之上游部於林口期（或中壢期）由瑞芳附近流入深澳灣，嗣後受基隆河下游之襲奪，上游河水遂改向流入現在的基隆河中。

　　對此，杜友仁（1997）查看舊期航照，否定了林朝棨之說。他的理由是，瑞芳到瑞濱之間有一明顯且較高聳的分水嶺，此山嶺乃由石底層受侯硐背斜傾沒之影響而成，與基隆山旁的大寮、石底層所構成的山勢連成一氣。他進而推論，此處基隆河之流路深受侯硐背斜傾沒所控制，而沿著大寮層的外圍發育，故河道沿此山嶺的南方蜿蜒似乎較屬合理，且該處並未見到河道堆積的殘餘物，並無直接證據可證實林朝棨的襲奪論點。

　　然而，我們核對地

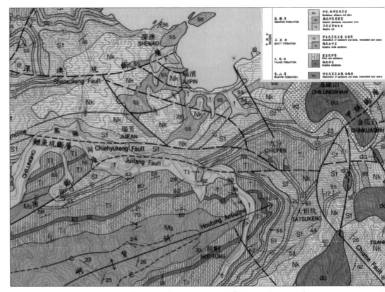

侯硐至瑞芳一帶的地質分布圖（截取自中央地質調查所「雙溪」地質圖幅）

質圖「雙溪」圖幅中的地層分布，侯硐至瑞芳之間的基隆河流路，均與大寮層與石底層的走向斜交，亦即此河段的基隆河並非沿著大寮層的外圍流動，看法與杜友仁之說相左。

那麼，到底這一河段的基隆河成因為何？古流路又怎麼走？

筆者初步觀察基隆河於苧子潭處，確實具有襲奪彎的形態。倘若先假設苧子潭以下基隆河河段屬低位河，則苧子潭至深澳灣間應有高位河的痕跡。但由航照判釋及野外調查，今苧子潭與深澳灣之間已切割成丘陵，缺乏高位河被襲奪後遺留的斷頭河、風口等證據。而瑞柑國小東北側高度約 113 公尺的鞍部，寬度僅 30 公尺，明顯窄於侯硐至苧子潭之間的同高度谷寬，兩者不相稱，應非基隆河流過的谷地。

另外，根據周淑文等人（1999）指出，龍潭、瑞芳兩山之間、高約 135 公尺的鞍部，並無來自基隆河的礫石。實地考察後，於龍潭山（199 公尺）與苧子潭東北方的 151 高地之間的緩起伏面上，我們發現 3 處零星的礫石分布：

一、苧子潭西北方琉瑯腳 102 市道北側、高約 130 公尺的緩坡；

二、瑞柑國小操場旁步道；

三、瑞芳公園入口明燈路旁。

這些礫石的圓磨度屬圓與次圓，其岩性種類為砂岩、石英安山岩與變質砂岩。雖然，後兩處的礫石可能由上方的緩起伏面崩積者，須持保留態度。但田野仍透露些許不尋常，略以三點說明：

一、這 3 處礫石的圓磨度與岩性種類，均與目前侯硐國小附近基隆河畔的堆積物類似。

二、侯硐至三貂嶺的基隆河兩岸散布高 150～170 公尺的平坦稜，略高於龍潭山與苧子潭東北方的 151 高地之間的凹地（琉瑯腳 102

侯硐至瑞芳之間的基隆河谷

（左、右）侯硐至三貂嶺的基隆河兩岸，高約 150~170 公尺的平坦稜，緩緩斜向下游側。

市道北側的緩坡地）。若假設有襲奪發生，可以當作襲奪發生之前，基隆河屬於高位河的河床。

三、這片凹地緩斜向海，可對比基隆山西北坡高度 70 ～ 130 公尺、向海緩傾之海階。

換言之，琉瑯腳附近是否為基隆河的古河口？據此，我們推測基隆河曾於苧子潭，順直向西北流至琉瑯腳附近注入當時的深澳灣，嗣後被襲奪轉向西南西流。後因地盤相對抬升，深澳灣海退約 1 公里多至目前位置，今遺留為海階。

雖然如此，證據還不夠充分。由航照判釋，琉瑯腳一帶於民國 48 年原為山稜，後經 68 年人為整地成緩坡，91 ～ 94 年又成為員山子分洪隧道工程的土資場，原始露頭已遭毀壞。也就是說，上述琉瑯腳所見的礫石應非當地者，而是從員山子分洪隧道入口處的基隆河河床搬運來的。今要解這地形謎題，若能從鑽井資料找到礫石，方能確切推知基隆河的古行蹤。

中游的支流深澳坑與田寮河之間的河谷，是否屬於古基隆河的舊河道，嗣後被今基隆河瑞芳以下河段襲奪？

此一說法，也是杜友仁（1997）所提出。他認為，瑞芳附近一西北向的支流深澳坑與向西注入基隆港的田寮河形成一低緩的谷型地形，且該支流與田寮河的分水嶺最低處的高度僅 90 ～ 95 公尺。其立論援引四腳亭附近（位於瑞芳工業區北側的七坑小丘）的高位河階頂部，

照片右上部凹地（琉瑯腳 102 市道北側的緩坡地），疑為基隆河的古河口。

高度已達 97 公尺之說，進而推論在此一高位河階面形成時，古基隆河的河床已高於前述田寮河上游的鞍部分水嶺，而有可能直接流經田寮河，注入今之基隆港入海。若依其說，田寮河為斷頭的高位河，今之基隆河乃襲奪的低位河，而基隆河支流深澳坑就是反流河。

不過，在經過實地探查後，筆者持不同見解。首先是田寮河谷深切，不像斷頭河的谷大、水少、平緩特徵；第二，瑞芳附近基隆河支流深澳坑之河谷偏窄，以此為基隆河之舊河道，兩者谷寬亦不相稱，且河谷平緩，又不具備反流河的陡急特性；其三，兩河之間的分水嶺（基隆市孝東路與培德路交會處）高起，也不似風口地形；況且，基隆河瑞芳以下河段並無襲奪彎與低位河的深切特徵，主、支流也無明顯的高位河階分布。

總之，以目前的種種地形證據，基隆河不可能流經此兩條河流，注入今基隆港。

中游流經獅球嶺而注入基隆港附近？

對於基隆河中游在八堵附近的大轉彎，林朝棨（1957）還曾提到此也是河川襲奪，臚列原說法如下：

> 更新世末期，臺北盆地陷落時，海水由關渡或基隆附近經汐止侵入盆地中，呈為一鹹湖，沉積鹹湖沉積物之松山層。松山層之由盆地向東經松山、南港與汐止之異常分布，暗示臺北盆地陷落以前，基隆河係由西向東流入基隆方面之海，八堵、瑞芳間之河谷似屬於其一支流。嗣後，因為關渡決口，盆地中之水由關渡退出淡水附近之海中，水面降低；而一方面，八堵、基隆間部分可能發生曲隆運動，基隆河遂發生逆流現象，由八堵沿昔時之江灣流入臺北盆地中。

從上引文，林朝棨對於基隆河中游的流路之說，關鍵論點是基隆河原本從基隆一帶入海，後因臺北湖水外洩，且八堵、基隆間可能發生曲隆運動而改注入臺北盆地。不過，隨著數十年來相關研究與定年資料，對於基隆河中游有了更清楚的輪廓：

（1）臺北湖水外洩導致海水從基隆改流經汐止，注入盆地，且沉積古臺北湖及海水堆積物的松山層出現？

從今之研究，山腳斷層活動致使盆地陷落的時間，約在 44 萬年前。而古臺北湖出現過兩次，第一次是約 18 萬年前，古新店溪在復興崗一帶遭火山泥流堰塞，積水成湖，後於 16 萬年前由關渡隘口切穿而決口；第二次是 2.7 ～ 1.8 萬年前，

末次冰期最盛後，海水上升而入侵臺北盆地，即堆積松山層，8,000年前達最大海漫面，後進入海退期，從關渡洩出。林朝棨之說，可能是指第二次古臺北湖，時間約在1.8萬至8,000年前之間。若再參考松山層開始堆積的時間，其始於約3.2萬年（另一說為2.1萬年），這幾個時間點都相差過大，難以相提並論。

（2）八堵、基隆間是否曾發生曲隆運動，迫使基隆河逆流入臺北盆地？

「八堵、基隆間」應指獅球嶺一帶。獅球嶺高約147公尺，其地層屬第三紀的沉積岩，附近又無活動斷層、活動褶曲等活動構造。若依Peng et al.（1977）所指出，臺灣北部海岸在過去9,000年內的上升率較臺灣其他大部分山區為小，大約每年僅2公釐（1,500～5,500年前）到5.3公釐（5,500～8,500年前）之間。因此，松山層堆積的時期（3.2萬年或2.1萬年，或者採用1.8萬年前末次冰期最盛之後），雖有可能曲隆抬升超過獅球嶺東側臺5線道路所經鞍部的高度，約60公尺。但，定年結果與計算地盤抬升量也只是依比例演算，更假設北部海岸抬升的一致性，不代表地理事實，亦缺乏確切的田野證據。我們遂踏查獅球嶺一帶，希望找到基隆河曾流過獅球嶺的砂礫堆積物，卻毫無所獲。另外也判釋航照，八堵附近的基隆河雖具有襲奪灣的特徵，但八堵（高約20公尺）、基隆間之獅球嶺切割已甚，缺乏斷頭河、風口之痕跡。

筆者認為，隨著近年新發現的證據與定年以及田野實察，林朝棨之說所欠缺的「時間」有了新的比對結果，但仍無法確認八堵、基隆間（獅球嶺）曲隆造成基隆河逆流入臺北盆地的可能性，襲奪之說至此還是個謎。

河川襲奪新例：基隆河左岸支流大寮坑

上述文獻所提，基隆河4處可能發生襲奪的地方，我們雖然未找到關鍵證據，卻意外發現另一襲奪處，即在瑞芳西方與四腳亭之間。

基隆河左岸支流大寮坑之河川襲奪

基隆河左岸的支流大寮坑原為高位河，沿瑞芳斷層發育，先與主流的流向相反，向東北東流，再匯合鱗魚坑後北流注入基隆河，後因基隆河於大寮的曲流基蝕坡側蝕切穿分水嶺，使大寮坑轉彎（襲奪彎）北流入低位的

基隆河，並於大寮形成一沖積扇；大寮坑下游段遂成為寬約 100 多公尺、谷大水少的斷頭河，今開闢為瑞芳工業區，風口位在此工業區的西端，與改向河之高差約 30 公尺，路旁雖出露零星礫石，恐為築路所遺留者。風口南側原注入高位河的支流，襲奪發生後，轉向至滴水仔橋下流入改向河，類似反流河。由上述種種地形證據，確定此處曾發生襲奪現象。

4 / 為何多見瀑布與壺穴？

　　水流遇陡崖而近乎垂直落下的地形，稱為瀑布。基隆河的瀑布，除了臺灣罕見位在主流的十分、嶺腳瀑布外，支流上的瀑布有十數個，如雙鳳谷、合谷、三貂 I（枇杷洞）、三貂 II（摩天）、新寮、翠谷、茵夢、水濂洞、觀音、眼鏡洞、望古等瀑布，集中於嶺腳與三貂嶺兩地之間。

　　這一帶溪谷呈峽谷狀的穿入曲流，壺穴和瀑布地形特別發達，多由南港層砂岩控制形成。瀑布上、下游之景觀截然不同，下游呈深窄之峽谷，上游則呈寬淺河谷。瀑布附近也常見壺穴。

眼鏡洞瀑布

　　眼鏡洞瀑布，位於十分瀑布上游約 200 公尺，屬於基隆河支流月桃寮溪注入主流的懸谷式瀑布。因基隆河主流的水量較大、侵蝕力較強，下切較深，並在基蝕坡側蝕成凹壁；反觀支流月桃寮溪因水量較小，侵蝕力較弱，無力切穿硬岩而河床高懸。瀑高、寬均約 6 公尺。

　　瀑壁上可見兩個河蝕洞並立，乃因瀑布位基隆河之基蝕坡，受河水侵蝕，加上瀑水回濺而成。兩洞之間，中矗抗蝕力較強的硬岩，看起來像副眼鏡而得名。其上設吊橋、鐵路橋梁跨越基隆河，分別通行遊客及火車。

　　月桃寮溪穿過 106 市道處，為臺灣罕見的河蝕門，後遭人為修飾而失去原貌，實在可惜。但八堵東北方約 2 公里的佛光洞，雖不屬基隆河流域，但比起月桃寮溪的河蝕門，同

三貂 I（枇杷洞）瀑布

眼鏡洞瀑布

八堵東北方 2 公里的佛光洞，是臺灣少有的河蝕門。

十分瀑布與瀑潭

從瀑布以下至大華段露頭間河道滿布巨石，可視為瀑布不斷向上游後退的證據。

樣因砂頁岩互層的頁岩被河流切穿而成，但後者的長、寬、高各約 30、10 公尺、3 公尺，規模較大。

十分瀑布

造瀑層為南港層砂岩，瀑高約 16 公尺，寬約 30 公尺，呈簾幕式，岩層逆斜約 7 度，宛如尼加拉瀑布之小模型，有「臺灣的尼加拉瀑布」之稱。上有小湖，下有瀑潭，瀑潭長、寬各達 30、50 公尺，深度也在 6 公尺以上，應是臺灣最典型、最具規模的瀑潭，也是臺灣少見位於主流的瀑布。

瀑布下游約 300 公尺處露出大華段岩層，此段岩層位新寮砂岩段之下，岩性較軟弱。至於瀑布成因，應為河流下切時，新寮砂岩段河床下切較慢，大華段下切較快，兩者經長期差別侵蝕後，落差逐漸增大而形成瀑布。依此可反推，十分瀑布最初位置在新寮砂岩和大華段岩層交界處。

但何以可看到，瀑潭至大華段露頭間河床滿布巨石？這些顯然是落石，原因係新寮砂岩節理發達，節理逐漸受侵蝕而擴大、崩落巨大岩塊，為瀑布不斷向上游後退的證據。

嶺腳瀑布

嶺腳瀑布，位在芊蓁林溪匯流點附近主流上，瀑高僅 11 公尺，寬度特大達 40 公尺，若洪水來臨時，更可寬達 55 公尺，屬簾幕式瀑布。瀑布的成因主受硬岩控制所形成。靠北岸瀑壁有一大洞穴，可能是以往河水偏北岸行，瀑水下洩時掘蝕瀑壁而成。

嶺腳瀑布下游與芊蓁林溪匯流處，尚有一高 3.5 公尺的小瀑布。沈淑敏（1988）推測嶺腳瀑布的成因有二：

（1）芊蓁林溪流量較基隆河主流為

嶺腳瀑布

大，侵蝕力較強，匯入基隆河時，沖激對岸產生基蝕坡，乃使基隆河主流產生落差。

（2）造瀑層亦為南港層，受硬岩控制而形成瀑布。

望古瀑布，造瀑層為南莊層砂岩，瀑高約 7 公尺。

壺穴

壺穴有河成與海成兩種，其中河成壺穴乃河水在急流漩渦處，以帶來的砂石為工具，於底岩凹處鑽磨所形成。總括其形成條件為：

（1）急流：急流遇障礙物而產生漩渦，其迴旋鑽蝕的動能很大。

（2）岩屑：鑽磨需要工具。早期基隆河流域多煤礦，開採出來的廢石堆成捨石山，常被侵蝕搬運入基隆河，加上山崩落石，提供河水鑽磨的工具。

（3）硬岩：有硬岩處容易產生急流，且硬岩可使壺穴久存，不容易被侵蝕破壞。

（4）節理：節理為岩層脆弱與低漥處，常成為壺穴鑽蝕的起始點。

壺穴內常見小圓礫，為鑽蝕與磨蝕的工具，攝於大華壺穴。

於是，壺穴常見於基蝕坡、底岩河道、急湍、河流匯合處及巨礫上。而壺穴的外觀多樣，隨著受侵蝕的時間而變化，其演育階段概分為四期：

（1）幼年期的單一壺穴：常呈圓形，有些呈半球型的側蝕壺穴。

（2）壯年期的聯合壺穴：兩個單一壺穴之間貫穿，形似葫蘆。

（3）老年期的壺溝：數個壺穴常沿著節理貫穿呈溝狀。

（4）回春的複成壺穴：大壺穴內鑽切小壺穴。

臺灣北部河流的壺穴地形，應屬基隆河和景美溪最發達。基隆河流域的壺穴分布，以主流四廣潭、大華、三貂嶺、侯硐、暖暖、支流月桃寮溪眼鏡洞瀑布上方、五寮坑溪枇杷洞瀑布下方、瑪陵坑溪翠谷橋下等地的發育較好。

暖暖壺穴，攝於暖江橋。

大華壺穴　　　　　　　　　　　　　　　　瑪陵坑溪翠谷橋下壺穴

5／河階、離堆丘透露了侵蝕基準變動

為何基隆河沿岸僅有低位河階，卻無高位階地？

　　河階係沿河岸分布的階狀地形，包括階面與階崖兩部分。階面為昔日的河床和氾濫原，其形成係在地盤穩定時期，河流專事側蝕而不斷拓寬河床。階崖則為地盤劇烈抬升或侵蝕基準（海面、湖面）下降時期，河流下切所形成。

　　十分寮至菁桐間之河階有 3 段，愈上游愈狹小。

　　苧子潭、碇內間河谷比較寬闊，兩岸有比高約 10 和 5 公尺的兩段低位河階。基隆河於八堵至南港間，呈 10 ～ 15 公尺之嵌入曲流，其河谷平原面成為其低位河階（「基隆河河階分布圖」）。

　　這些寬平的河階可能因 1.8 萬年前末次冰期最盛之後，氣候漸暖，冰河融化，海面升高，約 8,000 年前海面達最高，臺北盆地成為半鹹水湖或江灣，海水或湖面到達今汐止附近，導致基隆河容易側蝕拓寬河谷，堆積成寬平的谷底平原，產生自由曲流。之後至約 4,000 年前，海面下降數公尺，基隆河沿著自由曲流向源侵蝕、快速下切，形成今日兩岸對稱的嵌入曲流及低位河階。

　　為何基隆河沿岸僅見 3 段低位河階，卻無高位階地？探究其因，其因菲律賓

海板塊與歐亞板塊碰撞點的南移，本區約自100多萬年前起，已由擠壓造山轉為後造山的拉張環境，地盤上升率小，因而較臺灣中南部地區河階的階數為少，階崖也較小。

且，基隆河位於本島北端，更新世後期之隆起運動量幾等於零，因而缺少高位階地之發育。至於，為何基隆河愈上游的階數愈多？這可能因上游較接近板塊的碰撞點，劇烈抬升的次數較多所致。

芹蓁林溪、望古坑和三爪子坑的離堆丘

基隆河支流芹蓁林溪、望古坑和三爪子坑，共有4個離堆丘。其中，芹蓁林溪有2個離堆丘，一為東勢格農路4號農宅附近，另一在平溪往坪林途中的芹蓁坑附近，兩者的舊河道呈半圓形凹槽，清晰可辨。

離堆丘旁的舊河道可對比某一段河階，表示舊河道曲流為地盤較穩定時，河流容易側蝕擺動彎曲而形成。當地盤抬升或侵蝕基準（海面、湖面）下降較劇烈時，加上曲流頸兩側基蝕坡的側蝕，在洪水時容易切穿低窄的曲流頸，截彎取直成新河道，孤留新、舊河道間所夾的小丘，即離堆丘。

平溪國中所在為腱狀丘

平溪國中所在的低位階地為腱狀丘地形，乃是昔日地盤較穩定時期，主、支流之間所夾如牛腱狀的小丘，由古地圖或航照可見該丘位於基隆河與支流瓜寮坑溪之間。瓜寮坑溪原流經今106市道，於今平溪國中東北側注入基隆河。今瓜寮坑溪下游已遭人工改道、截彎取直注入主流，舊河道為106市道所經。

芹蓁坑離堆丘

東勢格離堆丘之舊河道，攝於東勢格4號前農路。

6 / 水患退散：截彎取直與分洪

　　基隆河的河道曲折，且上游的火燒寮為臺灣雨量最多的地方，因此每當颱風或豪雨來襲時，這麼龐大的水體直沖下游的臺北盆地，水常淤滯成患。所以，政府進行了兩次基隆河截彎取直工程，以利於基隆河洪水的宣洩：

　　一、民國 53 年至 54 年，處理士林段的基隆河，原河道改建為基河路。

　　二、民國 80 年至 82 年間，於大直金泰段、松山舊宗段及南港成功橋段。

　　下游水患解決了，問題轉丟給中游。截彎取直工程完成之後，雖然下游的水患獲得改善，卻因河道縮短使得漲潮時的潮水逆流而上，若遇上游降雨量大時，兩股勢力交鋒於中游的汐止、五堵等地區，回堵成另一型態的水患。最嚴重的案例是民國 89 年的象神、90 年的納莉颱風，臺北市、汐止與基隆市接連遭受嚴重淹水災害後，中央政府於 91 年編列特別預算 60 餘億元，開始興建基隆河整體計畫員山子分洪工程。

　　該工程自臺北縣（新北市）瑞芳鎮（今瑞芳區）東方基隆河大轉彎、距海甚近的員山子（苧子潭），開鑿內徑 12 公尺，長度近 2.5 公里的分洪隧道與出水口放流設施。在洪水來襲時，採自然溢流方式分洪，將上游流下的部分洪水經由分洪道直接排入東海，達 1,310 秒立方公尺，可降低基隆河瑞芳河段水位 3.13 公尺，

員山子分洪工程，攝於苧子潭。

瑞芳區爪峰、東和兩里分洪道

下游水位平均降低 1.5 公尺，對中下游地區的洪水防制具有相當效果。巧合的是，員山子（苧子潭）所在即前述揣測不斷的河川襲奪處，分洪道頗有重建古河道意味。

員山子分洪工程在民國 94 年竣工，使得基隆河自侯硐介壽橋以下的河段，提升至 200 年回歸期的防洪標準。93 年的南瑪都颱風（工程未完工，但提前使用）、94 年的海棠、泰利、龍王、碧利斯等颱風、95 年的凱米颱風，96 年的聖帕、韋帕與柯羅莎等歷次颱風，在員山子分洪工程的啟用下，有效降低基隆河中下游洪水水位，減緩水患。以柯羅莎颱風為例，員山子分洪分散了基隆河上游近 6 成的洪水量，達約 1,560 萬噸。

另外，新北市瑞芳區爪峰、東和兩里地勢低窪，每逢雨季同樣必淹水。為了解決水患，遂配合水利署的「基隆河整體治理計畫」，進行分洪工程，將洪水以隧道排入基隆河，後於民國 97 年完工，此為員山子分洪工程之縮影。

南港山、伏獅山
兩山脈
把水平變歪斜

南港山山脈層階地形發達，硬岩孤立成峰。由五分山稜線步道向西拍攝

　　南港山與伏獅山兩山脈像是臺北東方，以近乎平行的方式，埋伏於大地中的雙指。在地形分區上，屬於西部衝上斷層山地的北段，亦即加里山山脈北段之中，呈東北東－西南西走向。南港山與伏獅山兩山脈的走向與兩者間的凹谷控制了河流的生成與流向，也成為空間上的分界，大略是景美溪與基隆河上游的河谷，這河谷又反過來讓兩山脈分據北、南。就生成的時間序列而言，應該是山先於河，河再分隔山。

　　南港山山脈北至基隆河的中游河谷，過了河就是五指山山脈；伏獅山山脈南至屈尺斷層（東段約為雙溪川之支流柑腳溪），對望更為高大的雪山山脈。兩山脈的共同西界為新店溪；而東界，前者為八堵至三貂嶺的基隆河，後者為三貂嶺至雙溪一線，差可以宜蘭線鐵路為界。

　　兩山脈的主要地形特點為層階地形，這是時時騷動的大地應力把原始水平堆積狀態的沉積岩，推擠翹起而傾斜。

南港山、伏獅山山脈（下載並重繪自 Google Earth）

南港山山脈的部分東稜線,由伏獅山山脈中的孝子山向北拍攝。
平溪聚落北側山腰,乍看狀似基隆河支流的扇階地形,經訪查乃人為棄土所造成。

1／南港山山脈:崙頭斷層分成東、西稜線

　　本山脈由侯硐至臺灣大學附近的公館之間,略以崙頭斷層為界,分為東、西兩條稜線:

單調的東稜線

　　主要山峰如五分山(757公尺)、姜子寮山(729公尺)、土庫岳(389公尺),至溪頭山(206公尺)西側接西稜線。國道三號福德隧道即穿過土庫岳至溪頭山之間。

　　東稜線中,五分山為南港山山脈最高峰,山頂設有氣象局的雷達站。民國79年,氣象局為了偵測臺灣北部颱風動態,原本擬於大屯火山群最高峰七星山設立雷達站,但因遭環保人士反對,改設於此。這裡展望良好,可看到基隆河、基隆市、基隆港、基隆嶼與基隆山等「五基」,為臺灣小百岳之一,不難理解雷達站的設址考量。

　　這個無障蔽的地理事實,也說明了在東北季風颳起時,山頂的寒風無情又狂野,抑制了樹木向上生長,一片單調的荒原貌。或許可以形容為綠野山坡,但對野外考察來說,夏天有如地獄般的燠熱,冬日則在冷颼颼的寒風中混著水珠。

南港山山脈的部分東稜線,由伏獅山山脈中的孝子山向東北拍攝。

五分山展望良好,向東北可俯瞰侯硐背斜向東北端傾沒的山,遠方尖峰為基隆山,攝於五分山。

複雜構造的西稜線造就了熱門的親山步道

崙頭斷層西側的西稜線，東北段的北側為低矮的緩起伏丘陵，南側則是較為高聳的層階地形。一個小小的區域，為何兩側的地貌會有如此差異？

先由地質圖看起，臺北斷層通過西稜線的南港南方。於是，我們先假設地形差異應與岩性不同有關。北為臺北斷層下盤，屬於較軟弱的桂竹林層，岩性容易受侵蝕；南是臺北斷層上盤，石底層、南港層等較古老的地層逆衝上來，岩性較為堅硬，抗侵蝕力自然也就強了些。在時間的催化下，放大了兩種岩性的抗侵蝕力差異，地形樣貌就截然不同了。

而西稜線的主要山峰，像是南港山（374公尺）、拇指山（320公尺）、蟾蜍山（128公尺）。另外，在木柵、景美之間還有條稜線，中斷為東、西兩小段，東段由興隆山東北峰（116公尺），向西至馬明潭山（116公尺）；西段為景美山（143公尺）。幾條稜線的高度、氣勢逐漸羸弱，終至沒入盆地底部。

I. 四分溪：沿四分子向斜軸部發育的走向谷

南港山山脈的分水嶺顯著偏南，河谷大致呈順向谷，北坡較發達；但有部分呈走向谷，如四分溪，即福德隧道北口至南港系統交流道的國道三號西北側河谷（也沿著研究院路三、四段）。四分溪沿四分子向斜軸部發育，麗山橋下游側有由南港層構成的遷急點，遷急點多由硬岩造成，溪水不易切穿，使得遷急點成為溪水的臨時侵蝕基準點，上游的溪水轉為側蝕，河谷呈寬淺貌。

附近的地形景觀，尚有中華科技大學通往南港山的步道旁，四分溪支流的河床散布了數十個壺穴，直徑約50公分的淺碟子或鍋狀。

四分子向斜軸部發育的走向谷，左上為國道三號。

四分溪在麗山橋下游側至守信橋之間，因受南港層構成的遷急點影響，上游的溪水徐徐汩流，改專事側蝕，使得河谷拓寬淺平。

中華科技大學通往南港山的步道旁，四分溪支流的河床分布數十個壺穴，直徑約 50 公分。

中華科技大學附近的南港層厚層砂岩崖壁，為南港層的標準地。從三號國道福德隧道北口向西北望，可見十數個直立岩塊、垂直節理，甚為壯觀。

II. 十八羅漢洞：南港層的標準地

緊鄰中華科技大學的南港層厚層砂岩崖壁，為南港層的標準地，具有垂直節理，排列著十數個直立岩塊，被稱為「十八羅漢洞」。

III.「仙洞」的地形成因？

南港區研究院路四段位在四分溪山間谷地，與南港山另一側的臺北盆地有迥異的城鄉落差，被戲稱「後山」，早期居民為了販售農作物，走出了幾條古道，拇指山至後山的樹梅古道即其一。

象山，有人形容其地貌像似象頭與象鼻，而得名。

古道中途有個「仙洞」，外觀呈半球形，深、寬、高各約 5、10、5 公尺的洞穴，似因地下水侵蝕厚層砂岩下方的頁岩層所形成。

IV. 四獸山稜線

南港山稜線西北側，另有條平行的四獸山稜線，包括虎山（122 公尺）、豹山（144 公尺）、獅山（147 公尺）、象山（184 公尺），頂部由石底層構成，亦呈單面山地形，步道交錯，其中最知名的是象山步道。象山之得名，源自人類對大自然象形的本能，見山如象，可說是自然野趣。

象山步道是眺望臺北盆地的知名景點，不管清晨或夜晚都遊客如織。

永春亭適合南眺三張犁、六張犁等谷灣山麓線。

登象山的大眾路線是由捷運象山站穿過象山公園，到靈雲宮登山口，石階陡上第一個分叉點，左邊是一線天步道，右邊為北星寶宮步道。左線繞行象山北側山腰，地勢坦緩；右線走在山脊稜線，較為陡峻。這段步道所舖的花崗岩石材，堅硬而適合當作地磚，但終究為外來岩石；若論本地象山的地層，山腰分布大寮層，山頂則為石底層，均屬中新世的砂頁岩互層，決定了地形景觀。

i. 三張犁、六張犁等谷灣山麓線

走往一線天步道，永春亭適合南眺三張犁、六張犁等谷灣山麓線。此地，臺北斷層崖經過侵蝕，硬者凸出成山嘴，如三張犁山、福州山，也是雜林的延伸趾部，生長著綠樹；軟者卑退為谷灣，後經臺北湖的泥沙堆積而成，現則布滿白色水泥樓房，緩步迫擠凹谷。舊時岩性之軟硬形塑了谷灣，自然與人文則是新一波攻防，勢力範圍交錯、各有所據，兩者呈明顯的色塊對比，也說明了地形怎麼影響土地利用。

北星寶宮步道，走在山脊稜線，較為陡峻。

ii. 氧化鐵風化岩壁及石乳

在步道旁斜坡，兩棵大葉楠以板根支撐其厚實樹幹；大寮層因差別風化造成砂岩凸出、頁岩凹入。厚層砂岩壁因解壓而剝落，露出氧化的橘色節理面風化紋。站在崖壁前，那岩壁有如打翻彩膠筒的畫卷，噴濺的白色斑塊是地衣，未剝落的乳灰色岩面粧以褐綠色青苔，用色斑斕，歷經千、萬年燻乾，更顯粗曠樸拙。

石乳

氧化鐵風化岩壁：厚層砂岩壁因解壓而剝落，露出氧化的橘色節理面。

iii. 一線天是落岩塊間縫隙

持續前行是「一線天」，那是落岩塊之間的縫隙，長約 10 公尺，寬僅容 1 人通行。每次經過都會查看有無移位，岩塊的移位是其崩塌的前兆，也幸虧這窄促，頂部岩縫間噎著 3 塊小岩塊。不過，若逢大地震、豪雨，這岩塊恐怕會鬆滑崩落。

岩面有些風化窗，組成坑坑窪窪的蜂窩岩地形。

iv. 巨石園與永春陂

巨石園是數個巨大落岩塊散置斜坡的地方。其中，兩個落岩塊之間有個洞穴。轉向右上行「永春崗步道」，這段步道峻陡，每走幾階，歇腳回望松山一帶市區。陡坡盡頭有一平臺，可俯視永春高中東北側的谷灣，清朝福建永春人在那挖掘埤塘、蓄水灌溉，名「永春陂」，四周環繞四獸山（包括虎山、豹山、獅山、象山），風景秀麗。清末，據說劉銘傳曾於公餘來此泛舟，但後於日治初期淤積消失，今已闢為溼地公園。遠望則是五指山山脈、南港山山脈，兩山脈間夾著基隆河谷。附帶一提，四獸山為臺北斷層上盤抬升成的單面山，西北坡陡而東南坡緩。

v. 六巨石是崩落的岩塊

至象山最高點（183 公尺）轉回北星寶宮步道，旁有一攝影平臺，應該是最佳角度點，常擠滿人在此拍攝 101 大樓。白晝朗麗之時，在這可細數臺北盆地、林口臺地及大屯火山群；而暗暝捕捉的，當然是信義計畫區的絢麗華燈。

象山頂西側的「六巨石」也是知名景點，那裡有 6 顆巨大砂岩塊。推究其紋理近乎直立，對照當地層理卻是向東南傾斜約 20 度，兩者明顯不同。

一般推測，六巨石係山脊上的砂岩層經崩落、位移而成，呈不規則排列。岩面有肋骨狀或同心圓之弧形條紋，這是岩石破裂時，裂面由破裂起始點向外擴張

一線天為落岩塊之間的縫隙，岩面因差別風化而產生的凹穴即風化窗。

巨石園，數個巨大落岩塊散置斜坡。

永春高中東北側的谷灣，為昔日永春陂所在。

六巨石與臺北 101 大樓

六巨石岩面之肋骨狀條紋

的痕跡。裂痕之排列相當規則，又像人的肋骨，故稱肋骨狀條紋，常見於厚砂岩層。破裂原點即條紋的圓心；而條紋逐漸擴展處，也就是裂面的發展方向。這現象可比擬為，石頭掉到水中，水面上同心由內向外擴展的波紋，也可形容為漣漪。另外，岩塊中有呈半球形凹洞，洞中央顏色呈深棕色凸出的岩球，似為地層受地下水淋溶的物質，經沉澱凝結所成的結核。

V. 景美山稜線的仙跡岩

景美山稜線的南、北分別由南港層、石底層構成，呈豬背嶺地形；山頂砂岩斜面上，有著疑似腳印之凹洞，俗稱「仙跡岩石印」，推測應為風化作用所致；稜線步道旁石底層砂岩中含有結核，其中一個結核被人雕塑成人頭石像。

2 / 伏獅山山脈：試膽的勇腳級郊山

本山脈由雙溪至新店，主要山峰如上內平林山（519 公尺）、東勢格山（476 公尺）、伏獅山（732 公尺）、皇帝殿東峰（593 公尺）、筆架山（580 公尺）、二格山（678 公尺）、鵝角格山（485 公尺）、待老坑山（382 公尺）、獅頭山（196 公尺）。

上內平林山西側、東勢格山西側、皇帝殿東西峰、筆架山東南側及二格山的南港層，均呈顯著的豬背嶺層階地形；平溪孝子山則是山峰兀立的烙鐵峰地形。皇帝殿東、西峰與筆架山的稜線，寬僅約 1 公尺，裸露砂岩，兩側為深谷，常使初登者不敢站立行走，只好手腳並用地爬行。如今，設有安全護欄，雖破壞原始地貌，實屬兩難之不得不作為。

由二格山向西北西延伸的稜線，多呈平坦稜，在猴山岳（553 公尺）西側陡降 120 公尺至指南宮。

貓空壺穴

伏獅山山脈的分水嶺居中，山脈中縱谷甚發達，均為走向河，如指南溪沿貓

伏獅山山脈。照片右方山頂房舍為華梵大學，正遠方鋸齒狀稜線為皇帝殿稜線，左遠方為筆架山連峰，攝於北宜公路通往二格山登山口入口處。

皇帝殿稜線

平溪孝子山的烙鐵峰地形

貓空溪的壺穴地形，貓空也因此得名。

空斷層發育；唯石碇溪呈橫谷，橫斷本山脈。指南溪支流貓空溪有許多壺穴地形，多呈圓形之單一壺穴，直徑約 20 公分。壺穴主要沿走向 N19°W 及 N39°E 的兩組節理發育，因此，河床坑坑洞洞、凹凹凸凸的，閩南語稱呼『ㄋㄧㄠ ㄎㄤ』，貓空之名也由此音譯而來。

貓空斷層：錯開了二格山與筆架山稜線

貓空斷層為一斷面略呈東、西走向，向南呈高角度傾斜的逆斷層，斜切了新店斷層上盤的地層。其中，在二格山東側斜切由南港層厚砂岩所構成的豬背嶺山脊，造成山脊線明顯的左移、錯開。

再從河谷地形來看，二格山與其東側的筆架山嶺線之南、北兩側河谷流向，同樣斜交區域地形面的傾斜方向。由此推知，河道的發育顯然受到貓空斷層的控制。

皇帝殿天王廟的洞穴成因

皇帝殿天王廟與新店銀河洞的洞穴成因，均為砂岩層下方的頁岩層受地下水侵蝕而成。在臺灣，這類洞穴甚為普遍，但不同於東北角的海蝕洞、高雄萬壽山的石灰岩洞。

新店銀河洞：同樣是頁岩被侵蝕成洞

考察轉往新店銀河洞。往洞口的上坡路，兩側山壁緊逼成 V 字形峽谷，步道較陡，林木翁鬱，縱使晴天也穿不進幾絲陽光。

二格山與筆架山鞍部為貓空斷層通過，造成兩山間稜線左移錯動，鞍部即小　皇帝殿天王廟
圖黃色星號處（小圖修改自《五萬分之一臺灣地質圖－新店》），攝於二格
山與筆架山鞍部。

銀河洞瀑布高約 20 公尺，飛瀑絕崖、水源又無虞，若是雨天前來，滴滴答答多了幾分古風的詩意。不禁遙想，若在古代可能是野史中易守難攻的山寨所在。

　　由銀河洞往貓空的步道，登了一段陡坡，地勢卻轉為平緩，怎麼會有如此差距？走著走著，不妨想想大地為人類擺了什麼棋局？知識探索是種旅行樂趣，有客觀事實的考證，也有從心理去演繹、想像，卻都難以窮盡蒼穹。若能參透，或可明瞭山寨擇址的地理學思考，且以天然洞穴蓋巢窟，還可節省屋頂、牆壁材料費的經濟學問題。

　　回頭談瀑布上方河谷之所以寬淺，其地形成因係硬岩阻擋溪流下切，水流徐緩轉為側蝕所形成；同理就容易明白，瀑布下方則因溪水下切，致河谷深窄。

　　大自然的道理顯而易見，卻不容易明白。

新店銀河洞

3 / 東勢格越嶺古道：迷你地形的寂靜山徑

　　東勢格越嶺步道又稱東勢格古道，全長約 3.4 公里，從平溪虎嘴口（240 公尺）通往東勢格農路（北 43 號道路）10 號民居（265 公尺），以最高點分水嶺（415 公尺）為界，東、西段落差分別為 150、175 公尺。

　　西段約 1.2 公里係原煤礦臺車道改建而成，平坦易行，其餘多屬原始路面，坡度較陡，部分雖有繩索、欄杆輔助，但較為費力。步道跨越伏獅山山脈，於 2.2K 分水嶺以西沿著瓜寮坑溪河谷，以東沿著芊蓁林溪一小支流河谷，沿途樹蔭濃密，可聞水聲與鳥叫蟬鳴聲，有小規模的潭、灘、瀑布、壺穴、河階、山崩等地形，又有礦坑、事務所、拱橋等建源煤礦的遺跡，是一條具有自然、人文景觀的健行步道，曾登上《lonely planet》（孤獨星球）雜誌版面。

廢墟地景：建源煤礦遺跡

　　由平溪虎嘴口步行約 20 多分鐘，抵達建源煤礦遺址。建源煤礦開採於昭和 6 年（1931），收坑於民國 60 年，前後開採的時間約 40 年。

　　一棟廢棄的石頭厝，僅剩滿布青苔的斷垣殘壁，附近路旁上方的林間，有一座跨越小溪澗的石拱橋，是當初供作運煤臺車行走的橋樑。今橋身同樣被青苔覆蓋、佔據，與周遭綠色森林共一色。

　　經過一小段陡坡，來到一處平地，是昔日建源煤礦的事務所，也已是斷垣殘壁、人去屋空。附近新建了一間鐵皮屋農寮，門牌寫「瓜寮坑 7 號」。事務所的對岸路旁有 2 座廢棄的礦坑口，一為平坑，坑口深數公尺處已封住，另一為斜坑，坑口積水，地下水滴落聲及坑內水的滾動聲（可能為沼氣）此起彼落。坑口旁有廢棄的大型圓柱狀鋼筒、腐朽木橋。

　　這樣的場域，往往令人了解到，很多的廢墟，其實都是曾經耀眼灼目一時的生活環境，有如天空雲彩萬變，有一天將歸於黯淡、無人聞問，廢墟是戒惕的地景。

建源煤礦的事務所遺跡

土地公廟

　　過了廢棄礦坑後，進入較陡的路段。兩座古樸的石砌小廟，隔溪相距約 10 餘公尺，從外觀來看，這兩座小廟極相似，廟的屋脊兩端如燕尾翹起，都是傳統土地公廟的造型；不過對岸小廟裡面供奉一尊土地公神像，而步道旁的這座小廟則供奉一石塊。推測對岸者為土地公廟，步道旁者為石頭公廟。分水嶺以東路段亦有一土地公廟，這些廟都提供來往行旅祈求平安的精神慰藉，土地公廟常為臺灣古道存在的標誌。

瓜寮坑溪與芊蓁林溪的溪谷地形地質

　　瓜寮坑溪與芊蓁林溪一小支流位在臺灣西部麓山帶，地層未經變質，屬中新世的砂頁岩互層。沿途可見河流與地層走向直交或斜交，呈橫谷，容易遇到硬岩，加上地盤的抬升、河流的下切而形成 V 字形峽谷。

古道旁的河流與地層走向直交或斜交，呈橫谷地形的 V 字形峽谷。

　　峽谷底部河流遇硬岩而產生數公尺的落差，水流跌落成瀑布地形。瀑布水的沖刷造成瀑布下方的清澈水潭，水潭沖刷出來的砂石堆置水潭下游側，無力搬動而堆積成為淺灘、灘、潭相間，潭中游魚可數；瀑布上、下底岩也常因急流挾帶砂石的鑽磨，而形成壺穴、凹槽等地形。峽谷兩岸的裸岩容易因溪流側蝕，上部缺乏支撐，而產生平行崖面的解壓節理。等到豪雨或地震時，節理外側的岩塊就容易崩落。

　　途中有些小平地，均為昔日的河床與氾濫原，經河流下切而成為河階，曾闢為水田，今已荒廢成為草地。芊蓁林溪一小支流的坡度較瓜寮坑溪為陡，水流能較大，因此上述各種地形的規模均大些。

峽谷兩岸裸岩易因解壓節理，豪雨或地震時崩落。

　　瓜寮坑溪與芊蓁林溪一小支流的分水嶺，是南北兩山峰之間的鞍部，因地層較軟弱與斷層、節理通過，而容易遭受侵蝕，高度較兩側

古道經過一些小平地，原為河床與氾濫原，後經河流下切而成河階。

山峰低，與步道兩端的落差也較小，成為人們選擇越嶺通過的地方，久之成古道。附近是一片杉林造林地，林相整齊。

由分水嶺東行，坡度最陡，約行 10 分鐘，抵達梯田草原旁的農家民宅，門牌為「東勢格 13 號」。梯田為利用緩坡開闢成，曾種植水稻，今因人口外移，田地荒廢成為草原。

層階地形

步道西端可遠眺基隆河上游河谷，而對岸菁桐北方的南港山山脈有顯著的層階地形，其中「平溪三尖」指石筍尖、薯榔尖、峰頭尖，皆以峰尖崖陡奇險聞名。其中，薯榔尖的山形有如作染料原料的薯榔，又像不規則的甘藷。

步道沿途陸續遇到左右岔路，分別通往慈恩嶺、中央尖、峰頭尖或臭頭山等山峰。該地屬伏獅山山脈，砂頁岩互層經差別風化侵蝕作用後，其傾斜度若為 20 度左右，兩坡不對稱，稱為單面山；若是 40 度左右，則成為兩坡大致對稱的豬背嶺。單面山與豬背嶺成數列分布，狀如一階一階的鋸齒狀地形，稱為層階地形，常分布於向斜或背斜兩翼。

而基隆河谷即沿著石底向斜軸部附近發育的縱谷，向斜兩翼多層階地形，唯獨平溪孝子山因地層傾斜約 70 度，形成兀立的烙鐵峰地形，宛如打鐵時燒紅的烙鐵。

南港山山脈中的薯榔尖、石筍尖，加上隔著基隆河對望的峰頭尖，合稱平溪三尖。

臺北盆地
從神啟到科學

象山步道可展望臺北盆地、五指山山脈、大屯火山群、林口臺地。

1／西班牙人在神啟下發現臺北盆地

　　16、17世紀之間，遠東地區的龐大商機引來歐洲海上強權競逐，舟船穿梭。那時，雞籠（基隆）、淡水諸山矗立萬頃波濤中當成航向指標，又有堪停泊的良港，可以方便船隻補給水、食物。接著，洋人又發現附近山中藏著硫礦、煤礦，供應火藥原料與動力來源，這種種優異的自然條件漸漸在洋人間傳開。1626年，西班牙人進據雞籠、淡水做為貿易、傳教的中繼站，與南臺灣安平的荷蘭人互別苗頭。

　　根據當時西班牙宣教士Esquivel所寫的《備忘錄》，他記錄了1632年3月時有80餘人組成了探險隊，趁黑夜摸入臺北盆地。他寫道：

在暗夜得不可思議的啟示，逆淡水河而上，順武勝灣發見現在的臺北平原，再進而在另一水流發現Kimaxon（基隆河），始知依此航行，經Lichoco，可以達到雞籠。

　　這裡的臺北平原就是指臺北盆地，雖僅一兩語，卻是今所知最早且可靠的文字紀錄。所謂「不可思議的啟示」，指他們稱說看到了超級大的月亮，還把那當作神的啟示，指引他們鼓足勇氣，壓抑心中對於未知荒域的忐忑，戒慎恐懼地走進臺北盆地。

　　而我們沒有神啟，更遑論異象，所依靠的換成是地形圖、地質圖、照相機，也嘗試做著發現臺北盆地的事。

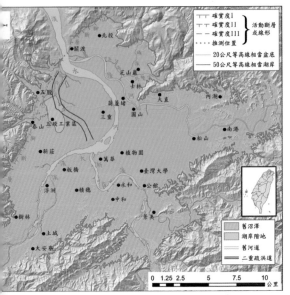

臺北盆地地形分類圖（楊貴三等，2010）

2 / 地形與地質

從空中俯瞰，臺北盆地略呈三角形。這三個頂點分別是西南的樹林（土城），東北為南港，西北則是關渡。臺北盆地為斷層陷落所形成的盆地，經淡水河主流大漢溪、支流新店溪與基隆河的共同沖積，形成今貌。

盆地底部的地勢低平，大致由東南向西北緩緩降低，東南緣的高度約16公尺，西北緣則幾與海平面同高；淡水河主支流迂迴其上，尤其以基隆河的曲流最為發達，河道變遷也最顯著。盆緣除了西北緣呈直線狀山麓之外，其餘的東北緣和東南緣均呈谷灣式山麓線。

約260萬年前，古新店溪開始匯水西流，穿流原為一片丘陵的臺北盆地現址，於今日泰山附近的新莊斷層崖下鋪展出林口扇洲。到了約44萬年前，山腳斷層開始間歇活動，上盤相對陷落成臺北盆地，下盤的林口扇洲抬升成林口臺地；加上冰期的海面下降，眾溪侵蝕下切力增強，將附近山地泥沙搬入盆地內堆積；間冰期的海面上升，海水進入盆地，或受大屯火山群火山泥流的堰塞，瀦水成臺北湖；直到約4,000年前以來，海面不再上升，臺北盆地漸漸堆積成今貌。300多年以來的人類進墾，臺北盆地已成佔臺灣1/3人口的大都會，人為也改變許多地貌。

我們就從河道變遷、河蝕崖與盆緣地形等方面，逐一來談地形演變。

3 / 河道變遷

水是人類維生條件之一，河流是水的匯集，這是極為重要的地表事實，與人、聚落的關係密切。

基隆河：河道變科學園區、豪宅聚落

基隆河進入臺北盆地後，形成自由曲流，原呈優美的弧形線條蜿蜒西流。但在人為干預河流本性下，截彎取直，此舉不僅防洪，也打造了新生土地等高經濟

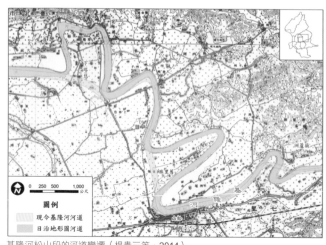

基隆河松山段的河道變遷（楊貴三等，2014）

效益，幅度堪稱國內僅見。

在南港葫蘆洲及松山舊里族、下塔悠的基隆河曲流，政府於民國82年完成人工截彎取直工程。截彎取直後所產生的新生土地，造就了內湖高科技園區、明水路的新興住商混合區，以及舊宗路的新興商業區。而略呈弧形的明水路、植福路即是舊河道所在，原繞流的河岸灘地成了大直豪宅聚落、美麗華商圈。

下塔悠（敬業三路南端）的福德爺宮，原位在基隆河南側，卻因基隆河截彎取直、河道南挪，一變為在基隆河新河道北側。

根據明治37年（1904）臺灣堡圖，基隆河於圓山西側分叉成主、分流兩路。

首先，主流先東轉劍潭，再折向西北，繞今兒童新樂園成一曲流。後因淡水河右岸泥沙堆積量大於基隆河，基隆河被迫偏北以野支河形態並行淡水河一段後，再匯入淡水河。

民國54年，在今劍潭抽水站西側的三腳渡至雙溪交會口之間，截彎取直，改經今百齡橋；當時舊河道遭遺棄成一牛軛湖，後填土為今日的劍潭路、基河路。三腳渡，可能是臺北市最後一處擺渡碼頭，其得名自早期葫蘆堵、劍潭及大龍峒三地之間的對渡碼頭。

在截彎取直之時，堤內的行水區卻有乙處天德宮土地公廟，廟方不肯搬遷，兩造僵持。這呈現一頗具意思的地理現象，人為改變河道卻進犯土地舊勢力。後來怎麼解決這僵局？廟還是沒搬，但每當颱風豪雨、河水高漲時，就以機械抬起整座廟宇建築，像是踩高蹺，從而避開了水流；此番事例，應屬臺灣唯一。

天德宮土地公廟　　　　三腳渡擺渡口

基河路為基隆河舊河道填土而成，士林區行政中心位此。

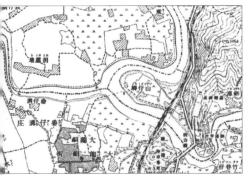
明治 37 年（1904）臺灣堡圖，圓山段的基隆河。

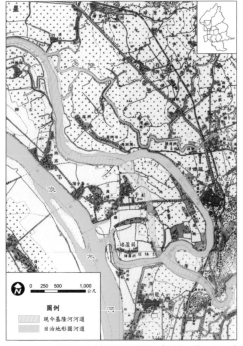
基隆河士林段的河道變遷（楊貴三等，2014）

圖例
現今基隆河河道
日治地形圖河道

番仔溝舊河道僅存的西端一小段

而西向的分流，稱為番仔溝，其在葫蘆堵和大龍峒之間受阻沙嘴，成了潮曲流，先向北流，再西注淡水河。舊河道位在今重慶北路交流道至淡水河之間的國道一號（中山高）北側，亦即基隆河大龍抽水站和淡水河迪化抽水站之間。依民國 70 年的航空照片，尚可見其西段溝道。到了 74 年則多已填平或加蓋，今僅露出西端一小段。這等人為消滅舊河道，讓淡水河和基隆河下游之間的社子，地理名詞從沙洲島變成了半島。

支流雙溪，原於士林市區西北側經五分港溪，亦今北投垃圾焚化廠北側，同樣為野支河注入基隆河。後經整治，於承德路五、六段之間的雙溪橋改向，直接匯入基隆河。於是，五分港溪遭截頭，成一斷頭河。

除此之外，關渡平原上還有貴水二溪、關渡河（淡水河支流），也被人為改變河道。

關渡河，又稱中港河，前身是發源於北投區大屯里的水磨坑溪與貴子坑溪。後來，人為在大屯派出所北側，將前者改道併入後者，合稱貴水二溪，至復興崗附近以人工取直線南流，於下八仙注入基隆河。也因兩溪的上游河段都被改道，下游段皆成了斷頭河，弱水徐流至關渡附近會合，再注入淡水河，即今之關渡河。

新店溪：舊河道遺跡與扇洲微地形

I. 分流的角力

根據大正 14 年（1925）臺灣地形圖，位光復橋南側，即今板橋與中和兩區交界處有一半圓形沙洲，左分流原為新店溪主流，理所當然成為當時的行政界線。後來，卻因右分流的

擴大，左分流截頭縮小而填土築成光環路，順著舊分流河道成半圓弧形，在光復抽水站旁仍遺留一小段舊分流河道。沙洲西部規劃成光復高中、光復國小校地；東部則持續填土成高約10、20公尺的土丘，北緣美化為簡易公園。

近年經有關單位協商，將行政界線移至右分流，而位在左、右分流之間的臺北市飛地，改劃歸臺北縣（新北市前身）管轄。

II. 盆底的扇洲微地形

日治時期，艋舺（今萬華）與大稻埕（今迪化街一帶）之間的地帶，屬新店溪扇洲的末端，因為地勢低漥，每當豪雨，淡水河常氾濫。當時的臺北廳長井村大吉為了解決水患，花了3年（大正3年至6年5月），將此區域填土墊高，並做市街規劃，發展至今成為繁華的西門町。臺北市西門國小內有一「埋立地紀念碑」，落款於大正8年（1919），記載了此一工程的始末。

大漢溪：臺北西湖暗喻了水患沉痾

大漢溪於板橋與浮洲之間的湳仔溝分流，分支口位於現捷運土城機廠附近，向北流至四汴頭抽水站旁，再注入大漢溪。早期因大漢溪興建防洪堤防，阻斷了大漢溪水流入，湳仔溝即喪失原有河川排水功能。今65號快速道路板橋路段，即沿湳仔溝興建。

近代，臺北盆地西緣較具體的淹水紀錄，是日人於明治31年（1898）8月6、7日颱風災情所寫下的「第一次暴風雨災情報告書」，提到獅仔頭、成仔寮、洲仔、坑口4庄因地勢低窪、河水暴漲而氾濫，全村浸泡水中，據說

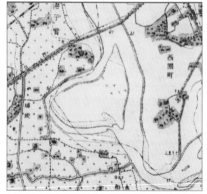

新店溪在光復橋南側的河道變遷圖（資料來源：1925年日治時期臺灣地形圖）

光復抽水站旁仍遺留一小段新店溪舊分流河道，但退化為排水溝。

西門國小內「埋立地紀念碑」

大漢溪堤防阻斷大漢溪水流入湳仔溝，攝於溪州河濱公園。　　65 號快速道路沿湳仔溝興建，攝於華香橋。

最深達 2 丈餘。爾後，《臺灣日日新報》亦見零星淹水紀錄，特別是在成仔寮。

淹水主因大多是颱風所夾帶豪雨，山洪傾瀉，如民國 52 年的葛樂禮颱風。但五股、新莊、蘆洲等 3 區之間地區，從 56 年開始，從不定期的暴雨導致淹水，變成常態性漲潮即淹，甚至積水不退，漸漸形成一片低於海平面的廣大沼澤，最大深度達 2.05 公尺、平均深度 0.88 公尺，面積約 5 平方公里，有人美稱臺北西湖。為何這裡會形成沼澤地？不妨從地形、地質、水文等方面，解析其因（石再添等，1982）：

（1）依地形來看，該區居淡水河系（主要為大漢溪）沖積地形面末端，一來地勢較低，二則堆積層較厚，顆粒也較細。

（2）在地質方面，由地面至底岩之未固結地層，其厚度在 230 ～ 679 公尺，而其中的黏土層和砂質黏土層厚達 150 公尺左右。此種黏土層甚為鬆軟，極易產生壓密沉陷。

（3）若論及水文，本區又居臺北盆地中諸地下水系末端，地下水位原已較低，加上其上游萬華、三重、新莊一帶的人為超抽，使得地下水位急遽下降，致使上述厚細之黏土層壓密，造成地層快速下陷。

那麼，為何如今臺北西湖卻又消失？其緣於大漢溪與新店溪匯流淡水河後，

二重疏洪道北端出口，左上方為淡水河。

洪峰流量可達 23,500CMS（立方公尺），但臺北橋下的河寬僅 400 公尺，僅能承受 14,300 CMS 通過，多溢出的 9,200 CMS，必須興建二重疏洪道予以分洪。

縱使民國 52 年石門水庫完工後，大漢溪的流量大減，但當時新店溪尚未興築翡翠水庫，仍成為淡水河山洪傾瀉的主要來源，於是，71 年至 73 年間，於新店溪口正對面為起點開闢了二重疏洪道，目的就在疏導臺北橋水流瓶頸的洪水。其後，在疏洪道西側及中山高速公路以南地區填土，78 年該地改闢為五股工業區。同年起，也持續在高速公路以北、疏洪道以西填土，臺北西湖因而消失。

地下水：曾因超抽而累積下陷 2.08 公尺

臺北盆地自民國 39 年開始大量抽取地下水，到了 59 年出現地層下陷問題。因此，政府在 60 年實施「臺灣地下水管制辦法」，全面禁止抽取地下水。自從禁止後，民生用水來源卻成了一大困難，主因是早期的民生用水仰賴新店溪的水源，但新店溪的水量並不穩定，一遇到枯水期，水源短缺就會浮現。所以，同一年政府著手規劃翡翠水庫的興建，就是為了解決這問題。

根據水資會資料顯示，民國 65 年臺北盆地地下水的最低水位到達 -40 公尺，在政府限制地下水的利用之後，地下水位逐漸回升至 -3 公尺，地層下陷情形逐漸減緩。76 年後，地下水更有明顯回補的趨勢，這是因翡翠水庫在同年完工開始蓄水，以及板新自來水廠的完成，這下子才真正解決臺北地區的用水問題。總之，地下水的抽取在政府嚴密管控以及工廠移出臺北盆地，使得地下水需求量減少之下，抽取量相對應減少，地層也逐漸恢復穩定。

另外從水利署之調查結果，臺北盆地在民國 106 年的最大年下陷速率已減為每年 0.9 公分，39 ～ 106 年累積最大下陷量為 2.08 公尺，目前顯著下陷面積為 0 平方公里。

4 ／ 河蝕崖

依據 LIDA DTM 所繪製的臺北盆地河蝕崖分布圖（中央地質調查所，2006），顯示臺北盆地底部（盆底）具有相當多的河蝕崖地形。既然是河蝕，其與淡水河主、支流的流路有何關聯？地形演育過程如何？是否也影響人文活動？

河蝕崖的地形特徵

臺北盆地在高度 16 公尺以下為盆底，由淡水河等主支流聯合沖積而成。一般

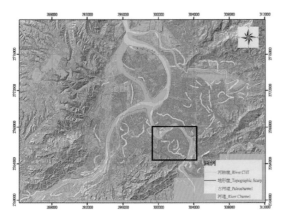

依據 LIDAR DTM 圖所繪製的臺北盆地的河蝕崖分布圖，圖中的黑框區域請見右圖。（經濟部中央地質調查所，2006）

臺北盆地的中、永和地區之 LIDAR DTM 圖，清楚呈現已受到人為高度開發的現象。（經濟部中央地質調查所，2006）

來說，沖積地形本應相當平坦，但是，臺北盆地盆底的巷弄間卻出現一些斜坡，且分布甚有系統。我們一個個實察、定位，分析其走向與崖向，推論這些斜坡為淡水河主、支流下切盆底所形成的河蝕崖，後經人類活動修飾而成。

所謂河蝕崖，係指河道岸邊的崖，乃河流作用所造成。若兩崖相向，即可量測出舊河道的寬度。依河蝕崖的分布與走向，可推論各河遷移的範圍，也顯示其勢力的大小。舊河道背後所隱藏的災害，就是一旦降雨超過現今河道的容納量或排水不及，水的本性就會往舊流路走，但人們卻在不自知的情況下，樓房、道路早已佔據舊河道，怎麼不會淹水？有關臺北盆地盆底的舊河道，常是水患的病灶，也因微地形而容易被忽略。

不過，這只是初步調查，想要有系統的成果還需周詳的分析。這裡僅將臺北盆地盆底的 55 段河蝕崖，簡要列成「臺北盆地盆底河蝕崖的地形特徵表」，略述位置和地形特徵。

臺北盆地盆底河蝕崖的地形特徵表 -1

河流左右岸	編號[*1]	位置	走向	崖向	最大崖高（公尺）
大漢溪左岸	1	新北市樹林區彭厝里後村圳北側，西自東大街，東至太平路。	東西S形	南	1.9
	2	新北市樹林區彭厝里後村圳南側，東豐街、味王街南側，東至八德街。	東西S形	北	2.0
	3	新北市樹林區彭厝里八德路北側，無路可達。	東北東	不明[*2]	不明
	4	新北市樹林區彭興里八德路與環河南路之間，重興宮、鎮安宮南側，東至後村圳。	東北東	南	2.2
	5	新北市樹林區，南自彭興里，北至樹林火車站東約350公尺處，沿後村圳左（西）岸、水源街、博愛街，東側平行樹林、板橋兩區界線。	南北S形	東	1.3
	6	新北市板橋區溪福里，南自水源街，穿過水源公園、溪城路。	東北	東	2.0
	7	新北市樹林、新莊兩區之間，南自大安北路，北至民安路民生橋，北段沿潭底溝，南段於俊英街與民安西路之間。彎向西的弧形。	南北	東	0.8
	8	新北市泰山區，西自泰山區公所北側，東至新五路東側，沿明志路、楓江路。	東北東	不明	不明
	9	新北市新莊區五股工業區東南緣，西自工業區管理中心，東至興化國小。彎向北的弧形。	東北東	不明	不明
	10	新北市新莊區化成路與新莊、三重兩區界線之間，南自中正路，北至中山路一段。	南北	西	1.4
	11	新北市三重區，東自二重國中，西至穀保家商。彎向北之弧形。	東北東	不明	不明
	12	新北市五股、蘆洲兩區交界，沿鴨母港溝（鴨母港排水幹線）、永安南路與中興路之間，東自四維路、中山路之間的萬福橋，西至鴨母港抽水站。略彎向南之弧形。	南北	西	1.4
大漢溪右岸	13	新北市土城區土城工業區西南隅，沿中洲路，西至三峽溪右（東）岸。	東北東	南	1.6
	14	新北市土城區土城工業區東南緣，中段沿頂埔街，北段沿大安圳幹線，西自三峽溪右（東）岸，東至65號快速道路。東端沿土地公山西延伸往山嘴北側。	東北東	北	3.0
	15	新北市土城區頂福、頂新兩里，西自中央路四段，東至頂埔捷運站東南約160公尺處。	東北東	南	1.7
	16	新北市土城區頂福、頂新兩里，西自忠孝新村，東至頂新公園，西端中央路似為填海者。	東北東	南	0.8
	17	新北市土城區海山捷運站東270公尺，經綜合體育場西北緣，至廣福國小東北側。彎向東南之弧形。	東北	西北	2.4
	18	南自土城區北緣的四汴頭截水溝，沿廣福街西側、四川路一段西側、館前西路南側、林家花園西緣、公館街，迄板橋區新海大橋南南西方約650公尺的玫瑰公園。呈兩個彎向東方的弧形。	南北	西	1.6
	19	新北市板橋區，北自國光國小，南至中正、民權路口西側。彎向西的弧形。	北北西	東	0.6
	20	新北市板橋區，西南起新北市政府南方250公尺處的區運路，大致沿著海山路、長安街、三民路一、二段西側，東北至富山街。彎向東南的弧形。	東北	西北	2.4

臺北盆地盆底河蝕崖的地形特徵表 -2

河流左右岸	編號	位置	走向	崖向	最大崖高（公尺）
新店溪左岸	21	新北市中和區，瓦磘溝支流左岸，東南自景平路，西北至大仁街。	西北轉西	東北	2
	22	新北市中和區，瓦磘溝支流右岸，東南自景平路，西北至大勇街。	西北轉西	西南	1.5
	23	新北市永和、中和兩區，瓦磘溝左岸第 1 階，北自得和路，至大仁街 19 巷轉西至瓦磘溝。	北往南轉西	西、北	2.1
	24	新北市永和、中和兩區，瓦磘溝左岸第 2 階，北自秀朗路一段，南至景平路 278 巷東側與第 1 階輻合，沿瓦磘溝左岸至中山路轉西至中和溝。	彎向南之曲流，轉西	北	5.1
	25	新北市永和、中和兩區，瓦磘溝右岸，北自永貞路，沿中正路，南至宜安路轉西北至景安路。	南南西轉西北西	東、南	1.9
	26	新北市永和區，瓦磘溝曲流切斷流路左岸，保平路東南側。	西南	不明	不明
	27	新北市永和區，瓦磘溝曲流切斷流路右岸，中山路一段東南緣。	西南	東南	1
	28	新北市板橋區振義里，中山路二段至萬板路。彎向西的弧形，北端萬板路、縣民大道間似為填土者。	北北西	東	1.8
新店溪右岸	29	臺北市中正區，自來水園區與汀州路之間。	西北	東北	1.5
	30	臺北市中正、萬華兩區，東自師大路，沿晉江街西南側、和平西路南側、莒光路，至萬華區大理國小北側的糖廍文化園區附近。	西北西	西南	2.8
	31	臺北市萬華區孝德里，環河南路三段沿德昌街，至寶興街。	東西轉東北	北、西北	1.8
	32	臺北市大安區，臺大綜合體育館往西北西至辛亥路一段。臺大運動場北緣恐填土者。	東西轉西北西	北	0.8
	33	臺北市大安區，臺北教大附小東側。	南北	東	0.8
	34	臺北市中正區，忠孝東路、新生南路口至文光公園轉西至徐州路、林森南路口。	西南轉西	不明	不明
	35	臺北市中山區，松江路與市民大道三段路口，沿新生北路一段西緣至林森公園。部分為新生北路下排水溝岸墊高者。	西北	西南	1.1
	36	臺北市大安區，自臺灣大學東南緣的芳蘭路，向東北沿臥龍街 151 巷、和平路 228 巷、信安街至光復南路、信義路四段路口。	東北	西北	1
	37	臺北市大安區光信里，延吉街西南側。	西北轉北	西	1
	38	臺北市大安、松山兩區，延吉街、仁愛路四段路口西北側，沿延吉街西側、臺北市立體育場東側、健康路，迄民生國小附近。	南北	西	2.1
	39	臺北市松山區，介壽國中西側至松山機場西南緣臺北市政府敦化北路苗圃；南分支至富錦街。	西北	西南	2
	40	臺北市大安區，臨江街、基隆路二段路口至喬治工商西南側。	東北	不明	不明

臺北盆地盆底河蝕崖的地形特徵表 -3

河流 左右岸	編號	位置	走向	崖向	最大崖高 （公尺）
新店溪右岸	41	臺北市大安區，樂利路。安和路二段路口至通化街 38 巷。	東北	不明	0.7
	42	臺北市大安、中山兩區，信義安和捷運站經仁愛圓環、忠孝復興捷運站，沿復興南北路西側至南京復興捷運站西側。	西北轉北	東	0.8
	43	臺北市大安區，國泰醫院西側沿安和路一段東側至忠孝敦化捷運站南方約 150 公尺處。	西北	不明	不明
	44	臺北市中山區，龍江路、民生東路三段路口至行天宮捷運西北方 150 公尺處。	東西轉西北	北	1.2
	45	臺北市中山區，中山國中捷運站經榮星公園至臺北魚市東南側。	西北	東北	1.3
	46	臺北市信義區，臺北醫學大學東南側。	南南西轉西南	西	1.3
基隆河左岸	47	臺北市南港區，昆陽捷運站東北方 370 公尺臺電電力修護處至新勝公園。	南北轉西南	西北	1.9
	48	臺北市南港區，聯勤總部至東新街、忠孝東路六段路口東側。	西北轉東西	北	1.2
	49	臺北市南港區，昆陽捷運站北側至南港路三段 220 巷。	西北轉東西	南	1.3
	50	臺北市松山、信義兩區，自中坡北路沿松隆路南側，至松山菸廠東側。	西南	西北	0.8
	51	臺北市松山區，自松山火車站至健康路轉吉祥路、八德路四段路口。以彎向北的弧形轉西南。	西北	南	0.7
	52	臺北市松山區，民權東路四段北側、松山機場臺北國際航空站東南側。東段在管制區內。	西南轉南南西	不明	不明
	53	臺北市松山區，三民國小東側至民權公園。似填土者。	西南轉東西	西南西	1.7
基隆河右岸	54	臺北市內湖區，由內湖大埤（碧湖）至西湖捷運站西側。兩個彎向北的弧形。	東西	南	0.9
	55	臺北市中山區，自大直街、北安路口北側，經實踐大學至通北街 31 巷 22 弄空軍總司令部西北隅。	東西	不明	不明

＊1：編號依逆時針方向、由上游往下游順序排列。

＊2「不明」：位在管制區或無路可到等因素而無法查核，以及現場的崖不明顯。

河蝕崖暗示了古河道

約 100 多萬年前，臺灣北部造山運動轉為張裂環境。臺北盆地於 44 萬年前開始，在山腳斷層上盤陷落形成。也因地勢低窪，成為盆緣四周河流從上游山地丘陵搬運礫砂泥的堆積場所。堆積的盆底本應相當平坦，卻於大臺北都會區的巷弄間出現不少斜坡的微地形起伏，原因指向古河道。

大漢溪的河蝕崖

大漢溪沿線的河蝕崖，總計 20 段，均位於新北市。

左岸編號 1 與 2 的崖相向，顯示早期大漢溪的分流寬約 200 公尺。編號 5 與 6 的崖為上（舊）、下（新）的關係。編號 5、7 與 11、12 的崖似乎是兩組相連的流路。

右岸編號 13、14 與 18、19 兩組的崖相向，河道寬度分別約 165、700 公尺。編號 14、17、18 的崖可能為同一流路；編號 20 與 18 則為上、下的關係。

大漢溪遷移的寬度，於上游的樹林、土城間約 3 公里，向下游遞增，至新莊、板橋間達到 6.5 公里，向西遷移的量較向東者為多，代表其整體是偏西流。右岸階崖的最大高度（3 公尺）較左岸者（2.2 公尺）為高，也較連續。

從大正 15 年（1926）的臺灣地形圖，可以看到編號 1 與 2 之間、5、14 崖下的流路。

新店溪的河蝕崖

新店溪的河蝕崖計 26 段，居淡水河主、支流之最。新店溪遷移的寬度於上游的永和、公館（編號 24、36）間約 3.5 公里，向下游遞增，至板橋區振義里（編號 28、華翠大橋西端）與松山機場西南緣（編號 39）間達 8 公里，向西遷移的量較向東者為多。

I. 新店溪左岸的河蝕崖

新店溪左岸的瓦磘溝，呈一向南彎曲的大曲流，其兩岸階崖相向，24 與 25 崖之間的寬度約 200 公尺，曲流包圍潭墘聚落（今中和區八二三紀念公園一帶）。瓦磘溝是否為新店溪之一分流？此一說，長期在口碑傳說與地理事實之間擺盪。而昭和 7 年（1932）刊的《中和庄誌》曾謂：

> 潭墘，川邊之意。往昔河川流經外南勢角山下，迂迴流入貓英渡港，後改流至拳山之下。漳州人占此川之上游，泉州人占其下游之地居住。

貓英渡的位置大概在華中橋南側附近，以前可能是一渡港。後來，因新店溪改道，才貼著拳山堡（今臺北市文山區）南界而流。由此可見，在民間確實是存在「瓦磘溝為新店溪之一分流」的說法，只是無法提出更確切證據。

　　今根據 LIDA DTM 圖顯示，瓦磘溝兩岸階崖相向的凹槽，一直向上游延伸至永福、福和兩橋西端之間。從地形角度，本文推論也間接證實「瓦磘溝為新店溪之一分流」之說。其中，瓦磘溝上游左岸具兩段階崖（編號 23、24），輻合於 24 號崖之中點（景平路 278 巷），崖高達最大（5.1 公尺）。另一特徵是，瓦磘溝左岸的崖普遍較右岸者高、長且連續；筆者推測左岸因承受來自新店溪與清水坑山塊北緣中和溝的氾濫堆積，再受瓦磘溝曲流基蝕坡的側蝕而形成較高而連續的曲流崖。

　　新店溪雖然改道，但水的慣性往往會在暴雨或大洪水來時，回到舊河道。明治 44 年（1911）9 月 6 日《臺灣日日新報》曾報導一則「拜爵暴風雨特報／風雨慘聞」，內容提到：

> 枋橋支廳管內昨晚之暴風雨，為數十年來所希聞。各庄人畜之死傷、家屋之倒壞，其數甚夥。其最鉅者，即為江仔翠、港仔嘴、龜崙蘭溪洲、潭墘、漳和、永和、社後、浦仔。諸近溪河之村落，咸為澤國。人家浸水深者丈餘，男女老幼有避難於屋上，或草堆頂稍高之地，亦有以手扳竹尾及藏身樹上以逃生者。又有以椅棹高架，舉家立於其上者，時方夜半，倒屋與呼救之聲盈耳，聞之令人酸鼻。蓋風雨盛來之際，遇淡水潮流正漲，四處水溢不消，計有貳時餘。

　　報導中所提，有些接近溪河的村落，全都泡在水裡。而淹水災情慘重的村落，如潭墘、漳和（中和區南山高中、漳和國中一帶）、港仔嘴（今板橋區振義里一帶）等村落。該報導雖無精確的地形說明，但我們根據水性推測淹水地區應在鄰近上

景平路 278 巷的階崖，高 5.1 公尺。

瓦磘溝兩岸成一落差約 5 公尺的階崖，南岸的安和路、景新路明顯高於北岸的景安路 79 巷。

新店溪分流基蝕坡階崖，介於三元街、和東路二段之間，攝於和平西路二段 98 巷。

述村落的舊河道,亦即在編號 24、25 兩崖之間(瓦磘溝)及 28 東側崖下地區。其中,特別以瓦磘溝舊河道容易淹水,其原因應是地勢低窪所致。根據大正元年(1912)至民國 90 年間的紀錄,瓦磘溝舊河道常有淹水現象,尤其永和中正路智光商工一帶(智光里)與中和路與景安路口的中和加油站附近最嚴重。同年之後,因實施堤防加高、截水分流、設抽水站等措施,似乎未再聞淹水。

II. 新店溪右岸的河蝕崖

新店溪右岸的河蝕崖,最顯著的為編號 30 號,其中,臺北市同安街至南海路之間的一段更明顯,最大崖高為 2.8 公尺。於昭和 2 年(1927)臺灣地形圖仍見其崖下的流路。

右岸編號 38、42 與 39、45 兩組的崖相向,寬度分別為 1,000、600 公尺,為新店溪之分流流路。編號 36、37、38、39 為同一流路,與編號 30 為上、下的關係。至於編號 38 的崖,以市民大道至民生國小之間最為明顯,最大崖高為 2.1 公尺。

基隆河的河蝕崖

基隆河的河蝕崖計 9 段,為淡水河主、支流最少者。

左岸編號 50、51 與 48、49 兩組的崖相向,其間為基隆河之分流,其寬度分別達 1,100、500 公尺。編號 47、48 的崖為同一流路。

右岸有兩段崖,編號 54 者較明顯。基隆河遷移的寬度在內湖與松山(編號 54、50)之間達 5.5 公里。

臺北盆地河蝕崖透露了甚麼訊息?

從上述河蝕崖的分布位置、走向、崖向等,大致可推論其分屬不同河流所造成。但部分仍存有疑問,像是編號 11、12 的崖究竟是大漢溪單獨造成的或是大漢溪與新店溪合流後的共同產物?若單看其崖向東北,似乎後者較為可能,但不是那麼確定。基隆河也是,編號 50、51 兩崖之間的流路與新店溪 38、42 兩崖之間的流路呈異常的直交,是否基隆河在此地以曲流的形態轉出北方?

由上述河蝕崖的分布位置及其遷移情形推論臺北盆地底部地形演育的過程如下:

約 8,000 年前,海水入侵臺北盆地,為最大海漫面,也是第二次古臺北湖最高湖面,到達今城林大橋、秀朗橋(費立沅等,2011)。湖面所成之臨時侵蝕基準,促使大漢溪、新店溪與基隆河於注入臺北湖處堆積扇洲地形。

8,000 年前迄今,海退數公尺,導致侵蝕基準降低,加上盆底東南部相對抬升

鼓亭莊舊址石碑，位於晉江街 34 號的長慶廟旁，標誌鼓亭（今古亭）聚落擇址於河蝕崖的上方。

（陳炳誠等，2007）、堆積較高（可導致河流的自律作用而下切）等因素，促使盆底東南部的扇洲堆積面沿河道下切，產生較西北部為多而高的河蝕崖。而分合的流路，主要構成網流（辮狀河）的型態。

河道的逐次遷移，致使河寬漸漸地縮窄。大漢溪與新店溪均具有兩階河蝕崖，且向西遷移的距離較大。基隆河的勢力較小，被新店溪逼迫而偏處盆地東北隅，緩緩向西蠕動；大漢、新店兩溪勢力相當，分據盆底西部、東南中部，終於萬華附近合流為淡水河，並迫使基隆河士林以下河段以野支河的型態，並行主流，至關渡才注入主流。

河蝕崖與人文之關係

前述新店溪右岸、編號 30 的河蝕崖之上方，現在是南海路及建國中學、植物園一帶，這裡曾被發現距今 3,000 年左右的植物園文化遺址。探討考古遺址的地點選擇，是很地理學的。

早期人類對抗大自然的能力較薄弱，多半只能順應，所以在聚落擇址的條件上，乃緣溪而居以方便取得水源、又得踞高地，以免除水患。實地考察新店溪之河蝕崖，經比對日治時期地形圖的聚落分布，發現在河蝕崖下方，因地勢較低、容易淹水，因此早期聚落或考古遺址常選擇崖的上方，其即避水患之考量，如板橋聚落與林本源園邸、中和潭墘、古亭聚落，分別位在編號 18、25、30 河蝕崖的上方。同樣的道理，早期的道路也常修築於崖頂，例如土城頂埔街、廣福街、板橋長安街、臺北晉江街分別位在 14、18、20、30 的崖頂。

河蝕崖坡常闢成水圳

水圳利用重力，灌溉崖下地勢較低凹的田地，常依附崖坡而築，例如樹林後村圳、土城大安圳、臺北瑠公圳大安支線、第一幹線，均有部分圳段分別位在編號 5、14、33、36 的崖坡上。

河蝕崖下方原有的河道，早期因墾拓、都市擴張而漸漸縮小、退化。近年因河川整治而成為水泥化的排水溝，例如編號 7、12、24 的崖下分別為潭底溝、鴨母港溝、瓦磘溝。

5 / 盆緣地形

　　臺北盆地之東北、東南及西南邊緣，係屬臺灣西部衝上斷層山地的加里山山脈，或是地質界所稱的西部麓山帶的北端附近。此間高度已低，起伏不大，地形上屬丘陵。自東北、東南至西南，依次可分為萬里山地、五指山、南港山、伏獅山等山脈、清水坑與山子腳兩山塊等地形分區；盆地西側為林口臺地；盆地北側的大屯火山群覆蓋於部分萬里山地上。

　　盆地東北緣，因受埋積作用，山麓線出入頻繁，凸出的山嘴如萬里山地的奇岩山、五指山山脈的劍潭山、內湖的公館山，凹入的有新北投、天母、內湖、南港等地，呈谷灣式山麓。另外，零星有芝山巖、圓山、內湖一帶等孤丘，散布於山麓附近。芝山巖、圓山曾是臺北湖中島嶼，為數千年前先民居住、漁獵的地方，考古發掘出許多史前時代器物。

北投丹鳳山：順向坡面怎麼會有壺穴？

　　北投丹鳳山（210公尺）為單面山，由木山層構成，崖壁刻有丹鳳二字而得名。丹鳳岩之砂岩陡崖，具有解壓垂直節理，臺北市政府唯恐巨大砂岩塊沿節理崩落，危及山下居民的安全，乃在此裝設傾斜儀等儀器加以監測。

　　丹鳳山的緩坡，具有明顯的壺穴及氧化鐵風化紋（銹染紋）地形。從崇仰7路25巷進入約400公尺處，順向坡面有數十個壺穴。這裡出現一地形疑題，為什麼這片山坡上會出現壺穴？有人主張這是上升岩床的壺穴，是否真是如此？似乎很值得討論。

　　我們嘗試從幾項可能的地理因子推敲：一、營力在哪？附近並無河流，若論及早期的古臺北湖，臺北湖水面海拔可能約50公尺，這裡卻高約150公尺；且湖水通常穩靜，要侵蝕成壺穴的可能性低。二、若從構造因素來看，此地的地質、地形上無顯著抬升的證據。

　　為了尋找合理的解釋，開始沿著附近山坡查看，注意到壺穴所在的斜坡上頭，有一規模頗大的凹型谷地，像個集水盆，再加上這坡面傾斜約20度，推論可能是颱風或豪雨時，集水盆先匯聚雨水，再順著坡面刷洩而下，長期在節理或地層軟弱處進行磨蝕、鑽蝕，而形成壺穴。

　　氧化鐵風化紋，位在壺穴北方約400公尺處，木山層頁岩風化形成金黃色，因此被稱作黃金劇場。紋溝切割與光禿景象，仿如臺灣南部的月世界惡地景觀。

丹鳳山緩坡的壺穴地形

丹鳳山壺穴上方 400 公尺的氧化鐵風化紋

北投軍艦巖：
因山頂岩塊似軍艦而得名

從北投軍艦巖（軍艦岩，186 公尺）、唭哩岸山（163 公尺）至奇岩山（92 公尺）之間的單面山地形發達，北陡南緩，亦由木山層構成，具交錯層和氧化鐵結核。軍艦巖位於單面山頂，形如軍艦而得名，為一展望臺北盆地與大屯火山群的良好地點。但岩面受到人為踐踏和風化、雨蝕作用之下，形成許多凹槽。陽明大學即位在唭哩岸山南傾的緩坡上。

奇岩山西側曾為清末建築臺北城的採石場，後因其木山層砂岩不如五指山層堅硬，乃改往內湖的金面山開採。

芝山巖：380 餘個圓形及方形凹洞，
人為還是壺穴？

芝山巖（芝山岩，52 公尺）由含海膽、貝類及生痕等化石的大寮層構成，山頂砂岩面南傾，亦呈單面山形狀，但單面山的緩坡坡腳被雙溪切斷。

這裡亦存在一地形疑題，其上散布380 餘個圓形及方形凹洞，直徑約 5 ～

軍艦巖受到人為踐踏和風化、雨蝕作用，岩面出現許多凹槽，也略顯木山層砂岩之鬆軟。

北投軍艦巖

軍艦巖木山層為濱海堆積，具交錯層。

芝山巖的岩面分布達 380 餘個圓形及方形凹洞，可能是壺穴，也或許是早期人類房屋的柱洞。

太陽石，其係岩塊崩裂時，從破裂的起始點呈同心圓狀向外擴張，又像肋骨狀。

30 公分、深 1～20 公分，推論可能為壺穴地形或早期人類房屋的柱洞。不過，若凹洞為壺穴，是否為臺北湖水或古雙溪造成？還是有其他自然作用力？令人莫解。若是人類居住遺留的柱洞，則應在平面上有一定大小，此地卻又大小凹凸不一？這也許得待更多的考古證據。

在芝山巖四周的厚層砂岩崖壁上，可看到經差別風化作用所形成的風化窗地形，組成蜂窩岩，亦有穿透者，被稱為大石象的鼻部。有些砂岩沿垂直節理崩落，在山麓堆積許多落岩塊，有人供奉為石頭公；也有依形象命名為石筆、石硯等；另有稱太陽石，乃因岩塊崩裂所留下的肋骨狀條紋，像是太陽的光芒。

圓山小丘

位在基隆河南岸，高約 36 公尺的圓山小丘，早期可能與五指山山脈相連，後來因受切割，凹地埋積、高地凸出而形成孤丘。

盆地東南緣

屬臺北逆斷層（東南為上盤及隆起側）侵蝕後退崖，因年代較久，切割較劇，故山麓線出入十分顯著，呈標準之谷灣式山麓線，簡述如下：

（1）半島狀凸出，如後山埤公園、虎山、象山、三張犁山、福州山等山嘴；

（2）內灣狀凹入，如瑠公國中、松山家商、三張犁、六張犁等谷灣；

（3）島嶼狀小山，如公館觀音山、中和高中東北側四十張山、土城永寧捷運站西側土地公山等地。土地公山有新石器時代圓山文化晚期遺址。

（4）谷灣曾闢為灌溉用的埤塘，如東新陂（新庄子坡）、後山埤（位今南港公園內）、松山家商附近的永春陂，以及位在今瑠公國中的中坡等，後兩者已淤塞消失。

在六張犁、公館觀音山、南勢角等地的木山層頂部及大寮層底部，均夾有凝灰岩層，乃由約 2,000 萬年前海底火山噴發的玄武岩、火山碎屑岩或熔岩流和凝灰質沉積岩組成。臺灣大學立德尊賢會館所在地，原有高約 5 公尺的凝灰岩小丘，稱為龜山，後因尊賢會館建築整地而破壞，僅保留 3 塊岩塊。

從中和區員山公園望向四十張山，兩座孤丘的地層均屬紅土礫石層，礫石最大者直徑 1 公尺餘，含石英脈，覆瓦向西北，推測是早期新店溪搬來堆積的，後受侵蝕、埋積而分離，大樓屋舍橫亙兩丘之間。右上小圖為四十張山頂部嘉穗公園。

公館寶藏巖觀音山

盆地西北緣

　　呈直線狀山麓，西高東低，為山腳斷層崖被侵蝕後退數百公尺所形成。斷層起於金山北方海岸，向南南西延長，經關渡至新莊迴龍捷運站附近；係東為上盤、相對陷落成臺北盆地的正斷層，也是臺北地區惟一的活動斷層。

　　山腳斷層是否於康熙 33 年（1694）活動、發生大地震？進而造成臺北湖的問題？目前學界仍有爭論。

臺灣大學立德尊賢會館所保留的凝灰岩岩塊。

6 / 從科學發現臺北盆地

　　相較於 300 多年前，西班牙人集結了 80 多人仍滿心懼怕，宣稱冒著生命危險，還依靠大自然現象當作神啟、異象來壯膽，終才得以「發見」臺北盆地。然而，對我們來說，發現臺北盆地乃是人類到訪的一段歷史敘述，而非神蹟。且論那時僅知有淡水河、基隆河、武勝灣，對照今之對臺北盆地的科學已知，實在難以比擬。在自然地理知識的積累上，實地踏查地形、嘗試去推知土地樣貌的變遷，不也是另一種發現臺北盆地？

新店溪
誤闖水的地盤

碧潭原僅是新店溪的曲流基蝕坡，後築攔河堰成一人造湖景。左上山頭為和美山，為古新店溪河階殘餘，攝於碧潭吊橋。

　　新店溪是淡水河最大的支流，於板橋、萬華間與本流匯合。整體河系呈格子型，取決於構造因素，且曲流顯著。每每讀到臺灣河流的曲流、網流發達，多少不明其理，乍看只是一般的地形描述。這類地形，預示了甚麼問題？

　　在自然狀態下，河道的彎曲通常是暫時現象，等到洪水一來，重力因素被放大成關鍵力量，使得河水的下衝力道盡可能地沖毀障礙物、刷直河道，理想上取直線入海。也就因此，曲線與直線就會不對盤，河道經常會變遷。另一情況是人為介入，干預河道的原有空間分布，強迫河道改變流路或截彎取直，這是出於人類雕塑地表來適合居住、活動，類似如臺北盆地一文所述基隆河。

　　既然，河道變遷是常態，人類為何還要闖入水的勢力範圍，自討苦吃？最重要原因是，人類日日需水迫切，為了取水方便，嚴重受到水的地理性宰制；其次是誤闖，漢人入墾臺灣大概僅約 200、300 年的事，河流改道也許達數千、數萬年的時間尺度，兩相對照，據為人類地盤的時間相對淺短，河流改道的自然紀錄不易成為人們的現實經驗。在離水不遠的平坦地蓋屋舍、闢田園，是再合理不過了。但誰能想到，這可是踩入了水的地盤。

　　所以，必須先弄清楚舊河道的分布，像是曲流被切直後遺下的舊河道，才能建立起應對舊河道的思維。

新店溪主流南勢溪於龜山有支流北勢溪匯入，呈典型的曲流，具癒著丘、腱狀丘。

1 / 古新店溪現形

　　早期地理學前輩已對新店溪的幾處舊河道，詳細考察並建立了清晰的輪廓，比如龜山癒著丘和廣興、屈尺離堆丘的舊河道。我們再次考察這幾處地景，除了供作地形散步的知性讀本，連帶觸及其暗藏的水患之憂。

　　在踏查追蹤時，卻意外在臺北盆地、林口臺地、大屯火山群發現幾處河床殘存的遺跡，逐一比對，捻出了古新店溪的可能流路。這些證物隱身在大臺北都會區的時髦樓房之間，像個小山或土堆般平凡不過，反而更誘發眾人的古地理想像與擔憂，不說，恐怕沒人認識它。

　　但說是一回事，新店溪的古地理實地考察如何可能？

河流土著化

　　不過在開始前先追溯一件事，新店溪水從何時開始流動？基本的地理概念顯示，水氣因地形舉升而凝結降雨。所以，前提是要先有山。而臺灣北部的造山運動，大約始自 600 萬年前，菲律賓海板塊於花蓮北方碰撞歐亞板塊，漸漸推擠成雪山山脈。經過一段漫長的日子，等到雪山山脈長得夠高，才足以凝結降雨，並搬運堆積。

　　根據研究，約 260 萬年前開始堆積的「卓蘭層」，由原本從華南古陸東流，

改從雪山與中央山脈西流而搬運、堆積的。這除了證明河流的出現，還有另一個重大的地理意義，用人類學的話來講，就是河流「土著化」，臺灣島因造山而造河。而且，板塊撞擊點以北的北臺灣地勢向西北傾斜、水偏西北流，古新店溪就在這期間匯流成河。

意外發現鵝卵石

古新店溪西北流至新莊斷層（逆斷層）後，於其崖下堆積成沖積扇三角洲（簡稱扇洲），扇頂在新北市泰山區。

約 100 多萬年前，臺灣北部轉為後造山運動的拉張環境，山不只不再長高，還慢慢垮塌。再到約 44 萬年前，山腳斷層（正斷層）上盤陷落為今臺北盆地的雛形，下盤抬升成林口臺地。於是，原本西北流的古新店溪流路翻不過隆起的臺地，只好在新北市泰山轉向北、東北流。

同時，臺北盆地既是山腳斷層陷落而成，流經盆緣山地的眾溪流因侵蝕基準下降而回春、復甦下切。後來，盆地又歷經數番海進、海退的堆積、侵蝕。盆地成了個沖洗槽，在各種作用力之下，古礫石層幾乎已被後期泥沙掩覆或沖洗殆盡，這段古新店溪流路憑空遁失，被認為原始露頭難尋。

沒想到，我們在考察盆地底部的幾座孤丘時，卻意外發現礫石層的露頭，外觀因長途搬運已呈渾圓的鵝卵石。舉例來說，在中和三小丘（四十張山、員山、饅頭山）即讓人直接面見遠古，臺北盆地竟然還遺存紅土礫石層。為

員山礫石覆瓦朝西北，間夾紅土（筆尖方向）。

求審慎，我們小心翼翼地繞了一圈查看，確定不是底岩，而是河流搬來的堆積物。這可能是臺北盆地僅存的古地理遺跡，洩露了古新店溪舊河道的行蹤。

從礫石覆瓦重建古流路

根據新店溪各地形面、田野露頭、井下礫石層及土壤的證據，再配合臺北盆地的演育過程、盆底河蝕崖的分布位置及遷移情形等線索，我們一路順著新店伸杖坂、和美山、大坪頂、新店交流道北側、中和三小丘、林口臺地、忠義與樹梅坑等地，從礫石的排列重建古新店溪的舊流路；其次是這些礫石層上方分布的紅土，其至少經過 3 萬年氧化呈鏽壤，再比對定年資料，證實古新店溪曾於 50 ～ 3 萬年前流過。

礫石堆積之顆粒大
小，可判斷當時水
流強弱，顆粒大則
水流湍急，顆粒小
則水流平緩。

北投的忠義、淡水的樹梅坑一帶，長逾 300
公尺的礫石層露頭。

林口臺地東北隅外寮的礫石覆瓦構造，顯示古
新店溪流向東北方。

2 / 古新店溪的地形演育：兩次古臺北湖

我們綜合已知、推論並重建了古新店溪
地形演育，大概分成 6 階段，如下：

一、約 50 ～ 44 萬年前，古新店溪流經
伸仗板第一段河階，略呈直線向北流經和美
山，後轉西北經臺北地區的丘陵地。最終以
泰山為扇頂，於新莊斷層崖下堆積扇洲。

二、約 44 ～ 25 萬年前，山腳斷層開始
活動之後，古新店溪經伸仗板第二至四段河
階、中和三小丘至泰山，沿今林口臺地東北
隅轉往東北流，且逐漸向東遷移下切形成 3
段階面；古流路向北達淡水河北方的忠義一
帶，但受觀音、向天兩火山間地形的約束，
折向西北方展開堆積新一期的扇洲。

三、約 25 ～ 16 萬年前，古新店溪在北
投復興崗一帶受火山泥流堰塞，形成第一次
古臺北湖，湖面分布在臺北盆地西大半部。
中和地區的礫石層之上未再堆積，新店溪下
游注入古臺北湖。

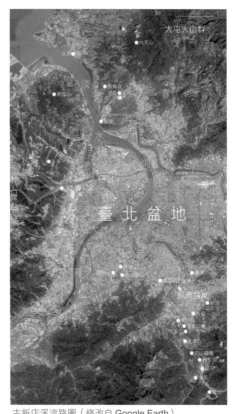

古新店溪流路圖（修改自 Google Earth）

四、約 16 ～ 3 萬年前，新店溪於屈尺、新店之間的流路越來越彎曲，且加深、
趨窄，在景美盆地西南緣大坪頂一帶陸續形成第五至六段河階。後因關渡隘口切
穿，湖水流失，加上冰期的海平面下降，侵蝕基準降低，導致地表水在景美盆地
及中和地區進行切割，而殘餘長條形階地或小丘。

五、約 3 萬年前，大漢溪被襲奪改道，轉而流入臺北盆地，開始與新店溪爭奪堆積的地盤。1.8 萬年前，即末次冰期最盛期之後，海水面逐漸上升、入侵臺北盆地，形成第二次古臺北湖。約 8,000 年前，最大海漫面到達今樹林、土城間的城林大橋與中和、新店間的秀朗橋。湖面變成流灌盆地的眾溪流之臨時侵蝕基準，促使景美盆地及中和小丘之間的谷地受埋積，小丘的比高變小。新店溪於中和尖山與文山景美山之間的谷口，注入這次古臺北湖，並堆積扇洲地形。

六、約 8,000 年前之後的海退期，侵蝕基準面降低，加上臺北盆地盆底的東南部及景美盆地相對抬升、堆積較高（可導致河流的自律作用而下切）等因素，促使網流（辮狀河）型態的河道下切，產生較西北部多且高的河蝕崖，請見臺北盆地一文之河蝕崖。

3／源頭封存了前一期地形

新店溪分北勢溪、南勢溪。主流南勢溪發源於拳頭母山（1,551 公尺）西南約 2 公里的松羅湖。南勢溪上源打棒一帶的哈盆溪河谷，底部寬平，埋積作用盛行，為福山植物園所在，似乎是向源侵蝕仍未及的前一期老年地形殘跡。

至於北勢溪源頭，同樣有著古老的地貌，毫無活力。若由新北市雙溪循著雙泰公路南行，在辭職嶺古道碑、蘭平千里涼亭處，可展望兩側溪流的下切深谷、地形陡峭，分別是雙溪支流三叉坑溪、丁子蘭溪，向源侵蝕正如火如荼地開展。過了這裡，就翻入了北勢溪上源的後寮、泰平、灣潭等溪，地形景觀丕轉為寬平

灣潭一帶乃北勢溪上游的灣潭溪，河谷寬淺、水流平緩，似為前一期老年期地形的殘餘。但也因水流慵懶，有如伏失時光，卻反倒添了份恬靜。

闊瀨附近是北勢溪的地形界線，水雖往下流，卻也不斷底蝕且向源侵蝕，只是速度極緩慢，攝於闊瀨吊橋下。

淺谷、山崙緩緩起伏，在虎豹潭、灣潭古道都看
到水流徐緩，慵懶無力。如此之地形反差，值得
探討其成因。

田螺山離堆丘（重繪自 Google Earth）

一般的認知中，似乎越上游的河谷越深切，
峭峰插天，越往下游越平緩，這裡卻是有不同的
景象。試析其因，有別於前述深谷係因眾溪向源
侵蝕劇烈，北勢溪卻僅溯及闊瀨一地，似乎是封
存了前一期的老年期地形，闊瀨附近成為地景分
界。在向源侵蝕力的差異下，分水嶺就會移動，將由東、北方面逐漸向西南側的
北勢溪移動，這是一場河流間的相互蠶食、攻搶地盤。

另外，灣潭附近卻有一離堆丘，高約15公尺，狀如田螺而名「田螺山」。通常，
形成離堆丘的前提之一是曲流，出現在這淺平河谷是可以理解的。但是，灣潭溪
河道的坡度平緩、水流軟弱迂曲，要怎麼下切曲流頸部？這可是道難題了，除非
早期北勢溪曾經因侵蝕基準降低，發生「回春」。當然，這只是合理推測。

4 ／ 為何北勢溪的曲流如此發達？

北勢溪除坪林附近之外，呈標準的嵌入曲流，比如
闊瀨至龜山間的直線距離僅22公里，就有18個曲流，其
中，大舌湖得名自曲流山腳有如舌狀凸出。部分河段因翡
翠水庫蓄水，水位升高，原本交錯的曲流山腳，未沉水的
部分成為數座島嶼，被稱「千島湖」。

大舌湖附近的北勢溪谷乃典型的
嵌入曲流，河流似是以模具烙下，
不若闊瀨以上河段的淺平。

我們推測曲流地形的成因可能有二：

一、坡度：若坡度平緩，則水流迂徐、擺動，有如蛇行。

二、地質材料（岩石強度、岩層破碎度）、地質構造（斷層、節理）：北勢
溪上游所通過的地層，主要有大桶山層、乾溝層，以硬頁岩為主，原始材料為黏土，
一遇水浸泡，容易溶解而遭河流側蝕，河道就漸漸彎曲；其次是斷層或節理經過
的地層較軟弱，常被乘隙侵蝕成河道。

南、北勢溪合流的龜山以下，新店溪曲流逐漸拓寬河床而呈成育曲流，兩岸
不對稱，一岸呈緩傾斜的滑走坡面，另一岸則是陡峻的基蝕坡。

5／龜山癒著丘：富田芳郎的想像命名

北勢溪注入南勢溪的匯合點附近，在曲流的滑走坡面先端部有一孤立的小丘，名為龜山（180 公尺）。

小丘西側頸部以一低窪的平坦地銜接丘陵，現在是龜山聚落所在、臺9甲線（新烏路）穿過。而且，兩溪所夾的尖銳山稜先端，有比高 15、25 公尺的兩段小階地，為桂山發電廠所在，可對比龜山頸部的兩段階地（FT1、FT2）。

環繞龜山的南勢溪因逐漸增大曲流率，頸部遭刮蝕縮窄，一度遭南勢溪取直線切斷，龜山成了離堆丘。曲流頸部在 FT1 下切至 FT2 時，受阻而岔開成兩條分流，中間未被蝕去的 FT1，高凸成腱狀丘。

在這條直線流路還沒乾掉之前，新店溪不斷下切，由下游向源上溯，形成新嵌入曲流。但是，其未選擇走新的直線流路（即頸部平坦面），而循原本的舊環流流路，重新迂繞龜山。因嵌入曲流持續下切，導致環流龜山的河床降低，頸部的直線流路洩失其水，慢慢乾涸而恢復原本的小平坦地。

原被切斷而孤立的離堆丘，又於滑走坡面頸部恢復連結，富田芳郎稱作「癒著丘」。

圖一：曲流原貌

圖二：曲流頸部遭直線切斷，兩條分流夾著「腱狀丘」

圖三：下游向源侵蝕並上溯，形成新嵌入曲流，且下切導致河床降低。

圖四：離堆丘又在滑走坡面的頸部恢復連結，即今貌。（圖一至四，重繪自 Google Earth）

6／離堆丘：避水兼禦敵的天然碉堡

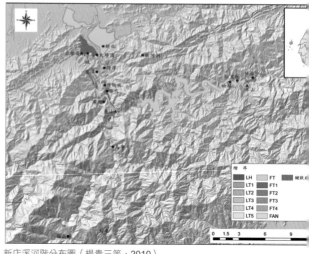

新店溪河階分布圖（楊貴三等，2010）

為何北勢溪階地大多在南岸？

北勢溪中，以坪林附近的河階最發達，有 3 段高位階地，分布在半山、幼瀨一帶；低位階地有 2 段，分布在乾溝、仁里坂、坪林等地，不過，乾溝河階在翡翠水庫蓄水後，已沒入湖中。

上述北勢溪的高位階地大多偏在溪的南岸，這在其他地方都有類似怪異現象。此原因可能是在高位階地形成的時期，南岸的地盤逐漸向北傾動，北勢溪的河道同步朝北遷移，再數度下切成階梯狀。直到低位階地時，這種不等量抬升現象趨於穩定，即今兩岸均見的低位階地，不再偏處一側。

兼具避水與防禦的離堆丘

龜山以下的新店溪低位階地，大致以直潭為界，以北僅有一段，分布在直潭、灣潭、新店等地，向北沒入景美盆地；以南則有兩段，分布廣興、屈尺、龜山、烏來、福山等地。馬偕牧師（Dr. George Leslie Mackay）在回憶錄中，提到同治 13 年（1874）新店教堂以岩塊初建禮拜堂時，所在的低位階地與溪之間的原始景象：

教堂正門前方數十碼，有新店溪圍繞流過，溪和教堂之間鋪滿了由洪水沖下，並被溪水洗得圓圓的鵝卵石。

新店、龜山間之流路，於灣潭形成曲流山腳；而稍上游則發生切斷曲流，形成屈尺及廣興的離堆丘地形。兩地的村落均建於離堆丘上，為什麼要大費周章地爬上丘頂？原因是可以兼具避水與防禦，這裡也是清代的漢番交界。

翻閱光緒 7 年（1881）韓威廉（William Hancock）的紀錄，此人是受英國派遣至淡水海關工作，閒暇時熱衷於植物採集。他曾經造訪屈尺，還形容其為半圓形小山谷中的村落。他記錄那時漢人的拓墾已跨越新店溪——一條漢人與原住民之間的天然界線，卻仍時時面臨遭馘首的威脅，在他抵達的前 5 天就有 3 位漢人被

離堆丘的形成，主要與河流曲率有關。但屈尺離堆丘的東側有一土石流沖積扇，是否係其阻塞原流路，迫使水流切斷頸部？

割掉頭顱。接著他又說，一座出現在河邊的小山高地頂部，有一小小的村落，像是座城砦、山寨。幾年前，這裡雖受到 50、60 位原住民的攻擊，但居民防禦工作做得很好，擊退了原住民。由此可見，屈尺離堆丘也像是天然碉堡，頂部建村具防禦功用。

屈尺、廣興離堆丘之上，分別建有屈尺岐山巖、廣興長福岩兩間廟宇，都主祀清水祖師，分別分香自艋舺、三峽祖師廟，廟旁環繞著聚落。廣興長福岩外鑲嵌一石碑「新店鎮廣興長福岩清水祖師略傳」，碑文中記載，村子裡曾有 12 人從事砍木燒柴行業卻遭殺害，僅倖存 1 人，後又被攻入聚落，被庄民開槍射死 2 名。

這類紀錄大多採自漢人觀點，盡可能是妖魔化、醜化原住民，再以界線區劃成不同的地理圖像，一邊是危險的番界，另一是自在的文明。只有極少數不畏險境，直入番界，馬偕牧師就是代表人物。他在日記中，記下光緒元年（1875）4 月 21 日拜訪屈尺附近原住民的見聞，他寫道：

所有的人看起來都相當怕漢人，用手指指向一個漢人的村落表示他的恐懼和輕蔑。

不過，後來雙方的敵對關係逐漸獲得改善。明治 30 年（1897）年 5 月 25 日伊能嘉矩來到屈尺，正好遇上迎神賽會，可能是屈尺岐山巖所舉辦，他看到 10 多位來自附近的原住民前來觀賞廟會，伊能嘉矩還跟他們交談了一會兒。

我們採訪屈尺幾位年長者，他們均聽老一輩說過，百餘年前曾淹水至離堆丘半山腰的百年老樹九丁榕。民國 104 年的蘇迪勒颱風，小粗坑發電廠引水道旁淹水約 2 公尺深。這應可推論，當初之所以蓋廟、建聚落於離堆丘上頭，是為了躲避洪水侵襲。

唐姓祖屋同一排的老房子，都採砂岩塊墊高，石材應該取自附近的木山層厚層砂岩。

　　在這裡也可注意到古厝的空間分布。在地唐姓家族超過百年的祖屋，以砂岩塊墊高約 2 公尺，可能也是避免淹水考量。唐家人說，大門兩側牆面原有槍孔（已封住），內寬外窄。後人據祖輩口傳，蓋房子時留有槍孔是為了防杜烏來泰雅族出草。只是令人不解，住屋得兼防衛碉堡，為何還要冒險住這裡？

大曲流的成因

　　接著探討一問題，為什麼屈尺和廣興之間的新店溪河道，會形成一大轉彎？

　　若論其地質，可能與屈尺斷層通過、地層較為破碎有關。屈尺斷層是條重要的地層分界，以東屬於輕度變質岩的雪山山脈、以西則是未變質岩層的西部衝上斷層山地。

　　而在地形上，這是標準的成育曲流。當河川受到地面傾斜程度、岩石軟硬度、地球自轉偏向力等因素影響，就可能形成曲流。曲流河道兩側水流的流速不均，一邊水流較急、侵蝕力強，常常掏蝕成凹岸（基蝕坡），並掘成深潭；另一側水流緩慢、泥沙堆積較多，形成凸岸（滑走坡）。

屈尺、廣興離堆丘舊河道圖示（重繪自 Google Earth）

　　於是，在侵蝕、堆積的交互作用下，河流曲度逐漸增加、擺動，若遇大洪水，就可能切穿曲流頸，變成筆直的新河道。而舊河道淤塞成半月形湖，形狀像牛軛，稱「牛軛湖」。在屈尺、廣興兩個離堆丘後方，都可見半圓形舊河道，但牛軛湖已因淤積而消失。

7／為何常見支流懸谷瀑布？

新店溪的瀑布不少，主要分布在幾條支流注入南勢溪處。根據沈淑敏（1988）的調查：

一、烏來瀑布：位於支流烏來溪，瀑布高達 80 公尺，寬度則僅約 15 公尺，瀑身十分細長。造瀑層屬乾溝層所夾砂岩，岩層逆斜約 23 度。

二、信賢 I、信賢 II 瀑布：位於支流內洞溪，兩者相距約 40 公尺，兩瀑布高度、寬度分別約為 13、10 公尺和 19、8 公尺。造瀑層為乾溝層的硬細砂岩，岩層逆斜約 25 度。

三、信賢南瀑布：位於信賢聚落南方小支流，瀑布高約 27 公尺、寬約 5 公尺，造瀑層以泥質砂岩為主的乾溝層，岩層排列微逆斜約 8 度。

瀑布之所以多見於主、支流匯流處，主因為兩者的水量不同，產生了河水底蝕的差別。通常主流的水量較大、下切量就較大，支流則較小。久

支流懸谷的烏來瀑布，落岩塊為瀑布後退的崩落物。

之，兩河道逐漸拉開高差，形成「支流懸谷瀑布」。

另一決定瀑布性質者，乃造瀑層的岩性，必須納入考慮。

河流由下游向源上溯，不斷底蝕，若遇到硬岩則不易切穿而停止。烏來瀑布處即為乾溝層所夾砂岩，烏來溪以上河段下切受阻，轉側蝕為雲仙樂園所在的寬淺貌，而與遷急點下方的瀑布及峽谷狀流路呈顯著對照。而瀑水仍持續沿節理侵蝕，加上又在基蝕坡，瀑布不斷向上游後退，導致岩石崩落，溪床的落岩塊即為證物，連大洪水都難以湮滅，類似現象亦見於青潭溪支流之銀河洞，以及內洞信賢 I、II 瀑布。

8 / 埋伏土石流危機的支流平廣溪

　　平廣溪，發源於雪山山脈向北的支稜加九嶺（870 公尺），向東北東流，於廣興西南注入主流，長 7.5 公里。之所以稱作平廣溪，或許是得名自地形，其為新店以上的主、支流之中，谷底較寬平者。

土石流與沖積扇

　　走在平廣溪岸，許多小支流在注入主流處，形成頗發達的小沖積扇群。這名詞或許很有新意，但需注意了，沖積扇就是土石流的靜態偽裝，這類危險的地理事實常被包覆在山村富麗祥和的景象中。可以想知，這裡的脆弱性會在颱風、豪雨時節，一一露出猙獰的臉孔。

　　防治土石流的第一步，是先學會辨識沖積扇的形貌。

　　整體形貌上，其堆積成扇狀，中央部突起，越往扇端漸緩斜、延展成弧狀。但是，土石流所造成的沖積扇相較於山地的地勢崎嶇起伏，仍屬相對平坦的地形面，常被選作田園、聚落之地，植被、地物常常遮蔽或破壞了沖積扇的原始地貌，考察時必須在腦海中學著濾掉與還原，這得不斷練習才能熟練。

怎麼辨識土石流的產狀？

　　第二是辨識土石流的產狀。土石流的特徵是含有大量粗顆粒的礫石沉積物，淘選度非常差，礫塊夾雜在細粒的泥沙之中。水是其搬運載具，且一般人萬萬沒想到，高濃度泥水的負載力甚大，可以將礫塊載浮於泥流上。

土石流的特徵是淘選度極差，大小混雜，露頭可視作歷史證物。

再來是土石流的流路，可分為 3 段：

（1）料源段：提供土石流材料的源頭，通常位在一級河的上源，因河流的坡度陡，向源侵蝕較盛，常導致崩塌，提供了土石流的料源。在地形上，呈一半圓形劇場狀，稱為山崩漥。

（2）輸送段：乃土石由料源段輸往堆積段的中途，通常呈溝狀，即是山崩溝。

（3）堆積段：土石流於谷口以下，因坡度減緩而將土石堆積成摺扇狀，叫做沖積扇。

水既然是輸送的媒介，通常扇頂後方會有條小溪或山溝，這是重要的地形警訊。所以，若該地為土石流好發地區，人類仍執意當作棲身的處所，得須做好水土保持的工作，且聚落宜選址於遠離小溪或山溝，盡可能偏居高處。

土石流的歷史田野

第三個應有的防治觀念是，大自然有其一定的規律，而規律可以從歷史紀錄中尋得，亦即土石流的發生有重覆性。

近年來由於地球暖化，可能導致颱風生成數與降雨強度都增加。再加上臺灣島因造山而地動不歇、地質脆弱、山地坡陡，致使容易崩塌，所以，每當豪雨時常把崩塌的岩屑攪和成土石流。若又是順向坡的坡腳被人為砍斷或河流蝕去，失去支撐後更容易滑動，尤須注意。而平廣溪都具備這些危險因子，比如地層大都屬於鬆軟的硬頁岩，又多順向坡，民國 104 年的蘇迪勒、杜鵑颱風重創此地，造成多處邊坡坍塌及地基掏空，交通中斷，絲毫不意外。

平廣溪沿岸有 10 餘處小沖積扇，從堆積層見到大小混雜、有稜無角的礫石；平廣溪河床則礫石磊磊，常見大如汽車的岩塊。如此的地理事實，可說是歷次土石流的累積結果。而且，支流沖積扇的擴展常迫使主流河道偏向另一岸。兩岸支

曲流的基蝕坡容易受河流擺動而側蝕，若又遇順向坡、水土保持不良，邊坡不穩成為常態。

腱狀丘下游側的順向坡，推測早期曾經滑動造成堰塞湖。

兩分流所夾的腱狀丘，是由角礫所構成，上有民宅。

流沖積扇的交互分布，也造成主流河道的左右擺盪、彎曲，基蝕坡又會因河流攻擊崖底而崩塌。地理現象之連帶性可見一斑，不能孤立看待。

湍急河道的腱狀丘

平廣路140之1號的民宅，就位在平廣溪兩分流之間的腱狀丘上。一般河道的腱狀丘，從其構成物質有因底岩為硬岩，抗侵蝕而讓河道岔分，也有因沙洲再受下切者。

我們從其堆積物判斷為角礫，先排除了底岩的可能性。只是，平廣溪的河道坡度大，常見急湍，應以侵蝕作用為主，怎麼會堆積沙洲，再下切成腱狀丘呢？為了尋找合理的解釋，再經四處查看，發覺此丘下游側的主流左岸，係一順向坡，這是個重要的地理因子。於是綜合地形發育的種種條件，我們推測早期該順向坡受到平廣溪側蝕，邊坡曾經滑動而堰塞平廣溪河谷，積堵成堰塞湖。

堰塞湖變成了臨時基準面，上游沖下的砂礫逐漸堆積湖底，使得上游的坡度漸漸變緩。後來，天然壩崩潰，河流在原湖底的砂礫地形成分流並下切。最終，兩分流之間的沙洲高凸，即為此腱狀丘。

9 / 和美山是古新店溪河床抬升

新店捷運站經碧潭吊橋至和美山的步道一帶，曾是新店溪於景美盆地展開沖積扇的扇頂所在，後來地盤抬升，河流下切，造成古河床的礫石已高居和美山山頂。

碧潭是如何造成？

由碧潭吊橋往新店溪上游眺望，左岸（西岸）坡度陡峻，露出數處幾乎直立的南港層砂岩岩壁，危崖如屏風；岩壁下緣屬新店溪曲流的基蝕坡，水流撞擊而

1930 年代新店碧潭。
(《臺灣大觀》/ 國立臺
灣圖書館藏)

下掘、侵蝕成深潭;而且,下游側的碧潭大橋下築有攔河堰,漲高了水位,種種
自然因素共同製作了今日的碧潭。

左岸岩壁下部,有因河水帶著砂石鑽磨形成的壺穴地形;右岸(東岸)為滑
走坡,坡度較緩,有砂石堆積,水較淺,築有堤防以保護新店市區免於洪患。別
小看河床的鵝卵石,這石灘曾經是聞名的香魚產卵地,利用礫石間的空隙掩蔽成
產房。香魚又稱鰈魚,臺灣深山溪澗甚多,早在清代文獻即多見記載,是著名的
河鮮。

礫石證明為古新店溪河階

從碧潭吊橋西端的和美山登山步道口,上到迎賓平臺,岔開成藍線水岸步道
及綠線親山步道兩線。若走綠線,距幸福廣場約 100 公尺的步道旁出露夾零星礫
石的紅土層;次圓的顆粒代表河流長途搬運、滾動磨擦而成;加上原本幸福碧潭
樂園所在、佔地約 1 公頃的平坦面,證明此地為一河階地形,早期是新店溪的河
床及氾濫原,後經地盤抬升至今約 100 公尺的高度。

來到叉路口,往右的筆羅子步道及往上至和美山頂(152 公尺)的步道,均出
露大礫(人頭至拳頭大小)為主、次圓之礫石層;而山頂更有十數顆巨礫(比人
頭大),其中 3 顆的長、中、短徑達 2m×1m×1m,且含石英脈,顯然非人為搬來,
而是古新店溪搬運自屈尺東方的雪山山脈;也證實此地因位在碧潭斷層上盤,抬
升量相當大。

在和美山頂,向東北方可看到
新店溪的曲流河谷及對岸獅頭山的
兩座豬背嶺山峰,也可眺望南港山
的單面山地形。向北則可望及安坑
通谷東端與景美盆地。

筆羅子步道礫石。

10 / 支流景美溪埋積陷落成景美盆地

　　石碇溪與永定溪在雙溪附近匯流，改稱景美溪。此兩溪呈兩岸緊迫的峽谷，匯流點以下的河谷忽然展開，呈寬闊而平坦的河谷平原。後來河流下切成 10 ～ 15 公尺深的嵌入曲流，因而，河谷平原面遂成為低位階地。

　　景美溪下游在木柵一帶流入景美盆地，發生顯著埋積，覆蓋了山稜間的鞍部，形成一些散居平原上的孤丘。

碧潭斷層下盤陷落成景美盆地

　　景美盆地的形成，跟碧潭斷層有關。

　　碧潭斷層被認為是新店斷層的分支，在政治大學東方自新店斷層分出，沿景美盆地南緣（即伏獅山山脈北麓）向西南延伸，經碧潭，於安坑南方與新店斷層再度會合。根據景美盆地南緣的鑽井資料，斷層在碧潭以東，緊鄰景美盆地南緣的直線山麓延展。據此推測，景美盆地乃因碧潭斷層的下盤陷落而成。

　　景美盆地在木柵附近及新店交流道北側一帶，分布一些比高約 10 公尺的小丘，上覆紅土，似為 3 萬年以前（木柵高約 30 公尺一小丘漂木的碳 14 定年，結果大於 56,000 年）河流進入盆地所堆積的沖積扇面（前者為景美溪，後者則為新店溪所堆積者），後經切割成丘陵。嗣後，因盆地位在碧潭斷層下盤，相對沉降，導致谷地漸受埋積，僅僅露出丘頂而成今貌。

　　景美溪由政治大學至寶橋南側的河段，大致沿碧潭斷層線流動；寶橋至景美的河段，因受新店溪以新店為扇頂展開的沖積扇之右扇推逼，而偏流在其扇端低處，呈曲流朝西北流；左扇也迫使安坑溪迂迴扇側。

新店交流道北側的紅土礫石小丘，礫石含石英脈（鏡頭蓋旁）、覆瓦朝北（紅色筆尖蓋），應為古新店溪所帶來，攝於新店寶高路。

景美溪呈典型的嵌入曲流、兩岸對稱的低位河階，攝於深美橋。

典型嵌入曲流的景美溪河谷

前述景美溪成為 10 ～ 15 公尺深的嵌入曲流，河床甚狹、兩岸對稱、臺灣少見如此標準的嵌入曲流。到底是甚麼原因，讓景美溪的流路深鑿此河谷平原面，進而高掛成低位階地？

我們先勘查景美溪的兩岸階崖，階面看不出什麼，因為地層剖面才會透露堆積的訊息。

在階崖剖面的上部，有厚約 2 ～ 3 公尺的年輕砂礫層，下部露出古老的底岩。從這看來，最可能的原因是約 8,000 年前，海水入侵第二次古臺北湖達最高水位，湖面轉變成臨時侵蝕基準，一方面促使許多注入古臺北湖的河流，如景美溪、基隆河等開始堆積砂礫，另轉以側蝕作用為主，拓寬其河谷。此也證實了，該河谷平原並非屬於較深的埋積谷，而由側切拓寬其谷底。

隨後的海退期，使第二次古臺北湖的湖水外洩，湖底出露，盆地周緣的河流回春下切，形成今之景美溪和基隆河的嵌入曲流，以及兩岸對稱的低位河階。也就是說，景美溪的廣闊河谷平原面（即低位階地）可對比古臺北湖面與基隆河河谷平原面。

11／面對舊河道的水患思維

早期臺灣先民入墾即是利用知識、理性選擇的結果。在自然條件上，他們考量的是地形、風、水、土壤等，尤以「水」最重要，人文活動處處受水控制，因而聚落沿著河流分布。

不同於人的移動自若，住屋有堅韌的固著性，綁在土地上。所以，聚落的選址除了考量取水方便外，常需選擇地勢較高，可避水患與容易防禦的河階、離堆丘等地形。

所以，要避開水的地盤就得向土地發問，重建舊河道的古地理。但隨著人類腳步向自然擴張，特別是都會區的舊河道與河蝕崖，漸遭剷除或填埋。這麼一來，古地理的還原工作更加困難；另一面向是，河流有其侵蝕、堆積自律系統，不斷地改變周遭的地理事實，但曾經是河道就有水的道理。除了強調做好水土保持之外，人們是否還要持續與水爭地？或許，了解、尊重水的性情，抑或將舊河道、沖積扇還地於水為氾濫區、土石流地帶，才是治水應持的現實思維，放棄人定勝天的心態。

大漢溪附近的大漢溪河床，武嶺橋橫跨其上。

大漢溪
搶水大戲

大漢溪為淡水河的主流，發源於雪山山脈品田山（3,529公尺）北坡，源流乃泰崗溪，至新竹尖石鄉秀巒匯合白石溪成為玉峰溪。蜿蜒過三龜戲水至巴陵，三光溪從東側匯入，成為大漢溪。一路橫穿過雪山山脈，至大溪坪轉進入加里山山脈的地形區。古時即以石門峽谷為谷口，曾展開沖積扇，造就今之桃園臺地。

進入臺北盆地後，於板橋江子翠合併新店溪，始稱淡水河。淡水河長158.7公里，僅次於濁水溪及高屏溪，係本島第三大河。大漢溪於石門以下，尤其三峽、樹林之間的河床堆積旺盛，過去曾是淡水河系網流最發達的河段。如今，因河川整治而將流路歸併一路。石門以上部分，河谷呈穿入曲流，氾濫原狹小，而河階和峽谷地形發達，反映了地盤抬升與地形發育的持續不歇。由上游至下游，略以高坡、石門兩峽谷為界，分成三光、角板山和大溪等3個河階群，地貌與地理意義均殊異，而大溪河階群更成重要的人文場域。

1／三龜戲水：玉峰溪曲流與三光河階群

大漢溪上游玉峰溪與支流三光溪於巴陵匯合。這兩條溪均為穿入曲流，雖然多呈峽谷地形，但是兩者的地形景觀卻迥異，這是甚麼原因？

先看地層構造。這裡的地層走向呈東北東，玉峰溪的流路幾乎與之平行。由於兩側地層對河蝕抵抗力較小，於曲流基蝕坡側蝕，伴隨崩塌而逐漸拓展成寬廣

爺亨扇階

從上巴陵俯視，大漢溪上游的玉峰溪與三光溪匯合處附近的曲流與河階地形，著名的三龜戲水是由 3 個交錯山腳所合稱，再遠處是三光河階群的爺亨扇階。

的縱谷地形。這麼一來，廣闊的河谷給了河道擺動的空間，形成了成育曲流，溪水彎繞而稱「三龜戲水」。

　　且，曲流地形使得秀巒至三光之間，有 4 段低位滑走坡階地，分布在秀巒、三光、爺亨等地。其中，爺亨原本是其西南側的一小支流的沖積扇，再經本、支流下切而遺留成扇階。

　　至於支流三光溪，卻未發育出如同玉峰溪般的滑走坡階地。毗鄰的兩條溪卻有如此之地形差異，關鍵因素在於三光溪的流路與地層走向直交，呈橫谷，河流的下切遠超過側蝕，且河岸容易出露硬岩，因而形成峽谷，高坡峽谷（後述）也是同樣成因。

2／巨人陣：臺灣典型的平坦稜

　　前述玉峰溪的曲流、階地、開闊明亮是縱谷地形的特徵，三光溪兩岸從巴陵到明池之間的橫谷地形卻是幽暗峽谷，甚至有點矯作而不自然。之所以這麼形容，是因為其規規矩矩地排列了許多平坦稜線，頂部略平又微斜往河邊，且兩岸對稱，彷如巨人陣的肩膀，這稱平坦稜（肩狀平坦稜）地形，此地應是臺灣最典型者。

　　看來，河流地形還真有點複雜，又得搞清楚甚麼是「平坦稜」？原來的河床與氾濫原，因地盤抬升，河川下切，而高於現河床，即形成河階，通常，比較平

三光溪兩岸的平坦稜

直的河道兩岸會出現對稱河階，曲流滑走坡則產生劇場河階。再受主、支流切割，平坦的河階「面」遭侵蝕，則殘餘平坦「稜線」，此即平坦稜。

論其分布，平坦稜大多位於曲流半島上，常見以左、右交替穿插，地形學稱「交錯山腳」。另外，還有一特徵是兩岸等高，可見是同一河階的侵蝕殘餘，也就是「面」剩「線」。平坦稜與河階同為地盤抬升、河道變遷的田野證據，藉此可以對比、嘗試一個個連起來就是舊流路了。

3 ╱ 明池：被蘭陽溪搶水的堰塞池

過了巴陵到明池之間緊湊的峽谷地形，進入三光溪最上游，陡山蔽林漸退、河谷舒展。直抵明池附近時，亦即三光溪與蘭陽溪支流梵梵溪分水嶺一帶，河谷更顯寬淺，谷中有幽邃之湖沼，這景象是否顛覆了分水嶺的概念？在慣常認知中，所謂分水就是水系之間的爭奪戰，向源侵蝕常伴隨崩塌、危峰，分水稜線總是鮮明尖銳的地貌。僅在部分田野中，亦見圓潤和緩的形式。

當然，這類異例的背後暗藏了不平靜。齊士崢（1991）提及此地於近期發生河川襲奪現象，即坡度較陡的梵梵溪襲奪坡度較緩的三光溪上游，三光溪成為斷頭河，其特徵就是河谷寬淺，而水量減少，無力搬運，致使 3 個沖積錐（崩積—沖積扇）的堰塞而形成湖沼。

我們前往明池，發覺堰塞三光溪、成就明池的沖積錐就位在明池山莊，且在北部橫貫公路（臺 7 線）旁出露該沖積錐的角礫堆積層；而明池的溢流水，在堰塞發生後，轉往較低矮的東邊流入梵梵溪，成為襲奪現象的反流河。但是，可能

北部橫貫公路旁出露沖積錐的角礫堆積層，大小石塊混雜，截然不同於附近的底岩邊坡。

因發生襲奪的時間距今尚短，故反流河下切國父百年紀念林所在的沖積錐扇端，才僅約十餘公尺深。

就這樣，三光溪與梵梵溪呈谷中分水，構成通谷，成為交通道路闢建的適合所在，今有北部橫貫公路通過。此外，該湖沼也因橫躺高山淺谷中，伴以霧林帶的幽靜，開發設立明池森林遊樂區，包圍著這池水塘。

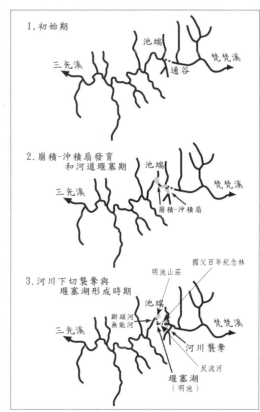

明池之地形發育過程圖（重繪自齊士崢，1991）

4／高坡峽谷：插天山背斜與榮華大壩

　　大漢溪從巴陵到羅浮的兩岸呈懸崖峭壁，稱為「高坡峽谷」，橫切過大規模的插天山背斜，屬於標準的嵌入曲流。

　　南北兩端具有狹小之 4 段低位河階和 1 段高位河階；南端者在下蘇樂兩岸，北端者在高坡、斷匯、義興附近，更上方則為平坦稜，如中高義下方（有底岩風化紅土，泰雅族語稱紅土為高義）及對岸鷹山下方。

　　插天山背斜軸通過高坡峽谷中央，直交大漢溪河谷，背斜軸部露出漸新世輕度變質的泥質砂岩，抗蝕力頗強，於是在溪岸形成陡壁。底下河床築一「榮華大壩」，但泥沙淤積嚴重，已然失去攔砂功能。

插天山背斜軸部　　　　　　　　　　　　　　　大漢溪上游的「榮華大壩」，可見泥沙淤積之嚴重。

5 ╱ 羅浮離堆丘：北橫走在大漢溪舊河道上

在小烏來風景特定區收費站前方的觀瀑亭面對大漢溪，其為一大曲流，於羅浮由北流轉向西流。早期曲流繞道羅浮聚落，即今之北部橫貫公路，再從復興橋流出。

為何大漢溪在此形成一大轉彎？河流的急轉彎常常與斷層的破碎帶有關，可能是通過此地的東西向石槽斷層及地盤穩定之影響，而呈曲流。後因地盤抬升，河流切斷曲流頸，而產生新河道，新、舊河道夾著羅浮國小所在之小丘，為離堆丘地形。羅浮聚落就在舊河道上，本來有一牛軛湖，久之淤積而消失。

羅浮離堆丘，紅線為石槽斷層，橘線是大漢溪舊河道。

小烏來瀑布

6 / 小烏來瀑布：
兼具支流懸谷、硬岩保護

　　羅浮東方，大漢溪右岸支流宇內溪上的小烏來瀑布及義興溪上的龍谷瀑布，均屬漸新世大桶山層構成之硬岩遷急點，在觀瀑亭可見小烏來瀑布全貌。根據沈淑敏（1988）的研究，瀑布共分 3 段，上段落差約高 4 公尺、寬 7 公尺，流蓄一瀑潭，再循厚層砂岩右方節理缺口，瀉落成高約 50 公尺、寬度 2 公尺的流瀑，其下方兩個瀑潭皆稍具規模，應為瀑布後退的證據。兩個瀑潭之間另有一小瀑布。

　　小烏來瀑布造瀑層以硬頁岩和細粒砂岩互層所構成，後者抗蝕性較強，常凸出於壁面。小烏來瀑頂帽岩及上瀑潭河蝕凹壁的凸出處皆由其構成。岩層向上游逆斜約 18 度。

　　小烏來瀑布成因應是宇內溪注入大漢溪，因支流水量少，侵蝕力小於主流，而成為支流懸谷瀑布。後來，宇內溪不斷向源侵蝕，遇硬岩而趨緩，以致瀑布上方河谷寬廣；但也因節理發達而致瀑布後退，形成瀑布下方的河谷既窄又深。所以，小烏來瀑布兼具支流懸谷、硬岩保護兩種成因。

　　龍谷 I、龍谷 II 瀑布，兩瀑相距約 50 公尺。I 瀑高度、寬度分別為 13、3 公尺，II 瀑為 9、2 公尺。龍谷 I、II 瀑布造瀑層皆為粉砂岩，二瀑主受節理控制所形成。

7 / 風動石：風吹得動嗎？

　　小烏來瀑布上方溪畔原有一高約 5 公尺的平衡岩，俗稱風動石，由火山碎屑岩組成，推測其原來位在北側山坡，因風化而滾落溪畔；底部以極小部分與地面岩石相接而維持平衡不墜。民國 102 年 7 月 12 日強烈颱風蘇力侵襲時，再度向下滾落溪床。究竟是風吹動，還是水沖落？就無法得知了。

風動石，原是山崩後，大岩塊自山上滾下，其底部以小面積與地表接觸卻仍維持平衡，地形學稱為「平衡岩」。今為再度滾落者。

霞雲坪波痕

8 / 霞雲坪波痕：封存古代淺海沉積構造

　　霞雲坪的公路旁有一順向坡，坡面分布波痕（漣痕），是岩石層面形成像波浪狀的規律凹凸面。而波痕何以形成？其主因是波浪或水流等介質運動，搬動了水底的砂質沉積物，產生對稱或不對稱的波狀凹凸。若論及波痕結構，突起為波峰，凹下為波谷。而波峰兩側的斜面若呈對稱狀，代表是由來回震盪的波浪作用所形成；倘若是水流所造成的波痕，其朝單一方向運動，就會形成一側平緩、另一側較陡的不對稱形狀，陡坡指向水流方向。

　　今常因崩落小碎石而覆以護網。

9 / 角板山河階群：劇場河階

　　角板山河階群，由高坡峽谷谷口的羅浮起，至石門峽谷止，其中角板山為復興區較大的河階面，也就成了行政機關和主要聚落所在地。

　　角板山河階群包括高位階地 3 階及低位階地 4 階。LT3 分布在中興橋，LT4 在角板山等地，LT5 在溪口臺、中奎輝、長興、高遶坪等地，FT1 在羅浮國小等地，FT2 在羅浮、霞雲坪、下奎輝、大溪坪等地，FT3 在溪口吊橋，FT4 在羅浮等地。大漢溪支流三民溪、

溪口臺河階

楠子溝有相當發達且可與主流 FT2 對比之階地。

　　角板山設有先總統蔣公行館（今角板山行館），昔日蔣中正眺望大漢溪對岸河階，以其似故鄉浙江省奉化縣溪口鎮風光，而命名為「溪口臺地」。溪口臺與奎輝、霞雲坪等地的階面，係滑走坡面階地，具有 2～5 段之河階，成了成育曲流的滑走坡面，其階面甚狹而向河身緩傾。階崖之平面形，向河身凸出，與河身的曲流形相應，呈半圓形（劇場）階地，為曲流振幅加大且地盤逐步抬升，而殘存的舊河道。其階崖與滑走坡側方之現河流侵蝕崖均露出基盤岩層，因而此種階地屬於岩石階地。階面常被薄層砂礫蓋覆。

　　富田芳郎將角板山河階群的滑走坡面階地，依排列狀態分為 3 種型式。第一種為溪口臺型，如溪口臺階地，其階面向滑走坡方向呈有規則排列，此種排列完全因曲流振幅的逐漸增大所致。第二種為奎輝型，如奎輝階地，其下位階地逐漸向下游側斜排，此型乃由曲流振幅的增大，同時曲流逐漸向下游移動所形成者。第三型為石門型，如大灣坪階地，其下位階地逐漸向上游方向排列，其成因乃隨曲流振幅增大，同時曲流向上游側移動所致。

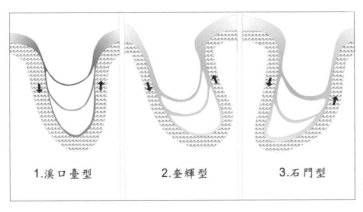

1.溪口臺型　　　2.奎輝型　　　3.石門型

角板山河階群之滑走坡面階地之排列狀態圖（重繪自富田芳郎原圖）

10 / 石門峽谷：
石門水庫大壩的選址

民國 53 年，石門水庫興建完成，水庫之常水位 245 公尺，因此有些角板山河階群的下位階面，遭淹沒於水面之下。石門水庫大壩的壩址在石門峽谷，此峽谷由南港層牛肩頭段之塊狀鈣質砂岩構成。在 50 年初期，石門人壩基礎開挖發現新店斷層破碎帶，遂把原計畫的鋼

石門峽谷，今築成石門水庫大壩。壩體位於新店斷層破碎帶，於是將原計畫建造鋼筋水泥壩，更改為土石壩，攝於石門山。

筋水泥壩，更改為土石壩。石門水庫在峽谷的轉彎處築壩，可省工時及經費，又可在轉彎處的山腳布設溢洪道，並利用兩峽谷之間的寬谷蓄水，此與曾文水庫、南化水庫一樣，都是水庫設址的重要考量。

11 / 大溪河階群：古三峽溪搶水的鐵證

大溪河階群乃本島標準的河階群之一。其特徵為階面寬而長，呈兩岸對稱的對稱河階。階地群之如此發達，與臺北盆地的陷落、古三峽溪襲奪古大漢溪、末次冰期的侵蝕基準降低等，有著密切關係。

古大漢溪原本向西流

約 600 萬年前，臺灣北部開啟蓬萊造山運動，推擠拔起成山。山要夠高，水

從大溪河階三層崎的桃 58 線道路東望，可見新店斷層崖的三角切面，其係斷層活動所造成的斷層崖，再受順向河切割而成。

氣遇山脈才能舉升、凝結降雨，地表野水匯成溪流，如古基隆河、古新店溪、古三峽溪、古大漢溪等北部河川。其中，古大漢溪從石門西流，在新店、臺北、新莊等斷層聯合的大斷層崖下迤展成廣大的沖積扇，範圍幾乎等同今天的桃園臺地。因斷層上盤抬升得很高，古大漢溪侵蝕搬運的砂石量又大，導致沖積扇相對應寬廣。而古大漢溪分岔為沖積扇上眾多放射狀分流，今之南崁溪、鳳山溪均為其一。

後因沖積扇南部湖口背斜的抬升量大、地盤向北傾動，古大漢溪河道逐漸由西、西北、北、東北遷移，形成桃園臺地上的數級階地，最低為桃園面。

古三峽溪襲奪古大漢溪，打通臺北盆地南邊門戶

真正關鍵因素是約 44 萬年前，山腳斷層（正斷層）開始活動、張裂，上盤陷落成臺北盆地雛形。因臺北盆地持續陷落，且約 3 萬年前進入末次冰期，侵蝕基準降低，盆地周邊山區水系不停地向源侵蝕，幾條河川復活回春。

古大漢溪原由石門流經桃園，注入臺灣海峽，地勢高於陷落的臺北盆地。兩流域間的分水嶺，約在今天的鶯歌、三峽至山佳之間。低位的古三峽溪原向東北流往低漥的臺北盆地，此時又逢冰期，海面下降而致侵蝕基準較低，增強了向源侵蝕力，不斷攻擊分水嶺。溪流的發育常藉助地層弱帶，而臺北斷層的破碎帶正好提供地質條件。古三峽溪慢慢挖蝕、切穿了山佳至鶯歌附近的分水嶺，山坡地崩塌導致樹木埋沒，在柑園大橋上游側河床還可見樹幹化石，定年結果為 3 萬年

石門大壩附近為古大漢溪沖積扇（今桃園臺地）的扇頂，亦是遭古三峽溪襲奪的襲奪彎，眾河階以此為扇頂而放射開來。

早期鶯歌、三峽與山佳之間，橫亙著一片丘陵地，是古大漢溪與古三峽溪的分水嶺。約 3 萬年前古三峽溪開啟襲奪，就是從對岸的鶯歌拉開序幕，也將分水嶺蝕去，攝於三峽鳶山。

（陳于高等，1990）。就這樣，這場重大的河川襲奪事件，影響今之臺北、桃園地貌至為深遠。

等到向源侵蝕往南上溯至鶯歌附近，率先襲奪高位的古大漢溪在桃園面的網流之部分分流。迨至石門，則將桃園面上的古大漢溪全部襲奪，石門成為襲奪彎，流路由西向折為東北向，改流入臺北盆地中。在搶水成功後，大漢溪由側切轉為下切，遂形成規模龐大的大溪河階群。

不同的取樣定年出不同的襲奪年代

但襲奪年代的說法不一。除了前說 3 萬年，陳文山等（2008）似乎以桃園臺地較高的中壢面抽樣定年，而非最低的桃園面為被襲奪的高位河面，認定襲奪年代為 6.5 萬至 5 萬年前。而鄧屬予等（2004）利用襲奪後在板橋形成沖積扇的堆積物，定年為 2.5 萬年前。所以，襲奪年代似以 3 或 2.5 萬年前較為可信。

大溪河階群的地形意義

大溪河階群，以大溪為分布中心，上自石門，下至鶯歌，最高的三層面可與桃園臺地桃園面（LT5）對比之外，另還包括 3 段兩岸對稱的直形低位河階。階面無紅土發育，盡為灰黑色土壤，其形成年代約 3 萬年以內。

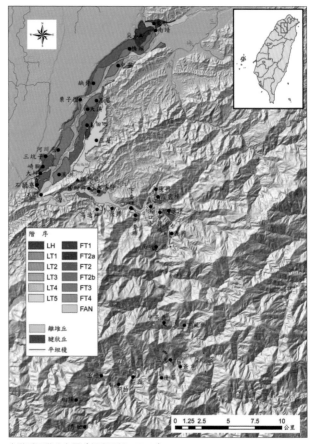

大漢溪河階分布圖（楊貴三等，2010）

大溪河階群南半部

大溪河階群北半部

I. 三層面（LT5）：原本連接桃園臺地桃園面

三層面位在大溪背斜東南翼，似受其影響而東南傾，草嶺溪因而偏在三層面之東南緣流動。

II. 草嶺火山：新店斷層線噴出玄武岩小山

三層面東界的新店斷層崖被順向河切割，殘存三角切面。位於三層面東緣的草嶺火山（348 公尺），約於 25 ～ 17 萬年前沿著新店斷層線上噴發，堆積成扁圓形的盾狀小火山，由玄武岩構成，山頂寬緩，今闢為大溪花海農場。

III. 新福圳一帶的平行平坦稜

三層面南端新福圳（頭寮大池）的東南側，有數條平行的平坦稜伸入，兩平坦稜之間凹地成為埤塘的谷灣。從航照及田野判斷，其似原為新店斷層崖下的沖積扇，遭切割的殘餘。

IV. 為什麼上田心、鶯歌（FT1）的階面坡度較大？

FT1 分布於上田心、鶯歌等地，其階面坡度較大溪（FT2）、月眉（FT3）為大，其成因為河川襲奪發生後，河蝕基準面驟然降低，致使 FT1 的坡度最大。後因河蝕逐漸接近均夷狀態、坡度減緩，故 FT2、FT3 之坡度亦隨而減小。

三層面南端新福圳（頭寮大池），以及沖積扇遭切割殘餘的幾條平坦稜（池後方低矮稜線）。

草嶺火山

三層面（LT5）

草嶺火山

V. 為什麼大溪（**FT2**）階面的面積最大？

河階面積以大溪（FT2）最為寬廣，表示形成該河階面時，為一地盤較穩定的時期，河流專事側蝕、拓展河床；等待下一次地盤相對抬升、河流掘地下切時，乃能保留寬廣的階面。也因此，該面成為本區最大聚落——大溪的所在。

在 FT2 形成時期，大漢溪支流草嶺溪以 FT2 面為侵蝕基準，而能形成相當發達且可與主流 FT2 對比的河階。

在人文考量上，河階寬窄與聚落的關係為何？兩者應該成正比。當河階越大，維生條件就越佳，自然能吸引越多人聚集而建成聚落，清治時期，大溪也因輸出樟腦而成河港，今和平老街西端硬岩下方，溪水挖蝕較深，成為碼頭所在。

VI. 月眉（**FT3**）的地形像彎月

FT3 分布在溪洲、月眉等地，月眉面因呈半弧形，似新月而得名。

其成因為大溪中正公園旁為較硬的砂岩，大溪河階階崖因而凸出，其下游月眉一帶的地層較弱，易受側蝕而成弧狀。

VII. 定年資料讓地理歷史化

根據 Chen and Liu（1991）的河階定年資料顯示，LT5（桃園面）為 4 萬 6,800 年，FT1 為 1 萬 8,000 年，FT2 為 1 萬 1,600 年。

風口：鶯歌溪的小襲奪

地形演變往往環環相扣。於是，接續發生了另一場河川襲奪的小插曲。

古大漢溪遭河川襲奪後，桃園面上的水流頓減而成斷頭河，即今之南崁溪。而鶯歌溪原本北流注入南崁溪，也因此改向東南流入大漢溪，成了反流河。此一事件讓所有河川全亂了套、改了名。

雖被動而成為反流河，鶯歌溪卻開始拓展自己的勢力。

新莊至桃園的縱貫公路上，大漢溪支流的塔寮坑溪，以及南崁溪的一支流之間，呈通谷地形而成交通要道，名為「新朝通谷」。而鶯歌溪與塔寮坑溪之流路大致與新莊斷層的位置一致，應係沿著斷層帶侵蝕形成的河谷。塔寮坑溪是 44 萬年前臺北盆地陷落，所造成的回春下切，與鶯歌溪的反流河不同。這兩條溪都是坡度陡、向源侵蝕力較強，接續將地勢較高、廣闊而平底埋積谷的南崁溪支流，逐一襲奪、截頭，還遺留了 4 處風口地形，即東舊路坑、嶺頂、半嶺南方及下社。

小襲奪後的鶯歌溪，又因水量稍增而回春下切，形成一段低位河階。

這麼談下來，究竟是甚麼因素，讓河川襲奪戲碼接續上演？其實古三峽溪進行大襲奪後，斷頭河的南坎溪變成一條侵蝕力驟減的無能河，黯然埋下被圍攻的命運，屢屢遭到低位的塔寮坑溪、鶯歌溪搶水，就不足為奇。

12／波光粼粼的大提琴：中庄調整池

利用大漢溪分流興築的中庄調整池，是一座備用水庫，其主要功能是當颱風期間，石門水庫原水濁度升高時，提供緊急備援水源，讓石門水庫在颱風期間以水力排砂方式排除水庫淤砂時，不致於影響下游新北市板新地區及桃園地區的民生用水。

鶯歌尖山：
玄武岩的小火山體

鶯歌尖山（130公尺）由玄武岩構成，為一千多萬年前形成之小火山體。當大漢溪於 FT1 面為流路時，乃兩分流所夾的腱狀丘。

鶯歌尖山，攝於三峽鳶山。

中庄調整池

13 / 下游的河道變遷

莊惠淑（1984）指出，大漢溪下游（石門以下）河道形態在短短 80 年（1904～1984）中，大致有 3 個明顯的變遷時期：

一、桃園大圳引水期（大正 14 年到民國 51 年）：

此期因桃園大圳引水，流量減少 38%，河道曲率及網流指數逐漸增加，到民國 45 年最為發達。

二、石門水庫攔蓄期（民國 52 年到 58 年）：

石門水庫攔水，使下游年均流量大減，僅達石門站之 59%，輸砂量減少 81%，下游河道產生沖刷，坡度減緩；且流量太少，網流指數因而降低。

三、砂石場大量採挖期（民國 58 年到 73 年）：

大漢溪下游，自石門水庫建立後，河床上砂石場逐漸設立，自民國 58 年開始大量增加，使河床遺留許多坑窪，加速河床高度下降；在颱風洪水時，又促使上游搬運而下的掃動質在坑窪中填積，減少下游掃動質量，使下游產生沖刷侵蝕。土城段下游又受盆地地層下陷影響，本區在 60 年代初期，河床平均高度下降到最低值。

自民國 62 年後，本區颱風洪水發生次數較少，規模皆小，使石門水庫少見在颱風洪水時洩洪，下游洪水流量小，沖刷量就降低，使得全段河床遂有逐漸淤高傾向。再加上新莊段、樹林段的盆地地層下陷在同年之後趨緩，且淡水河感潮河段上溯至樹林鐵路橋，使河床開始明顯淤高，唯獨砂石場附近仍是下降狀況。

大漢溪沖積扇礫石

鳶山

臺北大學宿舍、綜合體育館暨活動中心施工時，挖出的大量礫石堆成小山丘。

14 / 大嵙崁溪遺跡在臺北大學

古三峽溪切穿分水嶺後，以鶯歌尖山與三峽鳶山間為扇頂，向東北堆積、鋪展出沖積扇。而今之大漢溪支流三峽溪原本可能向北注入主流，受此沖積扇推移，迫使三峽溪偏東北扇端，繞流至柑園橋東方才注入主流，具野支河性質。

臺北大學與北大特區位於沖積扇的扇面，

扇面地勢緩緩斜向東北，眾多分流如網穿行。從三鶯二橋、臺北大學綜合體育館暨活動中心，施工時都開挖出大量礫石，足以證明大漢溪流過。

另外，根據明治 37 年（1904）臺灣堡圖，大漢溪舊名為「大嵙崁溪」，主流貫穿今臺北大學校園的心湖、法學院大樓、北大特區主要幹道學成路、桃園區農業改良場臺北分場後，南側三峽溪匯入。日治時期也就以大嵙崁溪主流為街庄界線（部分採分流），劃分三峽與鶯歌（樹林屬於鶯歌庄），沿用至今才因北大特區的規畫而微調。

15／河運的興衰

清朝末年，樟樹遍地生長於臺北盆地南方、大溪東方的丘陵地，也因其提煉的樟腦產量多、價格低廉，成為臺灣外銷主力商品，漢人爭相進入。

清末至日治初期，大嵙崁溪曾經扮演重要的河運功能，將大溪（大嵙崁）、三角湧（三峽）的茶、樟腦運往萬華（艋舺）。大溪就藉著大漢溪的河運，成為樟腦、茶葉、木材與煤礦的集散地，繁榮一時，成了著名的邊城，漢、番、洋人湧至。

但好景不常，就因為大量砍伐樟樹，破壞水土，導致河道淤砂嚴重而功能漸廢，至明治 33 年（1900）勉可行駛載運 20 石的小舟。

大正 14 年（1925）桃園大圳引水，大嵙崁溪水轉送桃園臺地，大溪以下的溪水驟減，河運於是斷絕，結束了河運，大溪也連帶衰落。甚至在昭和 4 年（1929）的地形圖中，改標識原靠近鶯歌之一分流為大漢溪主流。到了現在，早期大嵙崁

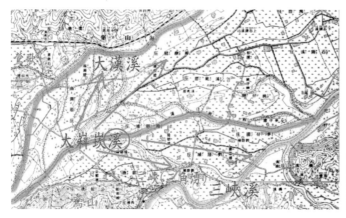

1904 年臺灣堡圖。昔日大嵙崁溪主流穿流今日臺北大學、北大特區，大嵙崁溪的「溪」字有一沙洲，位置就在臺北大學心湖旁。（下載並繪自「臺灣百年歷史地圖」）

臺北大學校園內有條排水溝渠，注入心湖，其曾是大漢溪主流舊河道。但建校整地後，已不復見舊時河道景象。

和平老街底的石板古道，其石階落差小且密集，就是為了早期苦力挑負重物而設計。

湊合十八洞天壺穴

溪的主、分流都已退化為小水溝。

到了民國 52 年，石門水庫攔水，使下游年均流量大減，輸砂量亦減少。下游河道於洩洪時發生沖刷，加上大量開採砂石，造成今日大溪附近的大漢溪河床在平時僅剩涓涓細流，底岩裸露，可看到褶曲、小斷層等，但也危及橋墩的安全。

16／支流大豹溪：湊合十八洞天、雲森瀑布

大漢溪的支流三峽溪，上源為大豹溪，溪床處處可見曲流、急湍、瀑潭、壺穴，更因深入雪山山脈，水質清凜，為炎夏時知名的戲水野溪。

我們走臺 7 乙，在五寮河與大豹溪匯流處湊合橋附近轉進金敏路，步行至大豹溪岸即見十八洞天，乃一壯觀的壺穴地形。這裡擁有壺穴形成的環境條件，如南港層砂岩、急流多、漩渦多，另外還有石礫成為鑽磨的工具。岩壁更可見一些生痕化石、蜂窩岩，河畔有象鼻狀的河蝕門。但是，民國 104 年的蘇迪勒颱風摧殘嚴重，景觀殘破、荒涼。

沿著大豹溪往上游，走北 114 公路經過插角、有木，過了熊空溪即進入雪山山脈。因為地層轉為堅硬的輕度變質岩，抗蝕力較強，於是形成大豹溪上游中坑溪的雲森瀑布、蚋仔溪的北插瀑布群等落差大的瀑布，後者位於滿月圓森林遊樂區內。

河蝕門

象鼻狀的河蝕門

雲森瀑布，其成因係地層受到硬岩保護，阻擋河流下切，雨季時水量尤大。從瀑布底下散置的落岩塊，可想見水流不斷循岩石的節理，破壞瀑布崖面而不斷後退。

山子腳、清水坑兩山塊
層階地形、通谷、襲奪

蟾蜍石

　　山子腳與清水坑兩山塊位在西部衝上斷層山地的北段，亦即位在加里山山脈。此山地中有數條縱衝上斷層，將此山地縱切成數個斷層片，斜插入地，兩山塊即屬於斷層片之一。兩者又以大漢溪谷或臺北斷層分隔，前者北至新莊斷層，與林口臺地為鄰；後者南至新店斷層，與熊空山山脈相望。

　　兩山塊最重要的地形特徵是層階地形；此種地形發育的條件有三：

一、背斜兩翼或逆斷層上盤的坡面，
　　地層傾斜。

二、砂岩（硬）、頁岩（軟）之互層。

三、經差別風化侵蝕。

　　若山脊一側呈急崖，另一側呈較緩的順向坡，稱為單面山；若兩坡對稱則叫做豬背嶺。層階地形的單面山或豬背嶺的稜線，常常被橫過地層走向的橫谷群切割，呈現不規則的大小尖頂之分離丘。

山子腳山塊的頁岩地層較軟弱，容易被侵蝕成凹谷，亦多見球狀風化，攝於山子腳山塊。

山子腳與清水坑兩山塊，中隔大漢溪谷或臺北斷層，屬於西部衝上斷層山地的斷層片之一。

1／山子腳山塊：鶯歌石為單面山的侵蝕殘遺

　　山子腳山塊的頁岩、清水坑山塊的凝灰岩地層易見球狀風化（洋蔥狀風化）。

　　山子腳山塊孤立於臺北盆地的西南邊，林口臺地之南；其西北緣有新莊斷層，東南緣有大漢溪，東北端呈直線狀山腳，最高峰為大棟山（龜崙山，405公尺）。

　　本山塊呈西北翼倒轉的背斜構造，背斜兩翼的層階地形甚發達，如鶯歌石乃其南翼的一小單面山，北陡南緩。從鶯歌火車站看過來，似一孤掛的岩塊，時人以其有如一隻鸚鵡攀附，閩南話稱鸚哥，訛轉為鶯歌，應是兩側坡面遭侵蝕後的殘餘。其傳說頗多，大抵是臆想、附會而成。

鶯歌石的北側面分布數十個風化窗。

　　此石側面有些風化窗，大小不一。最大兩個的直徑超過1公尺，民眾供奉神像於內。

　　山塊上的溪谷，皆為順向河，向山塊的四周流下，呈放射狀河系。但是，西南隅圳子頭坑、彭埔坑等坑谷卻呈樹枝狀水系，向周邊掏蝕成一圓形集水盆，由Google Map上清楚可辨。

2 / 新朝通谷：河川襲奪遺留舊河道和風口

　　大漢溪支流之塔寮坑溪（新朝溪）與鶯歌溪（兔子坑溪）及南崁溪一支流間呈谷中分水之通谷地形，稱為新朝通谷。新朝通谷上有新莊斷層，大致與塔寮坑溪與鶯歌溪流路一致。

　　塔寮坑溪與鶯歌溪的坡度較陡，向源侵蝕力較強，將具廣闊而平底埋積谷的南崁溪支流襲奪而截頭，遺留了4處風口地形，即東舊路坑、嶺頂、半嶺南方及下社，

風口地形之一的半嶺南方，攝於桃園龜山區茶專路。

例如半嶺南方，茶專路即通過南崁溪支流斷頭河的舊河道，谷寬約 200 公尺，緩緩斜向北北西，如今，道路兩側擠滿了住家、廠房。若沿茶專路往南過了風口，地勢陡降，山路蜿蜒於襲奪後反流所下切的河谷間，路名亦改為兔坑路、大同路。

　　約 3 萬年前，古三峽溪大襲奪古大漢溪，南崁溪成為斷頭河，鶯歌溪為反流河；後因值冰期，海平面下降 120 ～ 140 公尺，侵蝕基準降低，加上後期第二次古臺北湖水外洩，塔寮坑溪及鶯歌溪忽然變為侵蝕力強盛的河流，致使發生小襲奪現象。

　　新朝通谷的谷中分水嶺不高，容易通過，清末劉銘傳所建的基隆至新竹的鐵路即經過此地，但因其坡度偏大，後來日本人將鐵路改經本山塊南側的大漢溪河谷左岸。不過，道路選擇低矮分水嶺或谷地的思維是一致的，後續新莊至桃園的縱貫公路亦利用新朝通谷修築。

3 / 大漢溪河谷：埋沒谷與 V 字形小斷層

　　大漢溪於三峽、樹林之間，堆積旺盛，曾係淡水河系網流最發達的河段，於明治 37 年（1904）臺灣堡圖清晰可見；今因河川整治、築堤而流路集中一條，臺北大學一帶即曾是網流交織，今校園中仍留有舊河道的痕跡。

　　根據陳于高等（1990）的研究，柑林大橋至其上游約 1 公里的攔河堰之間，因攔河堰溢流的沖刷而出露晚更新世沉積層的埋沒谷，泥層間含大量碳化植物碎

臺北大學、北大特區即規畫在大漢溪沖積扇的網流帶上，大漢溪繞過西側。左上為鳶山；右上為山子腳山塊。

片、原地生長樹木化石、碳化草根；樹幹直徑數十公分至 1 公尺，呈垂直地層之原地生長狀態，定年得知為 5～3 萬年前，而於 3 萬年前因襲奪而結束。

　　我們實地考察此埋沒谷，可能因攔河堰崩潰、流水沖刷與闢建河濱公園、植被覆蓋等因素，僅看到一些碳化漂木、貝類化石，而網流河道之間有兩條長約數十公尺、高約 10 公尺、裸露底岩的沙洲，河道水面則矗立些岩塊，這種景象是大漢溪下游難得一見的。

　　又於三鶯二橋底下的河床底岩，因 V 字形小斷層而左移、右移，亦偶見碳化漂木。溪水侵蝕較軟弱的頁岩成為河道，卻因小斷層而使得河道曲折。

三峽、鶯歌、山佳之間曾為古大漢溪與古三峽溪之分水嶺，遭古三峽溪切穿並襲奪古大漢溪，後者以鳶山與鶯歌之間為扇頂，展開堆積沖積扇，迫使三峽溪偏在扇端流動。

碳化漂木

貝類化石

河床底岩的 V 字形小斷層，上為左移、下為右移，攝於三鶯二橋。

矗立岩塊與貝類化石，也因小斷層而左移約 20 公分。

4 ╱ 清水坑山塊：峰峰相連的分離丘成因？

　　清水坑山塊是南港山山脈的西南方延長，兩者受新店溪切離；其南北介於新店、臺北兩斷層之間，東、北緣有國道三號經過，最高峰為天上山（428 公尺）。

　　地層以砂頁岩互層為主，砂岩層下方的頁岩受地下水侵蝕，常形成洞穴，如媽祖山的猴洞。

　　此山塊係一背斜山地，背斜兩翼亦有層階地形；東北緣及西北緣之山麓一帶，

清水坑山塊與南港山山脈原為同一連續山脈，後來受到新店溪切穿而分離，攝於新北市新店區華潭路。

受顯著的埋積作用而成為埋積谷、矮稜及小丘，使得山麓線呈沉降地形特有之谷灣式地形。

本山塊南側有「安坑通谷」，安坑溪與橫溪呈谷中分水，通谷東段北側層階地形亦甚發達，呈豬背嶺地形，是由堅硬的南港層砂岩所構成；後來，被順向河切割，呈標準的分離丘列，像是從豬肚山至頭城之間排列了 8 個山峰。

清水坑山塊北翼的河流，以大漢溪河谷與臺北盆地為侵蝕基準，南翼的河流則以安坑通谷為基準。這本是各流各的，互不相干，卻因為前者的基準較低，向源侵蝕較盛，導致分水嶺顯著偏南，整座山不對稱地歪斜。

土城交流道南側的海山煤礦，曾經是臺灣的第二大煤礦，僅次於瑞三煤礦。卻在民國 73 年發生礦坑災變，72 名礦工遇難，重挫採礦事業，而在 78 年收坑。隨後，臺灣連年發生煤礦災變，且

媽祖山的猴洞

東北緣的山麓受埋積作用，而成谷灣式地形，攝於新北市中和烘爐地。

因國產煤較進口煤昂貴，從此臺灣煤礦停止開採。煤礦挖出的廢棄土石所堆成的捨石山，相當鬆散，若遇豪雨容易發生土石流災害，像是 77 年海山煤礦就發生土石流。也因此，目前該煤礦遺址仍被列為土石流警戒區。

5 / 安坑通谷：谷中分水卻地形迥異

安坑溪係新店溪之一小支流，水流由西向東流入新店溪。此溪的上源與大漢溪支流三峽溪的支流橫溪相背而流，兩溪呈谷中分水，成為東北東－西南西方向的縱谷或通谷，稱「安坑通谷」，市道 110 以其地勢較低矮而闢築通過，聯絡新店安坑與三峽橫溪兩地。

雖說是通谷，兩側溪谷卻有迥異的地貌。安坑溪是順著軟弱岩層（南莊層）所侵蝕成的一侵蝕谷，就是因為地層軟弱而下切作用較烈，兩岸形成一段河階，河床既深且狹。但是，橫溪的河谷卻異常寬闊，其舊河床形成河谷平原，而現流路呈 5 公尺左右之狹小嵌入曲流。

安坑通谷的橫溪側，地貌呈現寬谷，橫溪下切成嵌入曲流。

　　通谷兩側的地形差異，還可以選擇從分水嶺附近考察。安坑溪上源與分水嶺的高度差，有著30～40公尺；而橫溪舊河床與分水嶺的高度差，卻僅4～10公尺。由此可見，安坑溪的河蝕作用較為顯著，橫溪微弱。所以，安坑溪的上源逐漸侵入橫溪的河谷中，進行相背河谷的谷頭部之河流襲奪現象。此種型式的河流襲奪結果，將發生分水嶺移動，連帶使得分水嶺的高度逐漸降低，緩慢地向侵蝕力較弱的橫溪方向移動。

　　到了安坑溪下游卻漸失上源的侵略性，主要是遇到勢力強大的新店溪，不得不屈從。新店溪以新店為扇頂展開沖積扇，安坑溪受到該沖積扇的推逼，河道遷移至其扇側或清水坑山塊東側，直至中安大橋北側才注入主流。

　　安坑溪谷中由東往西有頭城、二城至五城等地名，為清朝漢人由新店逐步向西拓墾，為防衛原住民侵擾，所形成的聚落。當然，對原住民而言，這是進犯，聚落前緣象徵一條地理空間的界線，可視作雙方折衝、妥協的結果。

林口臺地
狂風、飛霧下的古新店溪
扇洲遺跡

林口臺地上地勢平坦，缺乏屏障，風勢強大，攝於大棟山

林口臺地又名坪頂臺地，位在臺灣西北部山麓臺地群的最北端。

本臺地位於臺北盆地西側，輪廓略呈不等邊四角形，其東方以紅水仙溪及五股坑溪與大屯火山群的觀音山區分界；東南邊為山腳斷層所經，以 200 公尺高的急崖與臺北盆地相接；南緣以塔寮坑溪（新朝溪）及鶯歌溪（兔子坑溪）所成之新朝通谷與山子腳背斜山塊分隔；西側以高約 100 公尺的階崖或南崁斷層崖與桃園

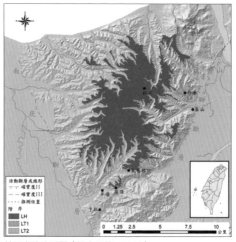

林口臺地地形圖（楊貴三等，2010）

臺地接臨；北面以高約 100 公尺的海蝕崖直接濱海，形成一平坦高起的獨立地塊，全區面積達 190 平方公里。若以坡度 1/50 以下者為平坦面，其面積佔 16.3%。臺地面最高點高度為 260 公尺，240 公尺以上仍保有寬廣的臺地原面，對比 LH 面。平坦面早期以種茶及製磚為主，今已開發成臺北的衛星新市鎮。

林口臺地上的紅土層，2000年攝於整地中的林口區公所新建大樓。

1／地層：古新店溪扇洲

古新店溪扇洲

配合礫石之粒度分布、覆瓦方向，及坡面傾斜西北向，林口臺地應為古新店溪於泰山附近新莊斷層崖下所形成之扇洲（陳文福，1989）。其堆積層可拆成沖積扇的「林口層」與三角洲的「大南灣層」來討論。

林口層為上覆數至十數公尺之紅土層，下接數十公尺厚的礫石層，後者在臺地東南部較厚，向西北減薄，粒徑亦向西北變小，推知來源地為東方臺北盆地未陷落前的丘陵山地。

大南灣層分布林口層礫石層下方及臺地西北緣，為砂、泥或砂泥互層。林口與大南灣兩地層呈犬牙交錯的接觸關係。

林口層中的礫石層為古河床的遺留物，其受到水流拖曳而成覆瓦狀的沉積構造，可藉此判讀古河流流向，攝於五股山區。

林口臺地西北緣裸露的大南灣層，早期因砂石採挖而成嶙峋狀，又名大峽谷，攝於林口下福。

大南灣層的堆積環境為濱海地帶，如河口、沙洲、潟湖等，在潮汐作用或河流搬運之下，具有明顯的交錯層，攝於林口下福。

大南灣層的濱海環境沉積物中，偶見海濱植物遭封存而成的碳化漂木，攝於林口下福。

火山灰：暗藏大屯火山群的噴發證據

　　林口層礫石層中平均含有 3% 的安山岩礫，最高者達 13%，且近觀音山區者含量較高，向西南則減少，故林口臺地沉積當時，觀音火山應已噴發。又從臺地紅土堆積厚度較本島同期堆積為厚的情形觀之，大屯火山群在林口臺地堆積末期仍有活動，大量火山灰的供應，可能即為造成臺地紅土特厚的主要原因。

大自然的資源

　　早期人們面對臺地的環境，即懂得善加利用這大自然的資源，比如在侵蝕的凹地積蓄雨水，將臺地崖出露的礫石，當成屋舍建材，臺地面的紅土則種植茶樹或拿來燒製磚瓦。

2／放射狀水系切割臺地面

水的分布

　　臺地水系呈放射狀順向河系，由中央向四周低谷外流。依其注入區域不同，可分為三塊地域：東域河流注入臺北盆地淡水河，西域河流注入桃園臺地南崁溪，林口溪、嘉寶溪、寶斗溪、瑞樹坑溪、後坑溪等北域諸河則獨流入海。長度短、落差大是共同特徵。若再加上地表覆蓋的紅土，粒度小，透水性差，所以，林口臺地的地表水多往四周漫流，匯成小溪後下切成溪谷。換個角度就是，臺地面上水資源的保存難度高。而各溪流因集水區域小，若非雨季，也近乎乾涸，說是溪流、實則乾谷。

　　若真有水下滲至紅土底下的礫石層，也不斷下漏，造成地下水位低，儲水不豐，總而言之，地表上、下的蓄水量都不豐。但是，「水」是人類最重要的生存條件，漢人順應此環境，利用臺地面低窪地瀦水成小池塘，供應水源，從頭湖、後湖、湖子等古地名可知。

林口溪

河階崖

林口溪河階向下游
傾斜，階面有蔬圃、
聚落、與墓園水

林口臺地最大河川林
口溪谷及其河階，攝
於林口下福。

聚落擇址：河谷凹地兼具取水、避風

　　然而，放射狀河谷卻易於人們通行，是早期漢人進墾、集中林口臺地面的路線。河谷同時也因水源、避東北季風的考量，而成為聚落所在地。我們田野實察臺地上之溪谷，大致呈寬而淺平的埋積谷地形，僅林口溪有一段河階，證明地盤上升後的諸溪谷已經達致平衡狀態。

水的切割

　　臺地大部分溪谷均有遷急點，其中西坡者尤其顯著，這是東、西部岩性不同所致；西部河流，先流經林口礫石層，後遇大南灣泥質砂岩，兩者抗蝕力不同，遂有遷急點發生；東部幾乎完全為礫石層構成，抗蝕力均一，以致無遷急點存在。

　　林口臺地具幼年期切割特色，紅土厚度對臺地切割具顯著影響，紅土厚，切割就慢。此原因是紅土的粒度小，孔隙亦密，水分不易下滲，當然就切割不易。不妨注意看看，紅土覆蓋區的臺地面較為平坦；而紅土流失後的礫石層出露區，水分容易滲入，將填塞礫石之間的砂泥沖失，礫石鬆動掉落，連帶造成崎嶇的地表。

3／狂風和飛霧

　　氣候因子中，「風」對林口臺地的影響最為明顯。林口臺地面大部分區域地勢開闊，尤逢冬季東北季風來襲，幾無遮蔽，風力強勁。僅東北方的觀音山，略可屏障；西北部谷地因地處背風面，風勢較小。從明治37年（1904）臺灣堡圖來看，早期林口民居、聚落多位於臺地面低凹的小盆地或山崗背風處，部分位在溪流谷地者，也以西北部較多，顯見避風考量。沿海地帶受東北季風影響，強風掀起大浪，將海岸線侵蝕成東北東方向，近乎平行東北季風風向，常颳起亂石飛沙。這可讓

位於嘉寶里嘉天宮旁的石敢當。一般而言，石敢當多設於村落路衝之處，俗信鎮煞、擋風的功能，這裡地居溪谷，可能因擋風而設。

我們的田野工作吃足苦頭，難怪屋厝稀稀落落。

「霧」也影響本地產業。冬末春初，臺地面常常霧氣瀰漫，適合種植茶樹而成為重要茶區。多年前，筆者在菁埔、太平崎跑田野，仍見茶樹密植，很快地就被現代化砍除。地景一旦反覆刮除，記憶與認同就無以為根。

4 / 地理的時間

　　更新世晚期的古新店溪，原於新莊逆斷層崖下，以泰山為頂，沉積林口扇洲，約 44 萬年前，山腳斷層（正斷層）開始活動，因張裂導致下盤相對抬升而成為臺地。

　　44 萬年前是個關鍵的時間點，證據來自鄧屬予等（2010）透過五股坑溪北側傾動的 LH 面之鑽井，發現井下火山碎屑岩與林口層礫石相互穿插，代表堆積時曾遇火山噴發，定年結果是 44 萬年前。據而推論，此應是山腳斷層開始活動與林口臺地形成的年代。古新店溪流路應於距今約 44 ～ 18 萬年之間，原本西流卻因林口臺地的抬升受阻，而改向北或東北流。後來，古新店溪流路於約 18 萬年前，在今北投復興崗一帶被堰塞，並積水形成第一次古臺北湖（鄧屬予等，2004）。

　　林口臺地東北隅外寮附近有 LT1、LT2 兩段高位階地，五股坑溪北側亦有對比此兩段階地之分布，另有 LT3。根據這些階崖、階面與侵蝕溝谷的延續方向，指示古新店溪的流路由泰山向東北流。由礫石覆瓦方向更得知，露頭位置較高者較偏北或東北，推知古新店溪流路係由五股坑溪南側續向東北流，經觀音坑、成子寮地區，並可橫跨至淡水河北岸的忠義地區。但五股坑溪兩岸的地形面，南高、北低的落差偏大，似有斷層沿五股坑溪通過所致。

石門峽谷，今築壩成石門水庫。壩體位於新店斷層破碎帶。
由石門水庫大壩可遠眺桃園臺地與大溪河階群。

桃園臺地
旱地：祈雨、埤塘、大圳

1 / 一望平蕪：
郁永河求一樹就蔭不得

康熙 36 年（1697），郁永河到臺北採硫磺，並將此行見聞寫成《裨海紀遊》，可說是臺灣最早的田野考察記。當他從新竹上到桃園臺地時，感嘆地說：

自竹塹迄南崁八九十里，不見一人一屋，求一樹就蔭不得……非人類所宜至也。

拿這句話對比今日庶饒的桃園，簡直天差地遠。為何那時桃園地區「不見一人一屋」？甚至連樹都長不起來，郁永河還奢望樹蔭？

再讀 20 年後（1717），陳夢林等人編纂的《諸羅縣志》，裡面寫道：

竹塹過鳳山崎，一望平蕪……野水縱橫，或屬、或揭，俗所云九十九溪也。

這景觀與郁永河所見相近，盡付荒蕪。而「野水」就是指桃園臺地上的放射狀斷頭河，難以細數，莫怪他說九十九溪。不過，野水還有另一意思，就是難測，彷彿有未被馴服的野性。暴雨來時才聞水聲呼嚕，平日多屬石頭溪，只見石頭不見水，縱使有水也時常擺動不定。

之所以引用這兩份史料，因那時桃園臺地尚屬原始地貌，幾無人煙，比較趨

近地理真實。而郁永河和陳夢林都遇到同樣的問題，就是「缺水」。或許我們會納悶，臺灣地居海洋中之島嶼，又有高山攔截水氣，怎麼會缺水？從地形學的角度，應該可以解答了這等疑惑。

2／桃園臺地為何乾旱？

「不均」是地理學的重要概念，當臺灣各地夏、秋水潦之時，桃園臺地卻有它自己的旱災難題。這到底是怎麼一回事呢？若順著時間脈絡，可從約 50 萬年前古大漢溪沖積扇的形成說起。至於後來，究竟是如何演育成今之 6 段高位河階的桃園臺地？再到

桃園臺地衛星影像圖（下載並改繪自 Google Earth）

約 3 或 2.5 萬年前，古大漢溪怎樣被古三峽溪搶水，改流往臺北盆地？有關這段河川襲奪的內容，另詳述於大漢溪，這裡就先略過。

總之，桃園臺地的水脈古大漢溪遭襲奪，原本河流都被截切而成斷頭河，溪流苟喘，仿如拔離水龍頭的水管。晚近，漢人進墾桃園臺地，首先得解決水源問題。於是，紛紛開挖埤塘蓄水，天雨不定而祈求神靈幫忙，再引水築桃園大圳，這些水利演變與地形的關係又如何？

凡此種種，關鍵就在「水」。

弔詭的是，相較於水患的澎湃浩大、重創摧毀，缺水看起來平淡無聲，實際上，缺水才是人類全面性的致命禍害。

3／怎樣的地理條件造就廣大的桃園臺地？

約從 50 萬年前開始，古大漢溪搬運上游山區的泥沙，以石門峽谷為扇頂向西北傾瀉，形成廣大的沖積扇，範圍北到今之南崁溪，南到鳳山溪，東到熊空山山脈山麓的新店斷層，西至海岸，狀如一把展開的大摺扇。

那麼，究竟是什麼樣的條件，讓古大漢溪的沖積扇如此廣袤？若論沖積扇形成的通則，其條件主要有二：一是山地進入平地的交界處有陡崖；二為集水區的

巴陵橋附近的山崩，昔日此地可能也有山崩，提供古大漢溪沖積扇的堆積料源。

山崩多，提供足夠的堆積料源。簡單說，陡崖越高大、山崩越多，造成的沖積扇就越大。

所以，先從地質因素推想，從山地進入平地的谷口 —— 石門峽谷附近，有新店、臺北、新莊等大斷層滙集，斷層崖高可達上千公尺。也就因此，斷層崖上方切割下來的砂石量，難以想像，砂石量多大、沖積扇就多廣。

其次，集水區的山崩多，也會提供河流充足的搬運物。當溪流進入平地時，坡度減緩，流速就變慢，搬運力自然下降。最需耗力搬動的大顆粒礫石，率先停步於扇頂，由扇頂向扇端的堆積物漸次變小為砂泥；沖積扇扇面上的河道常因埋積而淤淺，以致河道分歧呈網狀或髮辮狀，中夾沙洲，甚至改道。

4／地殼變動形成階梯狀桃園臺地

在沖積扇的堆積過程中，除了由東南向西北迤展地盤外，亦持續受到地殼變動的影響。首先從整體來看，因西南部的抬升量大於東北部，逐漸把古大漢溪推往東北部較低處，遞次下切成 6 段河階。最古老的沖積扇原面，因抬升而大多遭溪流切

桃園臺地活動構造與地形面分布圖（楊貴三等，2010）

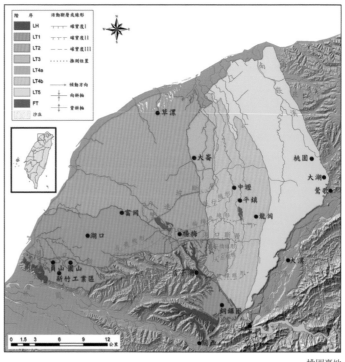

割沖刷入海，僅部分殘存於關西（六福村）、店子湖、坑子口等地，由此向東北遞降的有富岡（銅鑼圈）、楊梅、大崙（中央大學）、中壢（龍潭）、桃園等階面。這些河階表面有數公尺厚的紅土，其形成年代約介於 50 ～ 3 萬年前。其中，最年輕的桃

由古大漢溪沖積扇原面之一的店子湖面（LH），多闢作茶園，向東南遠眺銅鑼圈面與中壢（龍潭）面。

園面寬約 10 公里，這代表河的寬度，難以想見當時古大漢溪河床尺碼之大。

　　越老或隆起較高的地形面，因侵蝕時間較長或遠離侵蝕基準面，故切割較劇，如關西面、店子湖面及富岡面南部，漸漸呈現丘陵地貌，原本的平坦面僅殘見於頂部及平坦稜；反之，越新的地形面（如桃園面）則保存相當平坦。

　　因古大漢溪以扇頂的石門為基點，由西南逐漸向東北遷移下切，所以，桃園臺地上的數條階崖均由石門附近輻射拋出，而這些階面顯為古大漢溪的舊有流路。中央大學、元智大學的校門，分別位在大崙面、中壢面的階崖附近，進出學校得爬段陡坡。

古大漢溪沖積扇下切形成的河階銅鑼圈面與其下的河階中壢（龍潭）面，左上端為古大漢溪沖積扇原面之一的店子湖面，為古大漢溪沖積扇的原面，遭山溪切割而呈丘陵狀緩起伏，攝於石門山觀音像。

5 / 湖口斷層、楊梅北線形下的變形河階

　　因板塊的擠壓，地形面會發生褶曲（背斜與向斜）。當褶曲太甚，就容易產生斷層。若這些褶曲和斷層尚在活動者，就稱為活動構造，而其活動會造成地形面的變形。把這些基本概念對應到桃園臺地，亦見受活動構造活動的影響，較老的地形面大多留下斷層崖等變位地形，僅最年輕的桃園面尚未發現。

　　這些活動構造之中，最重要者為湖口斷層，其與北側大致平行的楊梅北線形（斷層）之間，相對陷落成楊梅地塹。地塹兩側的斷層崖通過不同的地形面，越老地形面上的斷層崖越高大，例如湖口斷層截切富岡面、楊梅面、中壢 a 面（山子頂）、中壢 b 面，分別造成約 30 ～ 50、50、25、3 公尺的斷層崖。

　　湖口斷層西段上盤因擠壓而形成圓山、員山兩個小丘。楊梅北線形截切富岡面、楊梅面、中壢面，呈反斜崖，崖面朝向古大漢溪上游，崖高分別約 45、35、10 公尺；社子溪、新街溪以及老街溪主、支流順沿反斜崖下匯集後，再合力切穿反斜崖，向西北流去。社子溪和新街溪則在隆起側，各形成一段低位河階。

6 / 反斜崖：伯公岡、平鎮臺地是異常隆起

　　前述反斜崖，是活動構造的重要證據。在同一地形面上，如未受構造運動的力量，其地勢應向下游緩傾；但在楊梅北線形北側的富岡面、楊梅面為古大漢溪

楊梅地塹的反斜崖、龜山（貴山公園）小丘

的下游部，卻出現異常的隆起，應是此線形活動隆起的結果。這兩處反斜崖上方，以往學者稱前者為伯公岡臺地、後者為平鎮臺地。

龜山（貴山公園）小丘是社子溪切割的階崖殘遺

楊梅地塹內富岡面的階崖，係沿龜山頭、回善寺一線，如今已被社子溪切割和埋積，殘餘龜山（貴山公園）小丘。

就桃園臺地地形面與活動構造的關係來看，其地形演育的過程，約略如下：50萬年前開始，以石門為扇頂的沖積扇在大斷層崖下堆積，之後，地盤的北傾，造成古大漢溪間歇向東北遷移、下切，形成6段地形面；各地形面形成之後，發生構造活動，產生背斜、斷層和線形，造成今日的地貌。

7 / 斷頭河埋下的缺水宿命

相較河川襲奪後，活水挹注今之大漢溪，一步步下切出大溪河階群，打開臺北盆地的南大門，拓展了盆地領域之氣勢。而桃園臺地？卻像一堀靜水，陷入較老年地形的孤寂。

桃園臺地地勢較高，早期墾民無力引大漢溪水灌溉，而臺地上的社子溪、南崁溪等古大漢溪斷頭河，流短而洪枯懸殊，水源不穩而不利於水田，僅多見旱田。因此，缺水就成了桃園臺地的沉痾痼疾，倘若遇乾旱年，降水是最令人期盼的用水來源。

日治時期的《臺灣日日新報》中，就曾報導本地區缺水狀況，以及缺乏水源灌溉如何影響農業生產。此說明了本地的地理特性，縱雖埤塘灌溉出數萬甲水田，一遇旱象即束手無策，顯見水利設施之不足。在明治39年（1906）8月28日就報載「旱已太甚」，內容為：

> 竹北貳堡…自旱季收成以來，亢旱無雨，一帶水田萬畝，化成石田，或裂如龜紋…旱魃連續。

40年（1907）9月3日繼報導：

> 竹北貳堡西北海邊……水田有數萬甲暨係陂水灌溉。自植秧以後四拾餘天，雨師絕跡，旱魃肆威，陂水稀乾，田水亦燥，稻苗枯萎，地瓜其黃而赤。

報紙用「石田、旱魃」等字眼來形容令人心焦、又無法應付的乾旱，還以為是古代神話中引起旱災的怪物「旱魃」作亂，更以「雨金」形容雨滴有如珍貴的黃金。

8 / 神明降駕：溥濟宮、保障宮的祈雨儀式

祈雨雖屬民俗儀式，卻仍屬乾旱的客觀證據。觀音區保生里的溥濟宮，主祀保生大帝，就是一座擁有祈雨傳奇的廟宇。傳說其建廟就是因地方久旱，村民求雨靈驗，為了答謝神恩而建。

從明治 34 年（1901）的《土地申告書》中，有乙份關於溥濟宮廟地的理由書，裡面提到建廟的緣起，內容如下：

> ……緣先年該地疊遇旱災，禾苗枯槁，恭向保生大帝臺前祈禱甘雨，當日所求，洪雨下沛，則苗勃然而興，是故庄民屢蒙庇佑，欲思報答而無由。情因光緒十五年（1889）各庄居民派捐緣金，就北兩座屋建築廟宇一堂，酬答神恩，題其名曰溥濟宮……。

觀音區另一間廟宇草漯保障宮，主要是拜天上聖母，也曾於民國 35 年舉行祈雨儀式。當時草漯大旱，五穀青草乾枯，無法耕種，村人連民生用水都短缺。傳聞是時草漯媽祖指示，設壇求雨。地方大老群集商議，迎請媽祖登壇坐鎮求雨，媽祖諭示「紅天赤日頭」。「據說」，果真如願於午時降雨。

不只求雨，媽祖還得出巡破滅乾旱引起的蟲害。相傳光緒 13 年（1887），草

民國 59 年溥濟宮沿革誌碑文，曾記載建廟及祈雨儀式。

漯一地天熱、亢旱不雨，地方百姓所種的稻禾都遭大蝗蟲等入侵，一夜之間，青草五穀全遭啃食。草漯居民人心惶惶，無計可施，地方大老邀集商議，決議迎請草漯媽祖娘娘出巡繞境禳災。這回也「據說」，3 天後，繞境所到之處的大蝗蟲等盡數遭撲滅，村人嘖嘖稱奇。

我們大致拼湊了乾旱、祈雨的時間，《臺灣日日新報》曾在 5 月 27 日、7 月 12 日、8 月 26 日、9 月 3 日、10 月 21 日報導；溥濟宮的 7 次祈雨儀式都在戰後國府時期，分別在民國 37 年農曆正月 20 日、42 年農曆 5 月 13 日、47 年農曆 5 月 3 日、52 年 6 月 11 日、52 年 9 月 11 日、55 年農曆 9 月 3 日、69 年 6 月 23 日；文學家梁實秋則補記了 72 年新屋、觀音人齊聚溥濟宮的祈雨。從這些紀錄來看，時間分散在各季節，顯見缺水窘境是四季皆然。

9 / 人民出手：挖埤塘成地面水庫

乾旱催生水的思考

陽光、空氣、水是人類生存的三大要件，前兩者沒有爭奪問題，但是，水源有特定地域性，才是「適宜落腳」與否的關鍵。所以，早期漢人移民擇地建聚落、開墾時，不能一日無水，要能接近水源以方便取水。水若太多，卻可以避往地勢稍高的地方，比如河階。由此可見，水乃是最首要的考量。若沒有水，要怎麼膏潤田疇？水的思考，決定了歷史演變與地理的空間分布。

斷頭河的地理空間本質是乾旱，即是桃園臺地的宿命。遇到乾旱時，除了祈求神靈力量，人能做甚麼？當然，早期墾民只能期盼天雨，但縱使雨下了，雨量也過度集中在 5～6 月梅雨與 7～9 月颱風雨，且桃園臺地上各溪普遍流短、放射狀入海，水來得快、去得也快，地表很快就瀝乾了。於是，怎麼留住水反而是最大課題。先民本能地借用容器儲水的概念，在土地上開鑿埤塘、盛雨水。

因水而生的地方、人群

而埤塘要多大才夠用呢？這牽涉到人力、資金等現實條件，還受限水系、地勢等自然因素支配，比如順著臺地的地勢高低，先在水系上游高處挖大埤塘，低處闢小埤塘，再挖圳溝連通各大、小埤塘，這方法純粹是利用水的重力、地勢來輸送。

但是，靠海的觀音地區位處溪流末端，俗稱「水尾」，容易被上游攔截而缺水，必須逆勢開挖較大面積的埤塘，以便貯存更多的水源、支應灌溉需求，比如大坡腳埤、紅糖埤，均名列桃園大圳蓄水面積的前三大埤塘。

而埤塘的大小，也跟所要灌溉的水田有關。一來，水田的面積大，需水量就多；二是，取決於水田與溪流的距離。若以相同面積的水田而論，如果離溪流的水源較遠，就得需要容量較大的埤

鬼麻埤，對岸廟宇為觀音區甘泉寺。

塘。至於埤塘深度，則跟土壤有關。因為紅土的不透水性，非常適合貯水，但臺地覆蓋的紅土厚度很少超過 5 公尺，再深就是容易透水的礫石層。也就因此，埤塘深度大多在 3 公尺以內，更得在池底做好防漏。於是，先民就在眾河階面的下游側，以紅土築成土堤，靠天雨蓄水成埤塘，以供灌溉之用。

一萬個埤塘是甚麼概念？

在大正 2 年（1913）大旱前，桃園臺地已有一萬個大大小小的埤塘，達埤塘數量的最高點。筆者站在鬼麻埤旁，這僅能算是個小埤塘，已經覺得廣闊，真難想見一萬個埤塘是甚麼概念？得有多少人同時做著同一件事？又需要多大的組織、動員與換工？其間繁雜工程難以推想。而背後所反映的，原本移民社會鬆散的地方宗族、族群和社會結構，都因埤塘而凝聚，也養活了這土地上的百姓。一口埤塘是多人共同挖掘、經營、維護，並形成了一個生活圈，也產生共同的記憶。如今雖陸續填平，但若從空中俯瞰，仍有數千個埤塘在太陽照射下閃閃發光，宛如明鏡，星羅排布在田疇之中，是臺灣相當特殊的人文地景。

10 / 看似隨機、實乃有序：中地理論？

埤塘越大，灌溉的區域就越大，養活的人口就更多；反之亦然。這讓人想起了古老的六角形「中地理論」（central place theory），城市聚落與埤塘是一樣的道理。當然，邏輯推論的真，不等於科學的真，都得要有進一步的確切證據。只是，很多埤塘都已遭填埋，原址與範圍不明。所有的臆測，恐怕只能陷於無解。

11 / 國家介入：
桃園、石門大圳消滅了埤塘文化

桃園、石門大圳：大漢溪水重回桃園臺地

大正 2 年（1913）的這次大旱，讓日本政府發覺光靠埤塘是無法提供穩定的水源，而決定在石門挖鑿取水口，築圳引大漢溪水至桃園臺地，再串連起各埤塘成有機體水路，這也是最早的地面水庫。只是，有別於約 3 或 2.5 萬年前大自然的河川襲奪，這回是國家介入用人為築圳搶水。沒想到在時空捉弄下，大漢溪水又回到桃園臺地，也同時葬送了大漢溪的河運歷史。

大正 14 年（1925）5 月 22 日桃園大圳舉行通水式，不過其灌溉高度僅及 110公尺以下的西北半部地區；得等到民國 52 年石門水庫完工時，增建的石門大圳才可通達高度 110～200 公尺的東南半部地區。但 200 公尺以上的關西、店子湖、銅鑼圈等地形面，仍灌溉不及，無法關水田種水稻而只能栽植茶樹。

埤塘的傳統魚樂趣，也膏腴農田

因此，埤塘因水圳的興築而減少了灌溉的功能。但是，早期人們並未讓其閒置，力圖發揮其他經濟效益，如放養福壽魚、大頭鰱、草魚等魚類，形成桃園知名的活魚料理。因此，當二期稻作收割完畢，就得放乾埤塘內的水來捉魚、清淤，成年人考量是經濟，小孩子只知道玩樂。當撈完大魚的埤塘底部泥漿水裡，還會有很多小魚掙扎其間，混在濃稠的泥漿水裡處處抖動，這是早期農村中難得的魚樂趣。

最後是清淤。鄉人把塘底泥土層挖起，堆置於稻田中，一方面維持埤塘中的蓄水深度、避免長期泥沙淤塞而減少蓄水量；另一方面，這埤塘底部泥土含有大量魚糞、腐植質，是膏潤貧瘠的紅土臺地之肥料來源。

水圳引水弱化了埤塘，改變了文化

桃園、石門大圳完成後，埤塘從原始的純粹儲水，變成了線式圳水調解者，點狀散落的珍珠串連成了棋盤式的水路網絡。近年來，又因為現代社會工商業快速發展，農業人口漸少，使得對埤塘依賴更低；加上水質汙染問題，有些漸被拋荒，改變了過去一口埤塘養一群人的獨立用水生活圈，埤塘文化逐漸消失了。而部分埤塘轉被填土成為更高經濟價值的建地；部分改為釣魚或釣蝦場；少數因在三合院前，保留為風水池，象徵可以聚財；也有轉為觀光用途，如龍潭大池；有些則退化為養殖蜆，或在邊坡畜養鴨、鵝等家禽。

曾幾何時，臺灣埤塘分布最多的地區，也慢慢改觀或消失。沁藍如鏡之埤塘的倒影湖光，漸隨記憶泛黃。

12／斥滷之地：東北風下的海岸荒漠

這一沿海地帶為沙岸，由於海岸線和東北季風平行，強勁的東北季風在觀音溪以東狂掃出了海岸沙丘地形，草漯沙丘群即是著名風積作用所致。於是，地方上有沙墩、沙丘等舊地名，鄉間也常見風剪樹地景，現在臺電設置多支綠能風力

風剪樹，顯見本地東北季風之強勁，攝於白玉萬善祠。 捕撈魚苗之定置網，攝於小飯壢溪口。

發電機，都是風的作為。

不僅如此，海岸線還不斷往外生長、延伸，看來東北季風幫臺灣擴張了西北側領土，這雖是戲謔之詞，也是地理變遷事實。風搬運了沙，造成桃園地區港灣條件奇差，漁業很難發展，在明治 39 年（1906），日人修撰《桃園廳志》就調查很清楚，內容是：

> 本廳沿海一帶之地勢，乃是向海面凸出之細破層（按：應指細砂層），每當退潮時就出現廣達數町斥滷之地，滿潮時則變成水底沙洲，常颳風並導致砂塵飛揚、沿海朦朧一片。雖不能說毫無適合停泊船隻之處，勉強有石觀音港、南崁港、蚵殼港、崁頭厝港、許厝港等，皆是溪流注入大海之小灣，灣底過淺而無法停泊大型船隻，僅可停體積五十石的支那小船搭載肥料、農產品、雜貨物，往來於臺北廳淡水港、苗栗廳後龍港、新竹廳舊港之間。

也就因這斥滷、沙洲之地，早期客家莊民除了利用小船運送貨物，做點小生意之外，有意漁獵者僅能在新屋、小飯壢、觀音等溪流出海口沿岸，以手持三角網捕鰻苗，或在海灘上利用海潮漲退，張網從事「定置刺網」漁撈，這些都是利用小區域特殊地理實體環境，採集漁獲為副業。

捕撈魚苗之鄉民所搭蓋的簡易漁寮，攝於小飯壢溪口。

13 / 圍繞「風」與「水」的地方傳說與信仰

　　桃園市觀音區的甘泉寺奉祀石觀音佛祖，是地方大廟，連區名都以觀音為名，湧泉治瘟疫而建廟「甘泉寺」。信仰總是穿插傳說，這情事一般多能理解，但與本地的東北風、沙丘、水源相結合，就少聞了。我們曾在田野採集到兩則傳說：

　　一則是，在廟內鑲嵌的〈石觀音甘泉寺沿革〉有記載，乾隆45年（1780）之前的石觀音甘泉寺右前海岸一帶，為純白沙堆積成的小山丘，高約數十公尺，雖然季節狂風摧殘，從一側吹走又從另一側補上來，不增不減，秀麗如畫。根據地方傳說，每當風和日麗的晨曦時，隱約可見一位騎白馬者在沙丘上奔馳，後來，當地接連出現幾位文武秀才、貢生、舉人等，鄉人就以「白馬龍穴」來解釋這異象。

　　另一則為，廟的左前方海岸燈塔邊一帶形成半土墩，墩前有一水池，逢乾旱卻不枯竭，遇滂沱大雨亦不溢出，其外形像是隻金鵝戲水。後來，出過幾位貌相奇特之人，個個是將才，紛傳該穴為金鵝孵蛋龍穴。

14 / 草漯沙丘群：古大漢溪的遺物？

　　草漯沙丘群分布於楊梅面東北隅，老街溪與大堀溪或許厝港至白玉村之間，民國40餘年時，其東西長約8公里，飛沙地面積約27平方公里，沙丘地面積3.9平方公里；其中包括橫沙丘和縱沙丘，前者大致為多個新月丘成列橫排；後者多呈北50度東方向，與盛行風向一致，有長達1.5公里以上，高5～10公尺者；另有延長5公尺，高1～2公尺之小型新月丘群，其大者可高至20～50公尺。新月丘之向風側，坡度在8～20度之間，背風側30～40度之間；而在飛沙地可以看到風稜石，甚至含有先史時代人類的土器。

　　筆者判釋民國67年的航空照片，能分辨獨立且稍具規模的沙丘，共計有31座。本區冬季盛行風強勁，且具東北偏北的風向特性，故無論是孤立的新月丘及已相連的橫沙丘或重疊丘，其向西北伸展的側翼均短於向西南伸展的另一側翼。每當前後新月丘相連時，在兩沙丘的接合處，沙量增加，沙丘規模也會增高及加寬；兩沙丘脊線之間，包圍形成低窪地，有時成為池塘或沼澤，這類地形在草漯沙丘群中最常見。分布幅寬由東北往西南漸次增大，東西長約6公里，南北寬約3公里。

草漯沙丘，成排的竹籬笆為固沙用。

桃園臺地也因風勢強勁，臺電在此設置風力發電機組。地點選擇沿海，除了考量遮蔽物少，並避免風扇噪音擾民。

69 年設觀音工業區而剷除部分沙丘。

這麼龐大的沙丘群，沙子從哪來？

依沙丘規模由東北向西南增大，且均有茂密植被安定固化的現象來看，顯然不是今桃園臺地面發育的河川所能供養生成。這應是古大漢溪經由中壢面或老街溪口附近入海時，具有較大的集水區，提供了河口大量輸沙，使海岸沙丘有充分的供給沙源。但桃園臺地長期在乾旱的環境下，缺乏足夠的水滋潤、固住泥沙，一旦遇強勁東北季風的吹拂下，塵飛沙揚，就於河口西南側堆成沙丘群（鄭瑞壬，1993）。

我們走在大溪老街底的石板古道、大漢溪河岸碼頭上，一路踏查下來，回想古三峽溪襲奪所造成桃園臺地的乾旱命運，深覺水的性格既柔且剛，只要給她時間，崇山峻嶺都切穿、蝕去，哪是堤防、水泥塊阻擋得了？其實，地表形態是水性格的客觀呈現，也反過來影響水的脾氣，造就複雜、不一的地貌。換句話說，瞭解地形、地質才能掌握水的性情，理順問題。

於是，我們循著歷史脈絡、野外實地考察，從襲奪、挖埤塘、祈雨、拉水圳等，捻出桃園臺地的乾旱特性，發覺到問題核心都圍繞著「水」，來來去去。突然間，眼前一切，那麼近也那麼遠。而人，不過是過客，匆匆卻喧噪。

竹東丘陵
土地的古老意志

峨眉離堆丘，因外形似龜，又稱龜山。

　　竹東丘陵介於鳳山溪和中港溪之間，東至鳳山溪主源新城圳及中港溪支流峨眉溪，西境接新竹平原及臺灣海峽。

　　這個地形區的範圍不大，人卻來得早，竹塹城曾是淡水廳治的所在，北臺灣的政治經濟要城，迎曦門是多麼富有期許的寓意。繁華總是片刻，原初的設想常常不敵時序變換，彷如在新竹風的肆虐下，蒼白頹老為古都。誰能料想到，後來又在反常的安排中，一躍為科技大城、清華大學、交通大學校址，時局正如風一般來去難測。現在，年輕的科技新貴養成與齊聚於古城，腳下卻是地層的騷動帶，活力、幸福的家園若想踩穩腳步，首要就得弄清楚土地的古老意志。

　　竹東丘陵歷經長時間的侵蝕，大部分已是破碎的丘陵地形，山峰高度不及 500 公尺，地勢起伏和緩，平坦面較少。因丘陵頂部大致同高，連接各小山頭幾乎可成一平面，且出露礫石層（如香山東側的青青草原），可見這裡曾經是古河床。

　　這般的地形，前身應是由鳳山溪、頭前溪、中港溪所聯合堆積的山麓沖積扇，漸被剝蝕而零碎化。至於各溪的古堆積範圍，或許是交錯紊亂，今田野難以辨認。後來，這個沖積扇經河流、雨水切割，大略形成等高丘陵。或許是環境、岩性條件太類似了，每條溪流所造就的切割谷也大同小異，都具有圓形谷頭、谷底平坦、上下游谷寬相近的特徵，例如北埔鄉北部的峨眉溪支流源頭就鑿出了舊地名「面盆」，即得自地勢三面高，內凹像個面盆。其實，若形容成畚箕，有個出口或許更貼切。

若從空中俯瞰，這些溪流都像榕樹樹枝，分枝彎彎曲曲、密密麻麻，是標準的樹枝狀水系。這表示溪水主要依附地勢、循著重力而流。而執行地形切割的溪流，東南部為中港溪的支流峨眉溪、流東溪，西北部為獨流入海的客雅溪、鹽港溪。在鹽港溪與峨眉溪、流東溪之間的分水嶺，是寶山鄉與頭份鎮、峨眉鄉的自然界線。然而，前者的谷頭深陷、後者淺平，兩者之間存在數十公尺的落差，這意味了向源侵蝕力的差異。若不考慮其他變項，推測兩者之間會漸漸向後者移動，且趨於低矮，象徵寶山鄉管轄的自然境域擴張、壓縮了頭份鎮和峨眉鄉，只是速度很慢很慢。

1 / 河流製造地形

竹東丘陵的地形面，主要分布於鳳山、頭前、中港等溪兩岸，說明如下：

鳳山溪：古大漢溪之一分流

鳳山溪為桃園臺地與新竹平原、竹東丘陵之界河。鳳山溪原屬於古大漢溪於桃園沖積扇上的一條分流，其河階主要是低位者，在新埔一帶有 3 段，關西一帶則可達 4、5 段。幾條支流在谷口多多少少帶下一些堆積物，再切割成扇階。

頭前溪：河道逐漸北遷，南岸河階發達

頭前溪的階地於竹東以下的南岸較發達，反過來北岸卻冷冷清清，這是甚麼緣故？首先說明這幾級河階地，一階階地勾勒出河道遷移的圖像：

竹東鎮南側的分水龍與樹杞林（竹東森林公園）一帶，地形面遭切割成 12 小塊，對比高位階地 LT1、LT2。從其分布呈半圓形及底岩（楊梅層照鏡段）的位態南北傾向相向，推知有一向東北東傾沒的向斜經過。這種階地呈半圓形環繞對望，有點像湯匙，逐漸向東北東傾斜而消失在竹東鎮街區西緣，也就是湯匙柄部，實在是少見。

再往下一階的高峰面（LT3），分布於新竹科學園區南部與客雅山一帶。

仙宮面（LT4）得名自仙宮里，乃因以前俗稱翠壁岩為仙公宮，位於科學園區西北端。靜心湖是利用仙宮面北緣切割谷谷口，築壩形成的人工湖。而湖的東北側、仙宮面北緣有個小丘，為一腱狀丘。

關東橋面（LT5）分布於四重埔經關東橋至新竹市區東部，長達 12 公里，而光復路就舖設此河階面上。其與仙宮面之間的河階崖，橫過清華大學校園。

至於低位階地，下員山面（FT2）分布於下員山與上員山；麻園肚面（FT3）分布於麻園肚附近。頭前溪北岸自上店子至芎林，扇階面連續，對比FT3。

所以，由上述頭前溪階地的分布，推知頭前溪河道有往北遷移的趨勢，之所以如此，可能是南側的地盤抬升所致。

另外一值得談的，犁頭山附近殘存3塊向西緩降的高位紅壤階地，對比為LT1。根據階地遺留的礫石，其覆瓦方向為西北，推知該地形面乃昔日頭前溪所形成。

中港溪：階地、曲流、離堆丘、曲流山腳

中港溪主流的階地，主要分布在斗煥坪、頂大埔等兩處。斗煥坪附近分8段，坪頂面對比LT1，斗煥坪面對比LT5。頂大埔面對比LT4，東西延長8公里，而山頂面對比LT3。

斗煥坪原稱「斗換坪」，乃從前漢人與原住民以物易物的階地。頂大埔面南側階崖下曾有許多座北朝南、並排的三合院傳統民居，他們為何選擇住居於此？古時人們對抗自然的能力薄弱，選擇住居的第一要件是水源，河階崖底因地下水面較淺，取水較無虞；其次是氣候因素，南側階崖下正背對東北季風、又面向南來的陽光，比較乾燥、溫暖，對於人、作物都有利；當自然條件都滿足後，人文的風水觀念就會帶入，他們視階崖為靠山，面對開闊的竹南平原，坐得穩、看得遠、心境舒適即是好風水。此亦有利於防禦，居高臨下遠眺，縱有盜匪藏匿草叢，刀面會反射太陽光，平原上的動靜無所遁形。

中港溪支流峨眉溪，原位於平原面之上，形成自由曲流。嗣後，因基準面降低，河蝕即開始下切，刻蝕成嵌入曲流。同時，造就3階低位曲流階地，如北埔位在FT1面。

峨眉離堆丘，因外形似龜，又稱龜山。

但是，近期峨眉溪的下切大致已畢，河蝕已由下切轉為側切，形成廣闊之氾濫原，平舖在上述低位曲流階地的下方。且，伴隨河流的擺動愈加劇烈，造成曲率之增加而發

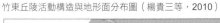
九寮坪曲流山腳，因峨眉溪曲流甚為發育，在兩側基蝕坡之間形成狹長細瘦的曲流頸部，寬僅約 70 公尺。

生曲流切斷，遺留離堆丘，例如峨眉東方 1.5 公里處的中興聚落，有一比高約 15 公尺的龜山。峨眉溪原環流經龜山西側的階崖下方，後改流龜山之東。

另一地形特色，就是曲流山腳。竹東丘陵因曲流發達，河流在凹岸（基蝕坡）的流速大於凸岸（滑走坡），導致凹岸的底部遭掏蝕，上部失去支撐而崩塌。於是，河身漸往凹岸移動，擺動幅度也越來越大。極端發育後，常變成狹長細瘦的頸部，預見兩凹岸將相觸而切斷曲流頸，同時形成離堆丘，如獅頭坪、九寮坪等地。

竹東丘陵活動構造與地形面分布圖（楊貴三等，2010）

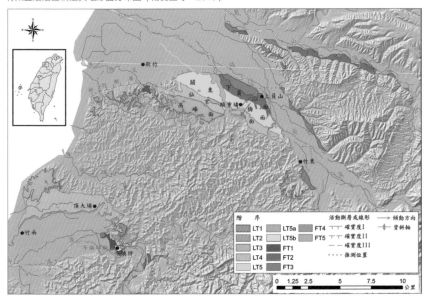

三姓公溪高約 4 公尺的斷層小崖

光復路斜坡係新竹斷層的斷層崖，光復路、建中路開闢時削成斜坡，攝於建中路、赤土崎一街的交會路口。

2／活動構造：新竹、新城、斗煥坪斷層

　　活動構造乃地質時代近期仍有活動的褶曲和斷層，未來可能再活動而發生地震，須格外留意。藉地形特徵可辨認活動構造的位置與特性，例如由斷層作用所造成的斷層崖，以及由河流侵蝕作用所產生的階崖，兩者在地形特徵上有兩項差別，如下：

　　一、階崖的崖線通常有較不規則或弧形的彎曲，反映曲流或網流的擺動側蝕的情形，但斷層崖一般比較平直。

　　二、階崖延伸的方向，約略與附近有關的河流流路一致，但是斷層崖一般平行於主要的構造方向，與河流流路無關。而且，通常截斷階崖，成為相互交叉的現象，也造成判讀上的困難。

　　關於本丘陵活動構造的特性，擇要說明如後：

新竹斷層：都市人潮車流中被忽略的斷層崖

　　由新竹市西南方的美山村向東北東延伸，至新竹市東南方之光復中學附近。斷層截切三姓公溪、客雅溪谷口沖積扇，各造成約 4、2 公尺的小崖。

　　新竹斷層又截切頭前溪南岸的關東橋面，形成約 10 公尺高的斷層崖。在新竹光復中學附近，光復路經過斷層處經人為修飾而呈一斜坡，又有紅土，古地名稱「赤土崎」。崖下依附著汀甫圳，利於藉重力灌溉新竹平原的田地。

　　其他大部分呈直線狀山麓，南側為 LT3 面，北側

芎林鄉下田洋的新城斷層崖，鄉道（三民路）的築闢，雖稍改變了斷層崖原貌，仍可見地盤抬升的結果導致南（照片左上）高、北（照片右下）低。

新城斷層截切頭前溪南岸的仙宮面、關東橋面，分別形成約 40、25 公尺的斷層崖，南延山麓線，均與河階崖直交。

為新竹平原（FP）。十八尖山係仙宮面西方之延長，且因新竹斷層上盤的隆起，階地受侵蝕而殘缺成丘陵。

新城斷層：最應擔憂的地底威脅

新城斷層在頭前溪至客雅溪之間、頂大埔面上，具有斷層地形特徵。從縣道120 轉入芎林鄉下田洋，就在頭前溪北岸附近，可見斷層截切氾濫原，形成約 3.5公尺高的小崖，南高北低。

位在氾濫原上的斷層崖是危險信號，表示該斷層相當活躍，未來發生地震的可能性較大，須特別關注。

斷層又截切頭前溪南岸的仙宮面、關東橋面、下員山面、中港溪北岸之頂大埔面，分別形成約 40、25、11 及 10 公尺的斷層崖。從航照判讀其所形成的斷層地形，高峰面與東側丘陵之間的山麓呈直線，客雅溪南北岸呈線形谷，且其東側丘陵較西側丘陵為高。其餘經過丘陵地帶的斷層地形，均不明顯。

新城斷層通過新竹科學園區東緣，未來如果活動，伴生大地震，恐怕將對園區產生莫大的威脅，甚至災害，實應及早防範。至於其可能發生活動的時間與規模，目前尚無法預知。倒是有一線索值得參考，其曾截切頭前溪南岸的階地礫石層，年代小於270 年前。這樣的話，幾乎確定其近期曾經活動過，將來再活動的機率很大。

新城斷層截切中港溪北岸的頂大埔面，形成約 10公尺的斷層崖，攝於苗 2 鄉道（興埔街）下坪。

地震的災害至為嚴重，應該有不同的面對心態與作為。在心態上，因目前科學尚難以預報地震，所知及精確程度遠不及颱風、海嘯，這容易導致民眾的心理上普遍消極應對，反正都無法預知，如何防範？如今這觀念應該扭轉，不該再把地震視為不確定的變數、或然，而是常數、必然，應有災害必定會發生的觀念，而提早做好準備，待其能量釋放的周期到來。

在實際作為上，住宅應納入更高標準的抗震係數，沿著斷層帶應規劃為條帶狀公園（如竹科的旺園）與道路，不建廠房、民居大樓，以減少斷層活動時的破壞損失。還有目前已通過地質法，並依法劃設活動斷層地質敏感區，規範在區內土地開發時須加強基地調查，以策安全。甚者，政府部門應針對此類斷層活動的可能性、影響範圍，做一通盤的國土計畫。

斗煥坪斷層：撕裂地表 95 公尺

地形上，僅在斗煥坪附近的四分子至大成中學，具有斷層地形特徵。直線斷層崖截切 LT5a、b 及 FT1 三段河階，南高北低，分別形成約 10、7、4 公尺之斷層崖。其中，LT5b 階崖在斷層兩側錯開、右移約 95 公尺。此斷層的性質具有縱移與平移的雙重分量，可合稱為右逆斜移斷層。

流東溪原本南流注入中港溪，受阻於南側的斷層上盤隆起，而改迂迴於斷層崖附近向西流。

LT5b 與 FT1 在斷層南側分別較高 7、4 公尺。其中，LT5b 階崖在斷層兩側錯開、右移約 95 公尺，攝於頭份鎮大成街大化宮前。

火炎山，攝於蝕溝。

苗栗丘陵
矮山迷宮

　　高鐵南下過了苗栗站，接著會穿入這段丘陵西緣段，谷間凹地常見盛填土石而平坦的埋積谷，河岸兩側沿著山形繞著小徑，盡頭接合紅磚瓦的三合院，炊煙裊裊。這裡的人類世界一下子撞近，一下子又拉遠，緊挨著房舍、道路而轆轆飛馳。若非乘坐高鐵，這隱匿的地理空間恐怕很難被看見，僅以缺席的方式存在現實世界，不願被攪擾。

1 / 隱匿的矮山地理

頭嵙山層造就丘陵與沙丘的地貌

　　苗栗丘陵北臨中港溪，隔竹南平原與竹東丘陵相對望；東南邊約以 200 公尺等高線、老雞隆河及三義通谷為界，接鄰出磺坑背斜所成的八角棟及關刀山兩山脈；南至大安溪，俯瞰大甲平原。地勢自東而西逐次低降，丘陵西緣在與海岸平原接觸帶，已降至 50 ～ 60 公尺。

　　這裡的地層主要屬於頭嵙山層，河床、海岸、路旁很容易看到礫石。或許，人們總以為地上本來就有石頭，實則不然，因著每個空間的地質環境而供應不同的材料。約 100 萬年前，蓬萊造山運動達到高峰時，板塊碰撞、擠壓，把雪山山脈抬得很高，山坡陡峭，加上豪雨沖刷，古中港溪、古後龍溪、古大安溪帶來的

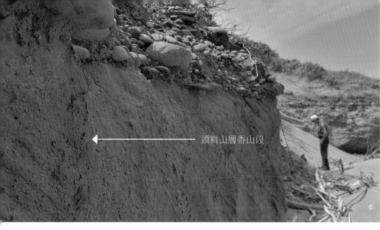

頭料山層香山段

頭料山層決定了
苗栗丘陵的地
景，攝於西湖溪
口北側海岸。

礫石、沙泥傾瀉在山麓、形成大型沖積扇。當時，沖積扇面上分布著網流，後續的抬升成為臺地，然後，河流如同一刀一斧地切割，逐漸破碎而丘陵化。這些溪流就是今之中港溪支流南港溪、後龍溪及其支流老田寮溪以及西湖溪、南勢溪等。它們都有些共同的特徵，比如谷頭圓形、谷底平坦，上、下游的谷寬相近，平時水流缺乏，皆與竹東丘陵者相同。

因為地層的均質性，使得這些溪流主受重力控制，河系多呈樹枝狀，小溪流分叉又多，破壞大部分的原始地形面，導致大半已是零碎的山崙。所以，從諸河川所切割成顯著的曲流河谷地形，以及各河之間分水嶺的同高性，除了能反推其原本為沖積扇或臺地地形之外，顯示地形景觀相當類似。我們田野考察時，彷彿步入矮山隨機排列的樹枝狀迷宮，一晃神便有身處何地的錯覺。

而平坦面大多在河谷的氾濫原或河階，以及海岸平原。海岸地帶間雜低矮的山崙，上頭植被良好，常被誤認為是丘陵的延伸或殘餘，其實是風吹成的沙丘。

後龍溪的北岸、南岸地形相異。北岸（照片前部）為氾濫原，偶見沙丘；南岸為後龍溪沖積扇抬升後，受小溪流切割成丘陵地。

後龍鎮有個地名叫大山，就是指這類沙丘，構成物全然與丘陵地相異。不過，在野外怎麼看都僅止是座小山，不免莞爾，不明其原始的命名來由。

曲流多、河川襲奪多，離堆丘就多、山谷難以計數

I. 永和山水庫：利用樹枝狀水系建水庫的典型

樹枝狀河系是水庫的良好擇址條件。頭份南方的永和山水庫，即利用中港溪支流北坑溝溪上游、典型的樹枝狀河系之谷口，築壩而成。不過，水源取自中港溪主流，為一座離槽水庫，溢洪道也採自由溢流，是臺灣首座無水門、水閘的水庫。溢流時像簾幕瀑布，常是攝影取景的素材。

永和山水庫，採用自由溢流溢洪。

II. 分水嶺移動、河川襲奪

翻開地圖查看各河系、分水嶺的分布，可略為看出集水的勢力較勁。中港溪的支流侵蝕作用比後龍溪者活躍，所以，兩溪間的分水嶺顯著偏南。且火炎山以北至銅鑼西方的臺地西側，南勢溪支流通霄溪等河流的侵蝕力又大於東側的西湖溪，分水嶺也向東移動，接續發生河川小襲奪，致使後者遺有8處斷頭河和風口地形。而為數這麼多的斷頭河，像是空的、假的、無水的乾谷，與現在水流潺潺的河谷穿插，讓人一時眩惑難辨，小山谷也是苗栗丘陵的風土特產。

III. 曲流、離堆丘發達

中港溪的支流南港溪，曲流發達，沿岸有曲流造成的低位河階，亦有切斷曲流而形成離堆丘者，如三灣鄉苗14鄉道上的大坪林、大坪國小旁的比高14公尺之孤丘。

大坪林大坪國小旁的離堆丘

後龍溪右岸支流老田寮溪有3段低位河階；另一支流沙河溪（北河），呈嵌入曲流，有2段低位階地。位於公館鄉苗26-2鄉道上的斬缺，沙河溪的萬安橋旁有一離堆丘，其舊河道

上的水塘為牛軛湖之殘遺；不遠處，同樣在公館鄉苗26鄉道上的蛤蟆石下，沙河溪的軟碑橋旁則有一癒著丘，為曲流頸曾切斷又癒合者。

位於銅鑼鄉的後龍溪支流老雞隆河，曲流亦甚發達，有多達5段的低位階地，珠湖橋有一離堆丘。

公館鄉的斬缺離堆丘、牛軛湖。橘色線為舊河道，藍色線為新河道。

IV. 錦水背斜西翼的層階地形

錦水背斜西翼以卓蘭層為主，屬於更新統之下部，由砂岩及頁岩的互層組成，傾度30～40度，因岩質抗侵蝕的差異性，層階地形發達。國道一號頭屋、造橋段東側可見。

V. 地形倒置

火炎山以北至銅鑼西方的臺地，位在通霄、鐵砧山背斜東翼，其西緣分水嶺的高度較其西方背斜軸的丘陵高了100公尺。這裡出現一個地形倒置的現象，也就是不符合常理的地形。

這不是個容易理解的概念。一般而言，背斜是地層受擠壓而向上彎凸，軸部即高高拱起的頂部，可想而知，其高度理當高於背斜兩翼。但是，這裡卻出現軸部反而較低的顛倒現象。此原因乃是臺地礫層和頭料山層的礫岩，具有透水性，而且因彎曲量較甚而出現裂縫，水便循隙滲入，使得背斜軸部容易遭蝕去、垮塌而降低。而背斜兩翼相對受蝕較少，反而撐住，慣稱這種違反常理的地形為地形倒置。

VI. 三角山山脈、銅鑼向斜

三角山山脈位於關刀山山脈的西邊，北、東、西側受到後龍溪及其支流老

公館鄉蛤蟆石下，沙河溪的軟碑橋旁的癒著丘，此為曲流頸曾切斷又癒合者。

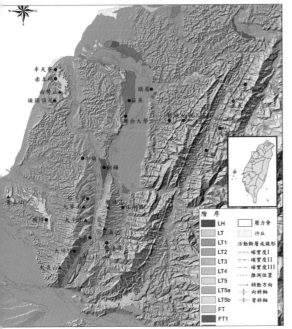

中港溪河口南岸的數條縱沙丘

雞隆河、西湖溪等水系環繞。另外，西麓為南北向的銅鑼向斜軸、南界是東西向的三義斷層，受到此兩大地質構造所包圍，長約8公里，寬約3公里。最高點是南端附近的三角山（567公尺），中部的雙峰山高度約538公尺。

VII. 丘陵西北隅：中港溪河口南岸的平行嶺脊和溝谷地形

苗栗丘陵西北隅，中港溪河口南岸一帶，呈許多平行嶺脊和溝谷地形，其走向與東北季風一致。我們實地考察海寶國小後方的網絞附近，得知此地因中港溪河口南岸向西凸出，與東北季風方向交叉而形成數條縱沙丘。經查明治37年（1904）臺灣堡圖，小聚落偏居沙丘的西南側，應該是考量沙丘可以屏障東北季風，迄今亦如是。沙丘間的溝谷和背風處，也成了居民墾作之地，維持舊時留存的慣習。

VIII. 丘陵西南緣：苑裡溪上游大埔溪

西南緣的苑裡溪上游大埔溪，受到大安溪沖積扇之影響，埋積頗盛，而成為寬平的河谷。

苗栗丘陵活動構造與地形面分布圖（楊貴三等，2010）

2 / 河階與演育

河階

苗栗丘陵的階地受眾溪侵蝕，今仍殘存者，概分為後龍溪、西湖溪、大安溪，以及南勢溪等階地。

本文考量各河流所造就的河階，成因與現象自成一格，粗加分類成三地區討論。各階地的分布及地形特徵如下（請見「苗栗丘陵活動構造與地形面分布圖」）：

I. 苗栗、後龍、西湖區：通霄背斜讓後龍溪與西湖溪分家

i. 後龍溪

西岸的苗栗市，共有 3 段高位階地，包括上南勢坑、大坪頂、聯合大學等階面，對比為 LT3 ～ LT5 階面。階地的礫石覆瓦方向，呈北 4 ～ 6 度東。

東岸的公館鄉，殘留高位階地 3 塊，對比為 LT3。

下游南岸的後龍鎮與苗栗市之間，山頂附近的 LT5 階面似乎受背斜影響，而向東、西兩側傾動，但從其地層呈水平來判斷，並無變位。

此外，後龍溪兩岸則有 3 段低位階面（FT1 ～ FT3），左岸的苗栗市、右岸後龍鎮中莊（中庄）均位於 FT2 階面，各延伸約 5 公里長。

ii. 西湖溪

西湖溪下游西岸的埔頭頂尾附近（通霄、後龍、西湖之交界），對比 LT3 階面，階面礫石的覆瓦方向為北 12 度西。往下一階為南勢山，對比 LT4 階面，覆瓦方向北 12 度東。

再下一階是靠近海岸的赤土崎、半天寮一帶階地，對比 LT5 階面，面積也最大。當一階階考察至 LT5 階面北端的好望角時，因此地鄰近海岸，不免有海階或河階

的疑問。於是，我們嘗試去找礫石證據，解此疑惑。就在風力發電機 20 號附近的階崖，出露約 1 公尺厚的次圓礫石，中夾薄泥層。仔細研判其礫石覆瓦方向，約略分成上、下兩層，上層者偏北向海，下層者偏南向陸，據此推論上層為河流所堆積，下層為海浪將礫石打上岸堆積形成。

西湖溪谷兩側有 3 段低位的階地。

階崖露頭，中間以薄泥層為界，上層的礫石覆瓦方向偏北向海，應為河積；下層則偏南向陸，則是海積。

II. 三義、銅鑼區：大安溪與後龍溪的勢力交界

本區階地分布於火炎山至銅鑼南側一帶。整體地勢自南向北緩降，且被河谷侵蝕分隔成十餘塊，概分三個階面：

1. 火炎山附近殘存較完整 3 塊紅壤階面，對比 LH 面，覆瓦方向為北 70 度西。

2. 太平山附近，階面高度下降，對比 LT1 面，覆瓦方向為南 64 度西。

3. 九華山（大興善寺）及其東北方之茄冬崀一帶（銅鑼科學園區）又低降一階，對比 LT2 面，覆瓦方向為南 60 度西。

由覆瓦方向推知，火炎山面為大安溪所沖積；太平山面及其以北階地，則為後龍溪所造成。

III. 通霄區：大安溪下游舊沖積扇之殘遺？

此區階地連續分布於南勢溪的西南側，紅土高位階地見於上游左岸頂坪、大坪頂、黃土山一帶，對比LT5。從其礫石的覆瓦方向為北75度西，且地形面向西北方緩傾，似屬大安溪下游舊沖積扇之殘遺。之所以如此推論，主要理由是以今之南勢溪的集水區規模，倘若要造成如此廣大的臺地堆積，實在是超越目前所能想像，所以才排除這種可能性。

本區之低位階地4段，沿南勢溪兩側連續分布。

地形演育

苗栗丘陵之地形演育分為6期，如下（張瑞津等，1998）：

第一期：古後龍溪從公館鄉上福基的谷口向銅鑼南方沖積，切割三義西南的古大安溪沖積扇，讓其遺留火炎山殘面（LH），並形成勢力南界的太平山面（LT1）。

第二期：受新期構造運動影響，三義斷層逆衝而逐漸抬升。古後龍溪河道受到南側地盤抬升的影響，漸漸向北遷移、下切，而形成第二期沖積扇（LT2），即九華山面。

第三期：三義附近地盤持續抬升，古後龍溪河道改流向銅鑼北方，形成第三期廣大沖積扇（LT3），包括埔頭頂尾面及上南勢坑面。

第四期：新期構造運動繼續活動，通霄背

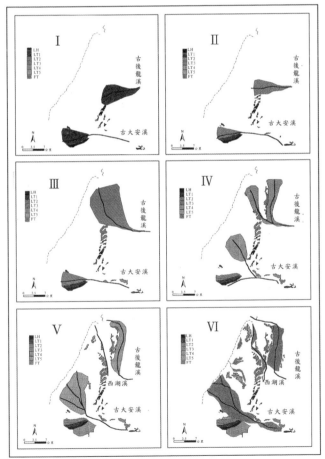

苗栗丘陵階地演育圖（張瑞津等，1998）

註：圖中I～V期：50-3萬年前，VI：3萬年前以來。

斜將後龍溪河道一分為二，且河流繼續下切，西側分流為現今的西湖溪，形成南勢山面（LT4），東側為古後龍溪主流向東擺移，沖積形成八甲、大坪頂面（LT4）。

第五期：古後龍溪在原地下切、沖積，略向右偏，形成聯合大學面（LT5），並在頭屋地區近乎直角繞向西北西出海；西南部沖積扇逐漸受侵蝕而丘陵化。

第六期：近期間歇構造隆升運動及海準面下降，造成現今西湖溪、後龍溪、南勢溪再下切形成低位階地。

3／活動構造：銅鑼線形、倒梯崎線形、銅鑼向斜

銅鑼線形，線形西側的高位階面向東撓曲。部分崖腳昔日在西湖溪水量大時，遭受側蝕，後再經階面上的順向河切割，形成三角切面。

倒梯崎線形，橫切過苗 37 鄉道平頂路，形成高約 13 公尺的反斜崖，此崖因自然、人為修飾而成緩坡，攝於通霄鎮倒梯崎。

銅鑼線形

由銅鑼西南向南延伸至三義，呈直線狀崖，稱銅鑼線形。

此線形的西側是太平山、九華山的高位階面，上覆紅土，不過，北段的階面向東傾動，南段呈撓曲崖，地勢呈現出西高東低。部分崖腳被西湖溪側蝕，再經階面上的順向河向下切割成三角切面。

倒梯崎線形

位於通霄東南方約 4 公里的倒梯崎附近，線形崖呈東北－西南向，長約 1.5 公里。此線形橫切過大安溪下游舊沖積扇的大坪頂臺地面，形成高約 13 公尺的反斜崖，西高東低，亦即下游側反而高起的異常地形。

反斜崖是近些年才出現的斷層地形概念，古代人沒有這類知識。所以，早期漢人從通霄一帶的海岸平原，逐步向東進入丘陵地開發，

銅鑼向斜

銅鑼向斜，沿著西湖溪河谷延伸至三義，西側是太平山的高位階面，呈撓曲崖。

先是爬了段斜坡上到臺地，到此卻反而下坡，深感莫名而稱「倒梯崎」，今仍呼此舊地名。崖下南、北兩端匯聚地表水成小溪流，日久切割，形成南、北兩條平行反斜崖的直線谷。

銅鑼向斜

I. 一路追查：銅鑼向斜經過哪裡？

位在苗栗西南方的後龍溪支流南勢溪河谷，從南勢坑向南延伸至五湖口，可能更往南延伸至三義。

先談談向斜，這是指地層發生褶曲而向下凹陷。所以，軸部的地勢最低，常常發育河流，例如南勢溪可能沿著向斜軸部的低處，服膺地質構造向北流。

而向斜的兩側地層則向內傾斜對望，銅鑼向斜就提供很好的田野觀察樣本。像是向斜軸部西側的上南勢坑面（LT3）、八甲面（LT4），向東傾動；東側的大坪頂面（LT4），則向西傾動；若再仔細點考察，西側傾動的角度較東側為大。

II. 需多留意銅鑼向斜

我們沿著向斜一路往南考察，銅鑼南方另有 8 塊遭溪流切離的高位階地面（LT2），上覆紅土，南北排列且向東傾動。這是個警訊，不止老階地傾動，連銅鑼所在的年輕階地 FT1 也向東傾動，這恐怕得多多留意，因為低位河階的傾動代表地層褶曲的時間晚於河階形成之時。更甚者，若是更年輕的氾濫原也傾動，恐怕得考慮更深入調查研究了。總之，從階地向東傾來推測，向斜軸可能經過這些階面的東側。

續南行至三義北方的階地，東側的階地還是向西傾動，西側則向東撓曲。由此推定，銅鑼向斜原本沿南勢溪河谷，向南經過五湖口後，轉而沿著西湖溪河谷延伸至三義。

本區大部階面為古後龍溪的沖積扇，地勢均向西緩傾，但是，苗栗西南方的

南勢溪上游兩側階地，以及銅鑼、三義之間的東、西側階地，均傾斜相向，顯然是在沖積扇的地形面形成後，才受褶曲作用影響而變形。值得注意的是，地層變形的範圍包括銅鑼所在的低位何階，似乎該進一步研究。

III. 三義斷層挪動了整座山

在三義斷層形成之前，銅鑼、三義地區原為頭枓山層所沉積，後因地殼運動被擠壓成向斜（即銅鑼向斜），西湖溪即沿此向斜軸發育。而西湖溪的東、西兩側高地所發育的支流，呈近東、西方向往下垂直注入西湖溪。後來，三義斷層沿雙連潭附近的西湖溪，至三義後轉向南南西方向，而使三義以南的逆衝斷層往西推移至現在的銅鑼向斜軸部附近，因此，以三義為界而衍生出不同的地形變異（李錦發，1994）：

（1）三義以南：原銅鑼向斜西翼的大坪頂（火炎山）紅土緩起伏面（LH）受三義斷層作用之推擠，上升速度較周圍大。

（2）三義以北：銅鑼向斜西翼往東注入西湖溪河谷，因其西南方地塊的抬升，而使這些原往東流的河谷漸漸往北偏移，至今以朝東北方向注入西湖溪。當然，這連帶使得銅鑼向斜西方的大坪頂紅土緩起伏面，往北傾動。三角山山脈的西南坡，殘餘數塊西傾的高位階地面（LT1）；西北麓的銅鑼南方，則有前述 8 塊東傾LT2 階面，一西一東，似乎是銅鑼向斜兩翼階地受侵蝕後所殘遺的階面。

4 ╱ 壓力脊：斷層帶上的三義通谷

三義通谷位在火炎山東側，於分水崁附近（約今中山高速公路三義交流道）呈「谷中分水」，北流為西湖溪支流打水溪，南流者為景山溪一小支流；三義以南至景山溪之間，流路大致順著三義斷層而呈南北向。

三義斷層東側有 3 道南北向平行的構造隆起（壓力脊），在構造隆起之間曾發現三義斷層的分支。這 3 道構造隆起的山脊因人為開發，使得部分缺角而破碎，比如苗 51 線

三義斷層東側的 3 道南北向平行的構造隆起（壓力脊）

翻越中間的構造隆起，些微弱平坡度；三義車亭休息站即在最西側構造隆起的北端；而西湖渡假村位在東側的 2 道構造隆起之間淺谷。

　　三義通谷所呈現的是斷層、交通與聚落的組合，卻也是地質脆弱、地狹人稠的臺灣島，人文與自然和諧共生的普遍現象。

　　數十萬年前，三義斷層逆衝、地盤抬升後，雨水挑軟弱的斷層破碎帶侵蝕，漸漸形成兩條朝相反方向流動的河谷，分水嶺低矮、易於通過，乃有「通谷」之名，自古為交通要道，聚落亦因道路而興起。後來，三義通谷因闢建臺 13 線與國道一號，而地形略有改變，兩條小溪變成了排水溝。

　　提到通谷地形，成因大多跟斷層有關。臺灣其他著名的通谷，如花蓮通往臺東的「花東通谷」，又稱花東縱谷，為歐亞板塊與菲律賓海板塊的縫合處，縱谷斷層通過；臺北新莊迴龍與桃園龜山之間的「新朝通谷」，則是新莊斷層通過。

國道一號與臺 13 線穿行三義通谷，跨越大安溪支流景山溪及 140 縣道，左下方為火炎山東隅。

5／火炎山礫岩惡地

　　到了火炎山，即是苗栗丘陵的南界，地勢跌落大安溪。火炎山的稜線上分布大安溪下游紅土緩起伏面，亦受到鐵砧山背斜的影響，地居背斜東翼而呈一束傾階面。南端經雨蝕形成礫岩惡地及谷口沖積扇，已劃入自然保留區。正因為礫岩惡地不斷崩塌而裸露紅土，南側又是大安溪谷，太陽毫無遮蔽地照射下，火紅山頭成為古今知名地景，文人爭相賦辭謳歌其美。

清代文人蔡振豐在《苑裏志》中，這麼形容苑裏八景之一「火燄夕照」：
苑裏諸山，惟火燄山最高；上有數百年古柏樹，多為人跡不能到。俗傳巖腰有猿洞，削石為峰，長短不齊；土赤色，作火燄形。巔際生雲則雨，晴明時，夕陽回照，則作五彩色。山形變幻，面面玲瓏，時作萬千形狀。海上神山，想不是過歟？

火炎山南坡全貌，遠處山頂有紅土，中央為礫岩惡地，下方為土石流沖積扇。

「火燄」山是多麼傳神的形容詞。不過，日本人來了之後，把火燄山、苑裏改為火炎山、苑裡，雖文雅卻失去原始風味。引文中，「夕陽回照，則作五彩色。山形變幻，面面玲瓏」大抵為美化想像的筆墨詞藻，把火炎山大片的禿黃，吟詠成瑰麗的景致。而「古柏樹」、「猿洞」、「海上神山」更讓人嚮往。

火炎山礫岩惡地

這裡的地層屬於頭嵙山層火炎山段，約 100 萬年前，蓬萊造山運動達到高峰時，古大安溪帶來的礫石在山麓堆積成大型沖積扇。因礫石的膠結不良，容易受雨水沖蝕而成蝕溝（雨溝），深邃如峽谷般。蝕溝之間，像筍又似林的大小尖峰，地勢起伏明顯，許多獨立尖峰連接成鋸齒狀稜線，呈現典型的礫岩惡地地形。臺灣這類地形，也分布在南投雙冬九九尖峰、高雄六龜十八羅漢山等地。

日大正版（1921）2 萬分之一地形圖之火炎山蝕溝，蝕溝下方的弧形等高線為沖積扇（載自臺灣百年歷史地圖）。

我們來到蝕溝谷口的沖積扇，北側蝕溝礫石磊磊、南側大安溪河床網流中夾著沙洲。當仰頭往蝕溝看，但見陡崖上光禿一片，但鋸齒狀稜線或平緩坡面上，一撮又一叢地生長了馬尾松純林，針葉細長柔軟似馬尾之柔毛搖曳著。不過，也因植

火炎山地層説明，攝於蝕溝。

馬尾松，攝於蝕溝。

被覆蓋率太低，蝕溝水系沖蝕快速、切割細密，地景擺盪在荒涼與綠意的反差之間。而夕陽映照在峰頂的紅土崖面時，狀似火燄燃燒，難怪古稱「火燄山（今火炎山）」。

蝕溝崩塌是自然規律，還是土石流災害？

眼前的山是地殼變動後，受到外營力作用所形成的。惟有從宏觀的時空角度，才能看到完整而原始的地貌。

火炎山是鐵砧山背斜東翼受侵蝕後的殘餘，地層向東傾斜約 20 度，東邊是順向坡，地勢較緩，保留未切割的紅土緩起伏面；西邊則是較陡的逆向坡，被野溪侵蝕成丘陵谷地；南面為斜交坡，崩塌、沖蝕成 5 條大蝕溝和堆積谷口的 5 個小型沖積扇。這些沖積扇常在颱風豪雨、發生土石流時，再次堆積，甚至推覆大安溪北側的 140 縣道，造成交通中斷。曾經有人主張伏敬自然、放棄修復，但民國 96 年初建成的「火炎山隧道」，穿過沖積扇下方，卻落實與自然對抗，只是不正面交鋒。

頭料山層火炎山段礫石原岩概有砂岩及輕度變質的變質砂岩，均因河川攜帶滾動而磨成渾圓。砂岩來自加里山山脈，較易因碰撞而破裂；變質砂岩則來自雪山山脈，堅硬而完整。另外，蝕溝中還見泥岩塊，極易碎裂，攝於蝕溝。

碳化漂木，攝於蝕溝。

火炎山蝕溝之間的鋸齒狀稜線，尖峰林立。

火炎山

140
縣道

火炎山隧道

火炎山南麓沖積扇的擴展，逼使大安溪河道向南轉彎，而「火炎山隧道」則從其下方穿過，避免土石流阻斷公路。

　　其實火炎山礫岩惡地，經歷地層褶曲而抬升，又經風化、崩壞、侵蝕與堆積作用，造就成今日的地貌。大自然有一定的規律，默默地演育、分配秩序，土石流、崩塌不過是環節之一。災害概念源起於「人」，當人們在自然邅變時期或地質敏感區域，執意介入而闢築道路、興建聚落，那麼，原屬自然現象的土石流、崩塌也才背負惡名。

臺灣西部氣候分野

　　美學往往人見人殊，或許每個人的敘述都不同，但「巔際生雲則雨」就極具客觀地理意涵。

　　火炎山是臺灣西部氣候的重要分界線，以南的盆地、平原地區，雨量集中夏季；以北的丘陵區，則四季降雨較為均勻。每當夏日午後，火炎山常下西北雨，陰晴無定，清末《苗栗縣志》就說：

> 夏間，暑氣每多鬱積。火燄山雲罩，則雨隨之；然為西北雨，則易晴，惟須連發三午而已。

　　這裡，「霧」也是特殊氣候現象。《苗栗縣志》又寫道：

> 凡早晨，有濃霧由北起；散至火燄山，霧即倒迴；山南並不見霧……尖起如火燄；春時常北出濃煙，至是山輒止。

　　冬春兩季，東北季風由北而南襲來，一路沿後龍溪、西湖溪河谷，撲向苗栗丘陵最南端，也是最高點的 601 公尺火炎山。水氣隨地勢攀升迎風坡，遇冷凝結，常見濃霧瀰漫。南下一過大安溪，轉為背風面，氣流下沉增溫，水氣不易凝結而放晴。

水對苗栗丘陵的刻蝕，也反映在地名上

火炎山西北側苗栗丘陵的地層是頭嵙山層香山段，由淺海堆積形成的砂岩、頁岩所組成。地盤抬升後，再經幾條發源自火炎山北側的溪流，如苑裡溪等，侵蝕切割形成丘陵地形。

水對苗栗丘陵的刻蝕，也反映在地名上，如甕仔坑、山柑坑、大坑口等。「坑」為丘陵區的小坳谷，中央凹處流注小溪水，常有地下水滲出為湧泉，也成了附近婦女的天然洗衣場。《苑裏志》圖說中，還記載大坑口的滴水，傳神地形容為「猴撒尿」：

> 滴水，一名猴撒尿；在火燄山出西一里大坑口。其高亞於火燄；於懸崖削壁間凸出一股甘泉，時如瀑布；甘洌且清，極旱不竭，可灌溉數百畝田甚肥沃。山下之草，青蒼倍於他處。

火炎山雖似乾枯炙烈的火焰，水源卻不絕，縱遇乾旱仍不枯竭，可灌溉山下數百畝肥沃良田。另外，大坑口北側有一舊地名為「畚箕湖」，此為一底部寬平的河谷，外形像畚箕而得此稱呼。以此推斷，這可能是向源侵蝕地形，也就是野溪源頭，此種谷形有利於收納地表水。

6／隨季節飄移的城堡：後龍沙丘群

沙丘是種風成物，是靠風力作用而匯聚生成。此地沙丘乃因竹苗地區以「風」著名，風生產了分布範圍大的後龍沙丘群。

這裡起風分兩個季節，夏季的6月至8月以西南西風為主，10月至翌年2月改吹強勁的東北季風，月平均風速概在3公尺/秒以上，即使在夏季亦有不定風，如西北風可以連續6、7天不停，風速在10公尺/秒以上。換句話說，隨著不同的季節、風勢，沙丘的形狀、位

後龍溪北側沙丘多數遭剷平，從荒涼變成綠油油的農田，臺61線西濱快速道路穿過，攝於後龍鎮砂崙湖。

置、大小及高度都不斷被吹亂、重塑，像是飄移的城堡。

只是，過去廣布於中港溪、後龍溪河口海岸一帶，如今受人為改變，今中港溪南岸附近的規模尚存，越往南就改成墓地，越往後龍溪則是農田、聚落。

此外，水是泥沙最重要的膠合物，沙子要能輕易被風吹起，前提是固結不佳，亦即缺水。本區為海岸寡雨區，平均

頭料山層香山段砂岩風化後的顆粒，除了提供沙丘生成，海岸漂沙也受外埔漁港的防波堤影響，造成突堤效應，攝於後龍鎮外埔。

年雨量不到 1,800 公釐，其中 10 月至翌年 2 月為乾季，尤其強風季之 10 至 12 月，月平均降雨量僅約 50 公釐。此種缺水的氣候條件，無疑最有利於沙丘的發育。

至於沙丘的構成物是沙子，這麼多沙子從哪來？因為沙子有重量、且風勢間歇，所以，通常沙源不會太遠。若稍加考察，應該不難得到答案。這附近一帶，地質上是頭料山層香山段砂岩，其顆粒細而鬆軟、極易風化，提供沙丘生成的物質條件。

早期中港溪以南至白沙屯之間，滿布沙丘群，斜交海岸線。今僅存於中港溪南岸附近，越往南則漸漸改為墓地、農田、聚落，攝於後龍鎮外埔。

再者，海岸的平淺亦支持沙丘之形成。在本區海岸多為微弱的小浪，甚少侵蝕力強大的暴浪來襲。海岸一旦穩定，沙子就容易堆積。加上本區人為開拓、砍伐原始森林，建成田園、聚落，導致地面缺乏植物包覆、保護，裸露在風之下而容易遭蝕去，此等條件適合沙丘的形成。

這些沙丘大略以中港溪為

後龍鎮砂崙湖的新月丘，可能是僅存較完整者。沙丘的軸部朝向北北東，聚落為了避風，就建在背風面，攝於後龍鎮砂崙湖。

界，分布型態又呈現區域差異：

一、中港溪以北的沙丘，主要沿著海岸線成條狀分布，上頭覆蓋茂密的木麻黃。

二、中港溪以南至白沙屯之間，卻大多呈平行而細長的縱沙丘群，其延長方向斜交海岸線，有時數行沙丘還串連成寬大的沙丘丘陵，如大山腳一帶。

在後龍溪北岸砂崙湖附近，民國66年至少有7個新月丘，最高達19公尺，彷彿在測試沙丘的堆高極限。早期的傳統民宅，擇址於背風的新月丘西南側。早期的鄉間小路依順著沙丘外圍，當沙丘遭人為挖除而缺陷，舊路反而塵封原始的新月外形，不願意被遺忘曾有的過往。白沙屯北方山邊附近，原有一數公尺高的孤立新月丘，今改變成縱沙丘。

7／後龍外埔石滬：人造捕魚陷阱

後龍外埔石滬，整體外形為缺角的狹長心形，弧線凸向大海側。其用意是利用潮水漲退當作捕魚陷阱，亦即漲潮時海水得以流入，退潮時攔截流水而讓魚受困滬內，弧線或圈狀是方便聚魚、困魚、捉魚，屬於簡易的傳統漁法。

建造石滬需有適合的地理條件，也就是潮差大、寬廣的潮間帶、充足的礫石供給。

後龍合歡石滬，整體外形為缺角的狹長心形，直徑長約 150 公尺，據說是早期後龍石滬群中最大者。由外而內布置數層圍籬當成陷阱。考察時，正值滿潮漸趨乾潮，僅露出最外緣，攝於後龍鎮外埔。

臺灣有石滬之紀錄甚早，在康熙 56 年（1717）完成的《諸羅縣志》即謂：

自吞霄至淡水，砌溪石沿海，名曰魚扈；高三尺許，綿互數十里。潮漲魚入，汐則男婦群取之；功倍網罟 ……。

而後龍外埔的石滬係平埔族道卡斯族後龍社人所築造，後於乾隆 47 年（1782）間變賣給自澎湖吉貝移來的外埔朱家，改由其取得所有權並維護。

這是人們利用自然的鮮明案例。此漁法乃先在潮水退却時，鋪好礫石堆成圍籬，高度約滿潮至乾潮之間，形同設下陷阱。待潮水高漲後，潮水淹沒石滬，各式魚種隨潮水游進，等到乾潮時，潮水逐漸退去，魚便受困石滬裡。此時，漁民前往巡視漁網、捕捉漁獲。就因該漁法與潮水漲退息息相關，每逢農曆初一、十五的大潮（大流水），漁獲較佳。若是農曆初九、二十四的小潮，潮差小，漁獲通常較差。這種等待魚誤入石滬的捕撈方式，幾乎比守株待兔更寄望於運氣，漁獲通常不穩定且量少。

我們考察時為農曆初十，此地海岸的潮差約 4 公尺，滿潮已過而漸轉乾潮，石滬僅露出最外緣，內部仍有數層較低矮的石滬圍籬淹沒水中。靠近海岸內緣可能因海浪拍打而崩塌，改以消波塊充填，上頭附生石蚵，外側仍以石礫堆成堤。等到乾潮時，石滬內部裸露且隔成數個小淺水池，更是圈限範圍讓漁民方便捕捉。

堆成石滬的礫石來源，可能是附近小溪自上游攜來。而內緣受颱風侵襲時掀起的大浪破壞，
改用消波塊，攝於後龍鎮外埔。

　　至於礫石的來源，因礫石用量多又沉重，早期平埔族人費力從遠處搬來的可
能性小，大多就地取材。而附近地層是頭嵙山層香山段，較多風化後的細沙，少
見礫石。所以，礫石可能是附近小溪自上游攜來。

8 / 風的物產：白沙屯有風稜石嗎？

　　白沙屯沙丘下，隨著沙丘的移動，有時會露
出礫石層，並有典型的風稜石，形狀由一稜石至
四稜石不等，與富貴角同為本島風稜石的著名產
地。

　　根據民國 70 年代黃朝恩的調查，風稜石多
見於龍港火車站西南約半公里的大沙丘中，再前
行約 300、400 公尺即達西湖溪口。越過西湖溪
口大鐵橋，雖仍見沙丘分布，但風稜石卻少了。

這是風稜石嗎？攝於西湖溪口北側。

　　我們在西湖溪口北側沿海的沙丘翻找，曾見
在少數迎東北季風的礫面有風沙磨蝕的徵象，但缺乏典型的風稜石，而且得排除
海浪沖激所導致的覆瓦排列，所以，白沙屯是否有風稜石？實在不敢判定，尚待
進一步研究。

9 / 過港貝化石層

從西湖溪的赤土崎、半天寮一帶 LT5 階地，下行至西北側崖底，循著苗 33 鄉道，可到達「過港貝化石層」。頭料山層中蘊藏著約 100 萬年前形成的貝類化石，包含淺海相的雙殼貝類、翼足類、卷貝類與珊瑚類等化石，今已抬升數公尺以上。

過港貝化石層

10 / 何時拄杖登高處？

山有多老、河就多老，河會跑、山也會跑。約 100 萬年前蓬萊造山運動達到巔峰時，雪山山脈抖落大量土石堆成苗栗丘陵，最南的火炎山尤受文人藉筆墨賦以名勝。而大安溪把細泥沙鋪成大甲平原，想法、條件、環境不同，作為就不同。火炎山有豐富的地形、地質、植被景觀，也與風、霧、水共同匯成人文意義。蔡振豐另有詩吟歎火炎山，末兩句寫著：

何時拄杖登高處？眼底雲煙一幅披。

對映到每回野外實察，總免不了爬山，除了科學考察以求真，也應該爬詩裡的山，仿效文人盡攬那霧即倒迴、一披雲煙之境。而火炎山，就在詩裡頭。

火炎山石徑，礫石堆疊，除了腳底感受硬實，膠結不佳也讓腳力徒耗不少。林間除了原生馬尾松林之外，還有相思樹、油桐樹等人工林。

大安溪
歌唱自然與人文共生的溪流

　　大安溪發源於大霸尖山（3,492 公尺）西坡，主流長 97.4 公里。天狗以下的河段埋積很盛，河床寬闊，以致網流相當繁密，兩旁的氾濫原亦甚發達。後於桃山、雙崎之間受到馬拉邦山脈橫阻，流路轉向南，其西側呈大單面山的緩坡，係臺灣最標準的層階地形。

1／大安溪峽谷

　　循縣道 140 至大安溪峽谷。內灣附近河床於集集大地震時，受車籠埔斷層東北端活動影響，伴隨東勢背斜（吊神山背斜）抬升成高約數公尺撓曲崖，硬是阻斷了大安溪水流，形成堰塞湖。後因水利處的疏濬作業，挖掘河道排掉堰塞湖水，卻因此使得河床卓蘭層底岩出露，且河床抬升導致坡度變陡，加強了河道的回

東勢背斜西翼之地層露頭，後方（南側）山形均受此控制，成單面山。

大安溪舊河床上的土石墩。

春下切。這些年來，復經颱風、豪雨及上游水壩放空作業等自然與人為因素，洪水循著節理切割，形成約 20 公尺深、1 公里長的峽谷地形。

行走在集集大地震前的大安溪河床上，有些路段礫石密布、有時卻宛如鋪上鬆軟泥毯，偶於岩層出露白色的淺海貝殼化石。這是大安溪擺動的河道與氾濫原的原始堆積相貌，在河床乾掉後卻如荒埔、雜木野草叢生，一時難以辨認。

然而，經過多年之後，眾多遊客的踐踏，雖使許多小地形消失，但南岸的東勢背斜、東勢丘陵的層階地形等地景仍未稍改。吊神山（594 公尺）是位在東勢背斜西翼的單面山，其北坡臨大安溪，比起緊鄰大甲溪的南坡來得陡，其原因是大安溪於此呈一成育曲流，河道不斷擺動，向南側蝕凹岸的吊神山北坡。

這段大安溪舊河床上有一土石墩，卓蘭西南方大安溪南岸氾濫原上也有上、下兩個圓墩，上頭林木高大，均為比高數公尺的腱狀丘，相當於低位階地之殘餘。

2 ／ 幾番改道的新、舊山線

舊山線鐵橋行經關刀山砂岩段，流路受夾峙成谷口，底下河床網流發達。

本溪下游的縱貫鐵路舊山線鐵橋附近，其流路切斷晚中新世桂竹林層的關刀山砂岩段，因岩層堅硬，流路受控呈狹隘的水口。此狹隘部以下河道，再呈網流，而行旺盛的埋積作用，形成廣闊的大安溪沖積扇。

日治初期選定西部縱貫線鐵路時，就曾計畫循三義通谷鋪設鐵路，以大角度的圓弧路線（又稱輕

便渦路）下行至大安溪畔。後因坡度過陡而放棄，日人重新選定十六份、魚藤坪路段，即舊山線。

　　明治41年（1908）縱貫鐵路舊山線通車，其中跨越大安溪之鐵橋，限於

新、舊山線

當時的工程技術，選擇彎繞堅硬的關刀山砂岩隘口，除了考量在較窄之谷口築橋，可省工程費，更重要為安全，即選擇堅固的橋基。

　　次年（1909），日人築「后里圳」也選擇此隘口為水頭，引水灌溉后里臺地，水圳就潺潺流過舊泰安車站。但是，因為舊山線坡陡、洞多、橋多、路線彎曲，嚴重影響運輸，日人於大正8～11年（1919～1922）另闢海線。後來，臺鐵為改善舊山線、避開屯子腳斷層，於民國87年完成截彎取直的新山線，同時設置「新泰安車站」，顯示工程技術的進步，漸漸能克服地形造成的阻力。大安溪隘口以下的左岸一帶，於「八七水災」時氾濫後重劃，阡陌整齊。

3／河階

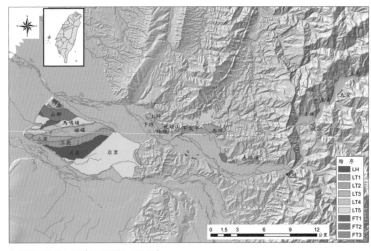

大安溪河階分布圖（楊貴三等，2010）

　　大安溪沖積旺盛，階地發達，以下分3段敘述。

大安溪上游

　　以象鼻、士林、雙崎三個隘口隔成3段，其中，最上游段的階地以天狗、大安兩處面積較廣。天狗階面比高達710公尺。大安階面長約1公里，比高僅10～20公尺。介於士林至雙崎之間，桃山位大安溪主流及支流雪山坑溪之交匯，為一低位扇階。雙崎階地的長約820公尺，比高約55～60公尺。

　　士林隘口築有水壩，引水入支流景山溪的鯉魚潭水庫，此為一離槽水庫，比

雙崎隘口與階地

起在主流大安溪所築水庫，其淤積較少，壽命較長。

大安溪中游

雙崎以下，河谷開廣，階地偏於北岸，以大坪頂、西坪、下太平、枕頭山等階地面積較大。大坪頂階地長度將近 2 公里，比高 140 ～ 170 公尺，階地面可見紅土，對比 LT2。西坪長約 2,500 公尺，比高 130 ～ 150 公尺，階面開闢有花卉農場。

特別應注意的，枕頭山階地位在縱貫鐵路舊山線的上方，包括 2 階（LT3、LT4），受到枕頭山斷層截切，拆成 4 塊階地，斷層崖高約 60 公尺，以 LT3 階崖為準，且有左移現象。

大安溪下游

泰安以下，北岸的苗栗丘陵火炎山一帶及南岸的后里臺地均屬大安溪古沖積扇的範圍，另於「苗栗丘陵」及「后里臺地」中詳述之。

大安溪沖積扇的扇頂，大致是在舊山線鐵路的鐵橋之隘口，高度約 230 公尺，扇徑約 19 公里，扇端達至海岸；北至苑裡溪，南至溫寮溪 —— 瓦瑤溪，屬大甲平原的北半部；南與大甲平原南半的大甲溪沖積扇相鄰，兩扇成一聯合沖積扇。

枕頭山斷層截切河階，斷層崖與河階崖交錯。

大安溪北岸河階的上、下坪，屬於古大安溪沖積扇的範圍。

4 / 遭大安溪遺棄的房裡溪

　　大安溪在沖積扇上的河道時常變遷。明治 37 年（1904）臺灣堡圖中，以西北流的房裡溪為主流，乃當時新竹、臺中兩州的行政界線。昭和 2 年（1927）臺灣地形圖中，則改向西流，即今之大安溪下游段，但行政界線並未隨之變動，這使得今日臺中市的轄境範圍跨到大安溪北側一帶，有一說是行政惰性使然。

　　房裡溪成為斷頭河之後，河道因開墾而縮小，如今已成一條小小的排水溝。

5 / 東西向網流阻斷南北交通

房裡溪官義渡石碑

　　但房裡溪所遺留的沖積扇，乃是重要的耕地和聚落所在地。不過，沖積扇的河流常因堆積阻塞而改道，導致流路不穩、河道變遷，暴雨過後野水縱橫，網流如髮辮，多呈東西向。而流路多，津渡、橋就多。

　　古時，南北移動的先民若遇淺溪或乾谷，尚可徒步而過；若遇溪流寬而水勢強者，需仰賴渡船。今苑裡有塊「房裡溪官義渡」石碑，落款時間為道光 17 年（1837），由淡水同知婁雲所立，碑址在雍正 2 年（1724）。婁雲一上任就四處探取民情，他聽聞苗栗地方土豪任意哄抬渡資、扣留民物的流氓行徑，決意由官方設置義渡，讓庄民免費渡河。而石碑之所以擺在媽祖廟旁，應是考量大廟地居舊時市街核心，熙來攘往、觀看者眾多，公信力也就大。

6 / 地形斷碎造就散村化的聚落型態

　　若從 Google Earth 或地形圖來看，火炎山西北側苗栗丘陵與西側大安溪沖積扇的聚落分布，大致呈「散村」型態。這樣的聚落型態與分布充滿地理因子，日治初期的《苑裏志》就提到：

苑裏界內近山者則於層巒疊嶂間，村居錯雜；濱海者亦於亂石飛沙際，散處零星。惟近大路之巨村、經大路之街市，人煙湊密，大有呵氣成雲、揮汗作雨之象。

日大正版 2 萬分之一地形圖之苑裡庄，聚落呈 Y 字型集村，其附近多呈散村型態（載自臺灣百年歷史地圖）。

從引文可知，丘陵地形阻隔、海邊地帶勁屬狂風吹起的亂石飛沙是兩大主因。也因此，小村落均勻地散布於沃疇之上，僅在地勢坦闊的沖積扇北端得見「集村」，即苑裡庄，這是導因其位置可避沖積扇的洪水，又是南北交通必經，貨物集散而商業化現象，店家挨擠成街市，即今之苑裡鎮街區雛型。

那麼，為何大安溪沖積扇會散村化呢？人文聚落的問題，可以從自然地理找尋答案。所以，其人文聚落分布、物產等，在順應自然下而呈現幾項意義：

一、風：相較於海濱一帶強風颳起的亂石飛沙，不適合建成聚落，此地為東北季風背風處，氣候宜居。

二、水源：火炎山西北側苑裡溪、房裡溪等溪流，呈網狀水系，丘陵中的河谷平原取水容易，如水頭、泉水窟、出水等地名，不須另投注資金大規模開鑿水井。甚者，地下水資源豐沛，較特別的是鐵砧山背斜軸部呈南北向貫穿大安溪沖積扇下方，其向上拱彎的不透水底岩導致地下水受到阻隔而湧現。

三、沖積扇：大安溪沖積扇大多開闢為田地，扇面自然緩緩向西傾斜，苑裡圳等水圳引大安溪水順著斜面流入田地，灌溉及排水良好，且土壤肥沃，盛產稻米、芋頭等作物。

苑裡圳（於水門引自大安溪，攝於華陶窯大車停車場）

早期先民利用大安溪沖積扇扇面緩斜向西的地形特性，
挖築苑裡圳引大安溪水灌溉田地，形成散村。

一旦水源無虞、水圳灌溉方便就水田化，田作也需勤於照顧而集約化，屋舍不宜遠離田地，遂分散於各家田地邊。原本單調的田疇、農路，因屋舍錯落散置而繽紛，卻也帶了難以言喻的祥和、幽靜。

7／自然風土下的人文物產：大甲蓆帽

地方曾風光一時的物產，就是大甲蓆、帽。

再據《苑裏志》所記，大甲蓆是苑裏社平埔族人的傳統手工編織技藝，連橫的《臺灣通史》認為始於 1830 年代。而這項技藝傳習於苑裡漢人間，則是 1870 年代以後的事。然而，成品得運到大甲販售，才以「大甲蓆」為名，也叫「番仔蓆」，同時傳藝到大甲。清末文人池志徵所寫的《全臺遊記》提到，他被暴漲的大甲溪水困住，無法渡河南下而留宿大甲兩夜，他驚訝家家戶戶編織草蓆的盛況。而編織材料採自大安溪下游河岸的野生藺草，又稱大甲藺，後來不敷需求，轉而在苑裡、大甲推廣種植。日治時期更一躍為臺灣代表性物產 — 外銷歐美日的精品「臺灣蓆」。只可惜在民國 60 年代後，這項手工編織技藝因機器化生產衝擊，且國際廉價品大量傾銷而日趨沒落。不過，拜近年抗拒全球化所招致千篇一律之賜，地方文化有助標籤區域差異與地方個性，大甲蓆帽的風土味重新飄揚。

后里臺地
被斷層與河階撕裂之地

鐵砧山：為古大安溪河階，河此 LH 面，其頂部平坦，四周陡峻，狀如打鐵的鐵砧而得名。

　　后里臺地係大安、大甲兩溪下游間所夾的長方形臺地。東緣相當於縱貫鐵路山線東側，高度約 330 公尺，再往東就是東勢丘陵了；西緣在縱貫鐵路海線，高度約 60 公尺，與大甲平原相接。臺地東西長約 12 公里，南北寬約 5 公里，面積約 60 平方公里。

　　后里臺地具有典型的河階（地形面）與活動構造（斷層、背斜）地形，把土地四分五裂，其與該地人文發展亦有密切的關係。

1 / 屯子腳、磁磘階地群

　　后里臺地的地形面可分為兩部分：東半部為屯子腳階地群，西半部為磁磘階地群，兩部分的交界線為上月眉經月眉至四塊厝一線。前者有 2/3 屬北方的大安溪舊沖積扇的範圍，其餘則屬大甲溪沖積者；後者則為古大安溪向北遷移下切形成。從這

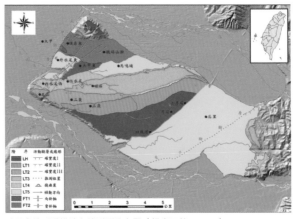

后里臺地活動構造與地形面分布圖（楊貴三等，2010）

磁碇階地群（1）　　　　　　　　　　磁碇階地群（2）

可以初步判斷，古大安溪在這裡的勢力強過古大甲溪。

屯子腳階地群

屯子腳階地群可分為 3 段，以后里面最大，中部科學園區的一部分設於此。

磁碇階地群：從紅土有無來判斷年代新舊

關於地形面的分類，磁碇階地群分為 8 面，如樓梯般依次向北遞降，反映地盤的抬升量是南大於北，河道漸漸被隆起的土地往北推移。其中，月眉、三崁、二崁、磁碇、內水尾、馬鳴埔各面都覆有紅土，這是土壤中含鐵質礦物經長時間的氧化作用，代表其形成年代較老，超過 3 萬年；而大甲東、鐵砧山腳兩個階面就無紅土，且階崖露出底岩，可知其形成年代較新。

大甲斷層、頂店東線形

本階地群中，最老的月眉面向東南傾動，麗寶樂園設立於此。

二崁、三崁的「崁」字意即「河階崖」。由其位置的排序，可推知昔日的開發方向是從大甲往東方內陸進行，逐漸攀升。

2／大甲、鐵砧山、屯子腳斷層與番仔田線形

本臺地的活動構造主要是幾條斷層及線形，說明如下：

大甲斷層

位在后里臺地西緣，由大安溪至大甲溪一段具有斷層地形特徵，呈東北走向，

長約 5 公里。

　　整體有明顯的線形崖（包括斷層崖及撓曲崖），位於東側階地及西側平原之間。東側的階地，包括鐵砧山面、國姓廟面、尾山面、內水尾西面之西緣，具有斷層崖特徵，崖高分別約為 145、120、100、60 公尺，越老的面之變位量累積越多，因此，斷層崖就越高。

　　外水尾東面、頂店東面的西緣具有撓曲崖特徵，崖高分別約為 40、20 公尺。

鐵砧山斷層

　　由鐵砧山東側，經大甲東聚落西緣、尾山東側，越過大甲溪，經甲南東方的客莊、橫山、清水第一公墓至沙鹿東方的竹林，長約 15 公里。北段呈東北向，位在后里臺地；南段呈北北東向，位在大肚臺地。

　　北段呈反斜崖，截切二崁面、內水尾面、鐵砧山腳面，崖高分別為 20、15、3 公尺。不過，若仔細留意切過外水尾東面及大甲東面之間的崖，崖高約 10 公尺，卻是條弧形？這與一般斷層崖較平直的特徵，似乎有點出入。其實，這是河流作用的修飾，其因擺動成曲流，側蝕斷層崖而成弧形。所以，地形特徵的判讀須審慎地綜合各項作用力，才能得出合理的解釋。

　　上述大甲斷層為前鋒斷層，上盤向西逆衝，而鐵砧山斷層是它的背衝斷層，兩斷層之間相對抬升成為地壘。此一地壘又隨著大安溪河道的遷移、切割，並發生背斜彎曲與殘餘孤立於臺地西北隅的鐵砧山。

　　附帶一述，偏居臺地西北隅的鐵砧山，為約 50 幾萬年前的古大安溪河階面（LH），山上滿布礫石可為證，而其覆瓦構造可以判斷古大安溪流向。後來，因地盤抬升，而受大安溪兩分流切割成一鍵狀丘地形。

鐵砧山斷層北段呈反斜崖，截切過鐵砧山腳面及頂店東面之間，崖高約 3 公尺。

　　從國道三號往南過苑裡，可見在大安溪南側橫置一地壘，側面崩崖出露紅土礫石層，此即鐵砧山。之所以叫鐵砧山，是因頂部平坦，四周陡峻，狀如古時打鐵用的鐵砧。也就因此，鐵砧山兀立階地之上，亦是展望磁礁階地群與大甲、鐵砧山兩斷層，以及其間地壘的

絕佳考察點。

此地有一劍井傳說，位於其切割谷山坡，坊間傳聞因鄭成功兵困、缺乏水源時，憤而插劍而得水濺出。臺灣各地有關鄭成功似神人般的故事，多少混合了歷史、地理脈絡，聽起來像是真的。不過，故事中卻又串連不少法力神威，這一點就難敵現實的檢驗與理解。

衡量該處地質多屬礫石層，本應下滲漏水而無存。若其局部下方有黏土層，便可阻水，換言之，縱雖礫石層也可以含水，加上附近山坡的林木頗為茂盛，亦應足以涵養水源。這樣推論下來，假使鄭成功真的來過，也插劍求水，噴出水的可能性是存在的，只是這個假設的前提必須為真。

總之，科學考證不及於傳說，似真似假地被世人以口沫傳頌，難得其解。

屯子腳斷層

北由后里臺地東北隅的泰安舊火車站附近，向西南西方向延伸，經下后里、內埔（屯子腳），越過大甲溪而至大肚臺地北部的橋頭寮溪，全長約 17 公里。本斷層為昭和 10 年（1935）曾活動的地震斷層，當時最大縱移量及右移量各為約 0.3、0.4 公尺，只是，經數十年的自然與人文破壞，今已難覓其原始震災遺跡。

這次的大地震，震央在苗栗出礦坑背斜南端的關刀山，芮氏規模 7.1，伴隨屯子腳與獅潭兩條斷層的活動，死亡人數高達 3,000 多人，為臺灣地震史上之最。地震造成的死亡人數如此之高，推測跟當時民房多為耐震差的土埆厝有關。其中，本臺地上的內埔（屯子腳）村莊幾乎全毀，災情最嚴重。後來，還特地立有「大震災內埔庄殉難者追悼碑」。其側面鑲嵌一「后里鄉大震災殉難者追悼碑誌銘」，落款於民國 55 年 4 月 21 日，說明了震災始末。

今在后里臺地東北角，有一條長約 800 公尺、高約 5 公尺的崖，斜交大安溪古流路，可能為屯子腳斷層崖的田野遺留，特別的是，東北端的崖較高，漸往西南則降低，原因可能是右移受阻而些微翹起。目前斷層崖偏在永興路西北側，也因中部科學園區的闢建、整地，而略微改變地貌。

大震災內埔庄殉難者追悼碑，位在后里區公所後方。

屯子腳斷層崖，攝
於后科路、永興路
交叉口。

番仔田線形

　　位在后里臺地西北部，介於大甲、鐵砧山兩斷層之間。此一線形並不長，由
番仔田向西南延伸至大甲東西側，長約 1.2 公里。

　　從鐵砧山向下俯瞰「番仔田線形」，該線形截切外水尾東面（LT5）和頂店東
面（FT2），崖高分別約 3、2 公尺，地勢西高東低，為一反斜崖。

　　當然，在此論之前，須先持保留態度，質疑此崖有無可能是河流或人為造成，
而非斷層？因此，我們參考了航照圖，或許可用幾點理由作論據。大甲高工東側
頂店東面的崖，崖線呈直線狀，且下游側相對較高，呈反斜崖，這不可能是河流
造成；反倒是大甲高工的西側，早期航照並無崖線，後來因大甲高工整地才形成，
其因人為填土而改變原始地形的可能性高。

番仔田線形所造成的反斜崖，是斷層的證據之一。

大甲溪
乘著魔毯飛天的河流

思源埡口附近的大甲溪河谷，呈現淺而寬的地貌。

　　大甲溪發源於思源埡口（匹亞南鞍部），主流長約 135.5 公里。中、上游的河床陡、流量大，在日治末期即著手水力發電事業，陸續建有德基、青山、谷關、天輪等電廠，是本島水力發電的重心。

　　大甲溪谷的地形樣式多變，大抵是受不同的構造所控制。思源埡口至七家灣溪匯流處，河谷淺而寬；七家灣溪匯流點至梨山之間，一轉呈深陡的嵌入曲流；梨山至德基（達見）的河谷則深而寬；德基、谷關之間，切穿了達見砂岩所構成的數條複背斜及其間的複向斜，呈現出標準的峽谷地形，尤其以小澤臺附近的登仙峽、馬崙橋附近的久良屏峽為然。

　　登仙峽具峽谷與硬岩的雙重優良條件，有利於興築鋼筋水泥拱壩；且，水壩上游又具寬谷，適於蓄水，這都成了德基水庫的優異擇址要件。然而，民國 88 年發生的集集大地震，造成了峽谷兩岸的嚴重山崩，抖落的石塊泥沙使得大甲溪河床埋積厚達 30 餘公尺，原本循峽谷通行的中部橫貫公路遭毀壞中斷，迄今尚未修復。

　　往下游到馬鞍寮附近的大甲溪兩岸，桂竹林層的塊狀砂岩緊扼河道呈狹隘谷口。

　　過了馬鞍寮谷口以下的流路，在地形上有著極大的變遷。隨著菲律賓海板塊的向西推擠，臺灣中部的斷層依次向西生成，由東而西分別是大茅埔 - 雙冬斷層、

馬鞍寮附近的谷口地形。

車籠埔斷層、大甲-清水斷層，從古老到年輕，次第於斷層崖下堆積 3 期沖積扇，扇頂分別是馬鞍寮、埤頭、甲南。

1／蘭陽溪襲奪大甲溪？

　　大甲溪目前最上源的思源埡口，與蘭陽溪成谷中分水，成為通谷地形。除此之外，這裡有一重大的地形疑題所在。

　　經多次踏查大甲溪最上源河谷，通過思源埡口則見地貌丕變。蘭陽溪上源鑿蝕成溪谷深切、絕壁若削，壁頂凹處懸一河谷，谷寬約 100 公尺，也就是思源埡口的上方；大甲溪側河谷寬淺狀，谷中細流若帶。兩相對照，形成極明顯的高、低對比。

　　也難怪，河川襲奪之說揣測已久。

　　究竟蘭陽溪有無襲奪大甲溪？這個襲奪的說法，源自林朝棨（1957）的見解，摘錄原文如下：

> 宜蘭濁水溪之上源，河谷深，河岸陡，因其谷頭侵蝕，在侵襲大甲溪之上源，以致上源河谷之一部，為宜蘭濁水溪之谷頭侵蝕襲奪而去。過去與大甲溪合流之上源部小溪谷亦隨之被合併，因而大甲溪上源部流量大減，成為現在之無能河流。

　　引文中，宜蘭濁水溪指今蘭陽溪，此一舊稱道出溪水的渾濁之貌。

　　從地形學來看，這裡具備了河川襲奪的最重要條件「高、低位河」，亦有風口、斷頭河等地形特徵，望蘭陽溪谷瞬時跌落，截頭的地貌堪稱臺灣之最。但是，若論嚴謹的襲奪條件，尚不完備，還需湊足改向河、襲奪彎等證據。

思源埡口涼亭
後方邊坡的次
圓中礫，覆瓦
朝西南，證明
大甲溪流過。

思源埡口附近的大甲溪谷，因源頭段遭蘭陽溪截頭而變成斷頭河，呈
現谷大卻水少的不適稱地貌。

　　但是，不管是截頭或襲奪，前提必須是大甲溪流過思源埡口，有嗎？該怎麼
證明？判讀的方法除了河谷地形之外，河床遺物更是古河道的實體證據。而我們
就在思源埡口涼亭後方邊坡，清理表面的植被、風化物後看到次圓的中礫，扁平
的覆瓦朝向西南。這足可證明大甲溪確實流經此地，且經過相當長的距離搬運、
堆積於此。只可惜，這仍不能成為襲奪證物。

　　考量再三，我們的看法是襲奪之說仍存疑義，僅能先就現象描述為截頭與分
水嶺移動。

　　不得不說，這裡的截頭地形現象實在太誘人，解釋時稍不慎則容易逾越，忽
略了基本的地形事實。筆者拼湊出比較合理的解讀，可能是今之蘭陽溪低而陡，
向源侵蝕力遠大於大甲溪，從而截去大甲溪的上源段，且分水嶺持續向大甲溪方
面移動。至於襲奪的證據，應該悉數遭蘭陽溪一洗而去。

　　這麼考察、推論下來，大甲溪就是斷頭河，因流量大減成了無能河，河谷寬闊、
細流如縷，兩側氾濫原已開闢成田地，種植高麗菜。

鮭魚飛地：支流七家灣溪的櫻花鉤吻鮭

　　大甲溪支流七家灣溪，源自雪山主峰東北面的 1 號冰斗，流經武陵農場，溪
裡受困了冰河時期孑遺的櫻花鉤吻鮭而聞名。

　　武陵農場的地層為乾溝層，岩性主要為硬頁岩，容易風化成鉛筆狀構造，從
而侵蝕成寬谷，七家灣溪在此迂迴流動略呈曲流，適巧設觀魚臺就近觀賞櫻花鉤
吻鮭。

受地層擠壓而褶皺的乾溝層，脫落鉛筆狀構造，
攝於武陵農場觀魚臺旁。

七家灣溪觀魚臺

2／轟立的岩層：板塊劇烈推擠地帶

在進入武陵農場的收費站至濯纓亭附近，七家灣溪岸的岩層為堅硬的四稜砂岩（眉溪砂岩），岩層近乎垂直，迥然不同於原始呈水平沉積狀，這是因板塊劇烈擠壓所造成，而附近即為中央線形或梨山斷層通過。

此段河谷邊坡因堅硬岩層的保護，又因地盤的抬升、河流底蝕力大於側蝕力，遂呈窄促的峽谷地形。

七家灣溪岸的岩層近乎垂直，為板塊
強烈碰撞擠壓的產物，攝於千祥橋。

嵌入曲流造就離堆丘

大甲溪於支流七家灣溪匯流點以下至梨山之間，河谷從緊迫一轉為深且寬，呈嵌入曲流，又與上源段的寬淺狀有著明顯落差。此一地形原理，我們推論可能幾個因素：

（1）思源埡口至支流七家灣溪匯流點之間的大甲溪谷，乃是斷頭河。

（2）武陵農場的入口附近，受控於堅硬的四稜砂岩，形成遷急點，大甲溪回春上溯至此遇阻，導致以上河段轉為側蝕，加寬河谷。

陡立的岩層，攝於濯纓亭旁。

（3）七家灣溪注入新活水，大甲溪流量增加，下切更甚。

（4）此段溪水純淨，河流負載的泥沙量少，侵蝕力增加。

後因曲流頸的切斷，造成環山附近的離堆丘，較舊河床高出約30公尺；另外，松茂西北方河階上亦有一小離堆丘。

大甲溪與支流七家灣溪匯流　環山附近的離堆丘。
點至梨山之間，呈嵌入曲流。

松茂西北方河階上的小離堆丘。

3／合歡溪：翻山越嶺的詭異流路？

偽裝：松茂稜線洩露了行蹤

梨山與環山之間，大甲溪兩支流的南湖溪與合歡溪，均與主流頗為靠近，且略與主流平行，因而本、支流之間形成細長的河間地（或說是稜線）。其中，由北向南降低者為平岩山稜線，由南向北降低者為松茂稜線。

此等稜線上，各有 2、4 階細長緩起伏面，天池一帶為最高階，但已受切割而成破碎起伏，僅福壽山農場較為平坦。

富田芳郎的神學式命題

這裡有個重要的地形疑問，是由日治時期學者富田芳郎所提出。他憑一雙地形眼認為，這兩條稜線是合歡溪與南湖溪原本各自注入大甲溪，後來漸漸遷移匯合，使原來各自的河階再受切割而成。

對於富田芳郎之說，數十年來苦無證據，無從證實、也無法推翻，近乎一種神學式的命題，僅能傳抄於文獻中。

呈細長緩起伏的松茂稜線，攝於梨山。

天池一帶是松茂稜線上的最高河階面。

莫辯：發現礫石覆瓦的證物

筆者持此一地形疑惑，沿投 89 線鄉道尋找礫石層，於松茂稜線第一階天池面的階崖，即靜觀亭至天池段找到兩處。

接著，又於第二階福壽山農場北緣的階崖發現 1 處，都是次角礫。天池面的覆瓦朝向西北，福壽山農場面的覆瓦向西。由此可證明合歡溪流過此地，單獨注入大甲溪，後來隨著南側地盤抬升，河道逐漸偏北遷移，而與南遷的南湖溪合流後注入大甲溪。

插曲：木蘭橋旁的舊河道、腱狀丘

合歡溪在臺 8 線木蘭橋旁有一腱狀丘，與舊河道的比高約 50 公尺，舊河道高於現河床約 20 公尺。因為舊河道的長度趨近現河道，推測是分流造成的腱狀丘，而非離堆丘。

為了證實，我們於臺 8 線旁的舊河道下方，先找到了河床堆積物的角狀礫石，確認是舊河道。後再爬斜坡上到舊河道，舉目屋舍破敗、頹圮，經採訪葉姓住戶得知，原本這裡曾住有 10 多戶人家，陸續遷離，今只剩他以種植果樹維生。

此地在行政上，屬於南投縣仁愛鄉管轄，地名木蘭巷。

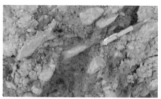
天池面的礫石覆瓦向西北（1），攝於靜觀亭旁。

天池面的礫石覆瓦向西北（2），攝於靜觀亭至露營場之間路旁。

福壽山農場面的礫石覆瓦向西（1），攝於福壽路。

福壽山農場面的礫石覆瓦向西（2），攝於福壽路。

4 / 梨山邊坡滑動的禍首是合歡溪水？

民國 79 年 4 月的豪雨，曾經造成中部橫貫公路宜蘭支線梨山地區的邊坡滑動，以及梨山賓館、臺汽客運站等地基下陷與建物龜裂等現象。隨後，水土保持局進行監測與整治，監測結果得知造成滑動的主因是地下水與雨水，其中地下水佔 85％，主要來自福壽山農場引自合歡溪的灌溉水（彭宗仁，2010）。因此，整治方法以設排水廊道等工程設施來降低地下水位，至今成效顯著。

合歡溪在木蘭橋旁的舊河道、腱狀丘，實是少見的清麗小丘。

木蘭橋附近的舊河道堆積物，攝於臺8線路旁。

另在松茂聚落有一大崩塌地，臺7甲線69K附近路基下陷約10公尺、擋土牆與房舍龜裂傾斜；此因大甲溪呈嵌入曲流，基蝕坡側蝕溪岸，且梨山斷層經過，地層破碎，導致邊坡不穩而滑動。

5／佳陽扇階：恬靜如畫般的扇階

排水廊道

隔著德基水庫，佳陽對岸的支流匯流點附近，有4段階地，係大甲溪支流沖積扇，切割成典型的扇階。德基水庫淹沒較低的兩段階地，今僅見較高的兩段。

佳陽扇階受德基水庫蓄水的影響，這段大甲溪成了臨時基準點，水流幾乎淤滯不前。此階地以吊橋聯絡大甲溪左岸，時間彷彿在此空間中凝結，像幅畫般佚失時光。

臺7甲線的松茂聚落段，屋舍往大甲溪側下滑約半層樓，攝於松茂。

大甲溪曲流的基蝕坡側蝕溪岸，導致大片崩塌地，屋舍岌岌可危，攝於松茂。

佳陽扇階，有如依教科書量身訂做的範本，攝於中部橫貫公路（和平路二段）。

6 / 谷關與新社河階群

大甲溪自谷關以下，階地分布較為連續，也是主要聚落所在。在空間上，以馬鞍寮為界，分段敘述如後。

谷關－馬鞍寮段：谷關河階群

I. 橫谷內狹窄而迷你的扇階

谷關至馬鞍寮之間的河階分布相當連續，稱為谷關河階群。

幾處高位的階地，像是佳保臺、白毛臺、豬湖頂、南勢村等，均有紅土，但紅化程度不高。其中，佳保臺包括了 3 塊紅土階地，又以

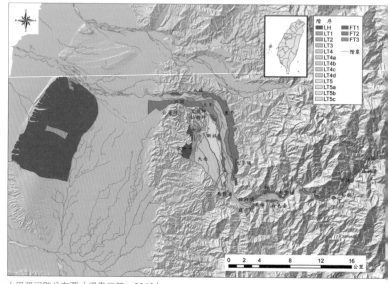

大甲溪河階分布圖（楊貴三等，2010）

佳保北臺的面積最廣，南北延長 1 公里以上，比高達約 310 公尺。

而低位階地，亦可對比 3 階，面積較大的有上谷關、谷關、麗陽、松鶴、中冷、和平、美林－麻竹坑等地。

但這些階面大多狹窄，應與河道攔腰切過地層走向，河谷拓寬不易，略呈峽谷的橫谷地形有關；且部分為扇階，可能是順著岩層走向發育的大甲溪支流，所挾帶的岩屑於注入主流處形成小沖積扇，再受切割成扇階。

II. 現生沖積扇適合居住？

一條溪流餵養一個扇，每條小溪彷若圈界傾倒泥沙，千百年來不停地反覆，直到山

松鶴部落土石流災害遺跡（1），攝於松鶴二巷。

松鶴部落土石流災害遺跡（2），攝於松鶴二巷。

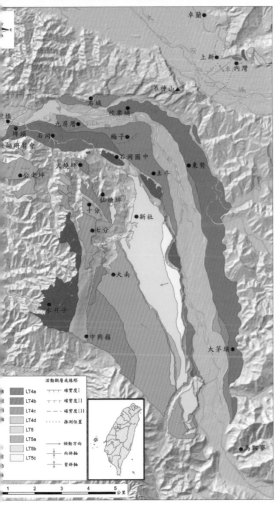

東勢丘陵與新社河階群活動構造與地形面分布圖（楊貴三等，2010）

頭被搬空的那天。以松鶴部落來說，其夾居在南側松鶴一、二溪的聯合沖積扇上，於民國93年敏督利颱風時，遭受嚴重的土石流災害，礫石泥沙灌入民宅，今遺跡仍保存著。

這種平時看似無害的地理特性，面對現生沖積扇的居住脆弱性，必須得更審慎。

馬鞍寮以下：新社河階群

I. 演育：三條斷層、三個沖積扇

相較於谷關到馬鞍寮段，此段地形甚為複雜。為求整體輪廓的瞭解，我們試著先從時間著手，依序簡述其演育過程：

（1）最早之時，大甲溪以馬鞍寮附近大茅埔－雙冬斷層為谷口，於斷層崖下形成第一期沖積扇。大甲溪主流向西流經水井子、大肚臺地北部，注入臺灣海峽。

（2）後來，因為車籠埔斷層上盤的抬升，地勢壟高的水井子面阻擋溪水西

新社河階群，左上是最高面（LH）水井子面，早期大甲溪向西流橫過此面；右下為LT1的七分面（崑山）。
兩者之間的河階崖，應是大甲溪由西流轉向西北流，下切所形成。

流，迫使流路漸漸被推向西北、北，繞過水井子面。期間，又因地盤發生數度間歇性隆升，河流下切、拓展成類似劇場階梯狀的新社河階群。

（3）河道不斷微調為北流，至東勢再轉為西向。

（4）再流到埤頭，即進入屬於車籠埔斷層下盤的臺中盆地東北端。這個地勢落差，讓大甲溪的眾分流在臺中盆地北部傾瀉礫石、泥沙，鋪展成第二期的大甲溪沖積扇，並與大肚溪合流，即今臺中盆地的盆底地形。

（5）其後，因第二期大甲溪沖積扇的不斷堆積，高度超過大肚、后里兩臺地之間，而溢流下切，並以甲南附近的大甲 - 清水斷層為扇頂，展開第三期的沖積扇。此期沖積扇的扇端達至海岸線，扇徑約 7.5 公里，與大安溪沖積扇南北並排，成為一聯合沖積扇，組成大甲平原。

以馬鞍寮為扇頂的沖積扇，經隆起、切割形成新社河階群。眾河階之中，以水井子為最高面（LH），高約 570 ～ 612 公尺，向東逐次下降，形成 5 段高位階地及 3 段低位階地。若論面積，以大南面（LT4）最大，新社面

大甲溪原向西南流入臺中盆地，並與大肚溪合流出海。後來，河道下切改西流，從大肚、后里兩臺地之間出海（今流路）。當時，最東段的階崖位於半張，崖高約 5 公尺，八寶圳、豐勢路二段 484 巷依附崖下，攝於豐勢路二段、富翁街。

（LT5）次之，差可指示地盤的穩定期長短。

在臺灣，板塊碰撞是常態，未曾停歇；而河流伏貼地表流動，最為敏感。當地盤沉寂時，河流忙於側蝕拓寬，通常在劇烈變動時抬升成河階崖。換言之，河階數越多，可能代表地盤越活躍。

II. 警訊：河階變形是新社線形在作怪

值得注意的是，在河階面留下了數處地形變異痕跡，推定新社線形切過新社河階群。這些地形證據，例如水井子拱成穹窿狀，且與大南面之間有著 100 多公尺高的崖，又與古大甲溪流向直交；食水嵙溪兩側對比相同的階地，下游側反而高於上游側，如仙糖坪東面（LT5）高於新社面（LT5）；新社面西北端及石岡國中面東端，均具有反斜崖特徵。

新社線形崖，左為水井子面，右為大南面。

　　地形變異連帶改變了大甲溪的流路。大甲溪受車籠埔斷層與新社線形之間地壘抬升的影響，河流漸漸由西南向東北遷移至今日流路。

III. 街衢的斜坡小地形

　　低位階地的 FT2，主要在大甲溪右岸的大茅埔、東勢，臺 8 線即利用此狹長的平坦面鋪設，另外，左岸的石岡等地亦是。往下低一階的 FT3，分布於土牛、石城等地，土牛、石岡階面上最重要的公路為臺 3 線。不過，在埤豐橋南端的南南西方、距離約 250 公尺的豐勢路二段，路面呈斜坡，此為車籠埔斷層崖的遺跡，而非河階崖。

7／車籠埔斷層的遺跡

斷橋與斷層瀑布

　　埤豐橋下的大甲溪河床，於集集大地震時因車籠埔斷層切過，產生約 5 公尺落差的瀑布，應是臺灣首見的斷層瀑布。此瀑布後因河流侵蝕，以及避免掏空埤豐橋橋基，有關單位予以人為破壞，而於民國98 年消失。

埤豐橋因車籠埔斷層切過，橋的南端為上盤，今重建後橋面似一折面。

集集大地震時，車籠埔斷層切過埤豐橋下的大甲溪河床，形成斷層崖，並產生臺灣首見的斷層瀑布，後於民國98年消失。

石岡水壩與小峽谷

　　石岡水壩壩體北端於集集大地震時受創嚴重，壩體南段相對抬升約 9.8 公尺，是集集大地震時斷層錯動量最大處，也是世界第一座因斷層錯動而破壞的水壩（洪如江，2013），今保留為地震紀念地。水壩下游側，溪水將隆升的地層下切成小峽谷。

石岡水壩與小峽谷

食水嵙溪於石岡水壩與埤豐橋之間，以人工截流入大甲溪主流，
匯流處因主、支流侵蝕差異而形成小瀑布。

8 / 野支河：沙蓮溪與食水嵙溪

　　東勢的沙蓮溪與新社的食水嵙溪均與大甲溪平行一段距離後，才注入主流，
具有野支河的特徵。其中，食水嵙溪原流經石岡、豐原，迂迴一段長距離至神岡
才注入主流。野支河這種繞流不前的現象，主因是受主流的氾濫堆積阻擋所致。
民國 48 年八七水災時，曾經造成食水嵙溪下游嚴重水患。之後，乃於今石岡水壩
與埤豐橋之間以人工截流、排洪入主流，下游段乃成為斷頭河，水患也因而減少。

9 / 高美濕地算是自然美景？

　　高美濕地是大自然的傑作？原本，大安、大甲溪從上游挾帶來的泥沙，應先在海
濱堆積。但是，由於這裡東北季風的風力強大，海岸線走向又和風向呈超過 30 度的
交角，風浪的強度與角度都有利於輸沙；再加上潮差大，無疑增強了輸沙流的幅度，
長期以來，河口南側的臺中港飽受漂沙威脅。

　　有關部門為了解決北來漂沙問題，於港口北側築造兩道防波堤及一道防砂堤，
卻導致突堤效應，沿岸流遇阻力而流速減緩、堆積盛行，在北側淤積成高美濕地。
今人們蜂擁至此駐足觀賞落日、保育溼地生態，殊不知原始為人工造物。

雪山山脈北段
逃離與寄情的地理

岩堡（tor）地形，今所知臺灣最高大者

「山」拔地而起，聳立大地，是如何形成的？從不同角度與季節賞之，山有不同的形貌與色質，加上登高可以望遠，這些是登山者的最大樂趣；山橫阻交通，古今有不同的克服方式；河流對山的作用，造就了瀑布、襲奪等地景。

我們下國道五號礁溪交流道往191縣道出口，在興農路上即望見考察目標——雪山山脈主分水嶺。不過，本文僅聚焦在烏來 - 宜蘭一線東北，其他留待日後。

雪山山脈位於中央山脈之西北側，與中央山脈隔著中央線形（包括礁溪、牛鬥等斷層），西側以屈尺斷層與西部衝上斷層山地的加里山山脈為界。呈東北 - 西南向，東北端由三貂角開始，南端延長至濁水溪，總長約180公里，寬28公里以內。有大霸尖山（3,492公尺）、雪山（3,886公尺）、大雪山（3,530公尺）等高山。其中，雪山僅次於玉山（3952公尺），為臺灣第二高峰。

1／後造山下的垮塌、傾沒入海

山的形成牽涉到幾項因素：

一、板塊之間的擠壓、碰撞，最容易造成地殼的抬升，形成長條狀的山脈，山脈常與造山力量的方向垂直。

二、抬升量要大於侵蝕量，山才會長高。侵蝕力包括雨水、河流、海水、風、冰河等，其中以河流最重要。

三、岩層要硬，山才能屹立；反之，軟岩容易被侵蝕成谷。

約自 100 多萬年前起，臺灣北部由擠壓造山轉為後造山的拉張環境，山脈不但不再成長，反而開始垮塌，雪山山脈也因此由雪山向三貂角逐漸降低、傾沒入海。

2／主山稜的適合展望點

桃源谷的單面山緩坡，地層為澳底層媽崗段砂岩，早期附近民居搭建石頭厝居住，多取材自當地。後經不同時期的整修，亦見紅磚、土埆摻雜。

雪山山脈北段大溪山以東的主稜高度，約在 600 公尺以下，且呈北緩南陡的單面山地形，緩坡由澳底層媽崗段砂岩構成。

站在主稜上，南可眺望太平洋的緣海東海及臺灣兩個活火山區之一的龜山島，北可望及福隆一帶海岸，相當壯闊。特別是桃源谷、草嶺古道埡口觀景亭、三貂角燈塔觀景平臺及靈鷲山觀景臺四處，乃是較佳的展望點。

到桃源谷的捷徑，是從貢寮國中旁的嵩陽路至內坑，接約 1.2 公里的內寮線步道，但小客車可從蕭厝往石觀音寺方向抵達鞍部。大片草原分布在大單面山的緩坡上，因過去放牧牛隻的踐踏，使土壤發生潛移、塌陷而產生高約 30 公分的小階地形，應是臺灣小階地形規模最大處。

由桃源谷東行約 1 公里的石觀音寺，築於天然岩洞中，此岩洞的成因乃上層為

桃源谷，為標準的單面山地形。

293

桃源谷草原的坡地因放牧牛隻的踐踏，發生潛移、塌陷，而出現小階地形，每階高約 30 公分，宛如等高線，或呈之字型，是臺灣小階地形規模最大處。

三貂角燈塔

硬砂岩，地層所含地下水向下滲透，將下層較不透水且較軟弱的硬頁岩侵蝕成洞。

　　草嶺古道埡口西側往桃源谷步道上、高約 555 公尺的觀景亭，視野極佳，向南可遠眺東海、龜山島及大里聚落；向北可望見福隆一帶海域；也可展望雪山山脈北段主稜呈北緩南陡的單面山地形。

　　三貂角燈塔觀景平臺位在雪山山脈東端的海階上，高約 70 公尺，是臺灣本島的極東點，可眺望三貂角一帶海岸的濱臺（海蝕平臺）景觀，遠望龜山島。

　　靈鷲山觀景臺位在荖蘭山（卯里山，386 公尺）北側的靈鷲山無生道場內，可近觀福隆一帶的海階、沙嘴、沙灘地形，遠望鼻頭角、龍洞岬的岩岸地形。

3 ／ 古今交通線：從淡蘭古道、北宜公路到雪山隧道

淡蘭古道

　　今人多有致力於古道研究，這除了挖掘與還原歷史的原初之外，並非意欲將人們封存入歷史、沉溺古老，反倒是要寄情於時間厚度，抽離現實社會的紛擾或都市塵囂，自掘一種避世的空間，穿梭古今。

　　早期人們以雙腳為交通工具，為了聯絡兩地，古道的擇線就屬地理學範疇，在自然條件、客觀距離上會選擇捷徑，力求耗費最短時間，如翻越分水嶺時則經較低的鞍部。但，最短距離不見得最便捷、最安全，如此便會摻入人文因素，比如多沿河而行，不但地勢較為平緩，又有溪水可飲；既入深山荒地，又為求得心靈的安頓，沿途常建有土地公小祠看顧，供行旅膜拜、祈求平安；也有古碑、石屋等先民遺留的史蹟。

　　這裡所提的淡蘭古道，是清代時期從淡水廳到噶瑪蘭廳（臺北到宜蘭）的主要交通道路，也可視作帝國權力擴張的路徑，分為北路、中路、南路，概述如下：

（1）北路：從今萬華、松山、南港，經瑞芳、侯硐、雙溪、貢寮到宜蘭大里，為嘉慶2年（1797）臺灣知府楊廷理所築，發展最早，今存金字碑、草嶺和隆嶺3段。

（2）中路：經平溪或坪林、雙溪到宜蘭外澳，是民間拓墾路線，今知三貂嶺、灣潭兩段。

（3）南路：由深坑、石碇經坪林到宜蘭頭城、礁溪，為商旅往來途徑，乃石碇、跑馬兩段。

淡蘭古道因現代鐵公路的開通，漸漸地失去其原有功能。除了部分為鐵公路使用外，其餘皆隱沒在荒煙蔓草之中，其中翻越雪山山脈主分水嶺的有草嶺、隆嶺、跑馬等3段。

I. 草嶺段

淡蘭古道草嶺段，連接新北市貢寮區遠望坑與宜蘭縣頭城鎮大里，長約8.5公里，又稱草嶺古道。「草嶺」之名得自山嶺因風強而茂生芒草，許多人在秋冬時節至此賞芒花。

沿著遠望坑溪谷緩步爬升，橫越雪山山脈北段的鞍部，然後陡降。途中有雄鎮蠻煙碑、虎字碑等三級古蹟，在鞍部（埡口）及宜蘭縣部分可遠望龜山島。

（1）雄鎮蠻煙碑：同治6年（1867）冬，臺灣鎮總兵劉明燈為了鎮壓山魔所題。其實，因時值東北季風盛行期間，氣流上溯遠望坑河谷而於半山坡（高約240公尺）冷凝成霧，劉明燈誤以為山魔噴煙。

（2）虎字碑：位於離古道最高點約130公尺處。同治6年（1867），劉明燈路經鞍部附近，東北季風在此集中翻越，風勢強勁，使得他舉步維艱，乃取《易經》「雲從龍、風從虎」之意而立碑，以虎鎮風。

虎字碑　　　　　　　　　　　　　　　　雄鎮蠻煙碑

（3）坳口處有一平臺，為整條古道地勢最高點（345 公尺），介於東側 374 高地與西側 555 高地之間。西北側山坡有因坡面土壤潛移而產生的小階地形。

遠望坑溪位在雪山山脈緩坡，往北流注雙溪，於福隆入海，其源頭與雪山山脈南坡（陡坡）的河谷高度相比，呈高位河，假以時日，有可能被後者襲奪而改向流往南方的低位河。

II. 隆嶺段

淡蘭古道隆嶺段，自貢寮區福隆的內隆林街，越雪山山脈東端的 339 與 312 兩高地之間、高約 265 公尺的鞍部，南到頭城鎮石城，又稱隆嶺古道，長約 4 公里，保持原始路面，較少人行。

隆嶺古道是所有淡蘭古道路段中較早開發的一條。有一說法，早年吳沙率眾入蘭陽開墾所行走的路線，應該就是隆嶺古道。若真是如此，隆嶺古道應在吳沙入墾前已有路跡。這裡還曾有宜蘭八景之一的「隆嶺夕煙」。

古道沿途史蹟有廢墾地、古榕樹、廢石屋、石牆、石階、石棺等；古道北口附近有人題詩稱七星墩，此也被貼附成傳聞，疑為凱達格蘭族祭儀場中的七星堆，甚至還認為，石堆似乎是以

榕樹根深入砂岩的節理，與雨水共同發生的風化作用，造就岩堡地形。

人力疊砌，巨石層疊如金字塔，塔內有石階步徑。

但筆者持不同見解，判斷其或因失去平衡而些微傾斜，不過整體上為水平及垂直節理發達之砂岩露岩，其節理因雨水、榕樹根造成的風化作用而擴大，形成疊砌如城堡狀的石塊堆，為今所知臺灣最高大的岩堡地形，高約 10 公尺，長寬各約 20、7 公尺。

現代的鐵路、公路常以隧道穿過山脈以縮短路程與降低坡度，新、舊草嶺隧道位在隆嶺古道附近下方，長約 2 公里，舊草嶺隧道為日治時期所建，民國 75 年新建草嶺隧道後，遂成為古蹟，並整修成自行車道。

III. 跑馬段

淡蘭古道跑馬段，位於新北市坪林區與宜蘭縣頭城鎮、礁溪鄉的交界附近，地處雪山山脈東南坡。據說在二次大戰期間，常可見日軍騎馬巡邏，因此又稱跑馬古道。

自北宜公路最高點（約 59 公里處）的石牌，沿著猴洞坑溪河谷直下，至礁溪五峰路，全長約 6.5 公里，可分為 3 段：古道北口（石牌）至上新花園（已荒廢），約 2 公里；上新花園至古道南口，約 3 公里，為最受遊客青睞的菁華路段；第三段則由古道南口至五峰路，約 1.5 公

榕樹根穿入節理、撐開岩塊，破壞構成了危險空間。但也攬住它，避免傾覆而維持起碼的和諧。但至岩堡周圍或進入石階小徑查看，仍須格外小心。

岩堡旁有塊大石，岩面上刻字寫道：內有七星墩地碉、林森參天勝山峯、石堆促成分布廣、塔似仙境成寶藏。

舊草嶺隧道

里。石牌位在591、625兩高地之間的鞍部，高約535公尺。

　　古道的視野極佳，可俯瞰礁溪林立的大樓、遠眺水田漠漠的宜蘭平原、蜿蜒於雪山山脈的北宜公路及孤浮海上的龜山島。古道途經山神廟、猴洞坑溪上游、跑馬古道勒石、竹蔭道等，景觀多變豐富。

　　古道附近為礁溪大斷層崖，又具有堅硬的四稜砂岩，因此，流經此地的小溪常產生瀑布，如金盈、猴洞等瀑布。

從九彎十八拐到雪山隧道

　　北宜公路通過雪山山脈石牌鞍部後，以「九彎十八拐」通過礁溪斷層崖侵蝕殘餘的三角切面，路線長且多意外。民國95年完成的雪山隧道，長約13公里，取直線穿過雪山山脈，成為臺北-宜蘭間的交通捷徑，單調、封閉、暗無天日的隧道卻因便捷、安全，成了用路人的新寵。只是，蜂擁導致的塞車諷刺了高速公路，更集體製造焦慮，逃離卻進入另一囚籠。

4 ／礁溪斷層崖和硬岩控制的瀑布

　　雪山山脈北段在礁溪附近有五峰旗、猴洞、金盈、新豐等共9個瀑布，稱為礁溪瀑布群。造瀑層均為堅硬的四稜砂岩，瀑布成因多受礁溪斷層崖和硬岩的影響。分述如下（沈淑敏，1988）：

　　五峰旗I、五峰旗II、五峰旗III瀑布，位於竹安溪上游得子口溪左岸支流，I瀑高

上新花園至古道南口，古道受竹林蔽日、清風搖動竹桿的摩擦聲響，竹葉簌簌，是少見的恬靜山徑。

跑馬古道勒石

山神廟

約 42 公尺；II 瀑高約 24 公尺；III 瀑高約
10 公尺、寬約 6 公尺。就瀑布成因而言，
主要原動力應是斷層的影響。斷層經過宜
蘭平原西北緣，東南側的平原陷落而西北
側上升，造成相當大的落差。三瀑及其間
河段高度累加，可達 100 公尺以上。後經
河水侵蝕，瀑布不斷後退，遇硬岩而暫停，
形成今貌。

　　猴洞 I、猴洞 II 瀑布，位於竹安溪支流
猴洞坑溪出山處，猴洞 I 瀑高度、寬度各
約 13、5 公尺；II 瀑高度、寬度各約 10、2
公尺，瀑壁順著地層傾斜面，瀑布成因是
因斷層作用使山地區相對抬升，河水流經
硬岩產生落差而成。

　　金盈 I、金盈 II 瀑布，位於猴洞坑溪左
岸支流北門坑溪，I 瀑高度達約 33 公尺，
II 瀑僅高約 13 公尺，寬約 5 公尺，均屬細
長型。I 瀑岩層排列逆斜達 15 度左右，II
瀑逆斜角度較小，約 5 度。有關瀑布之形
成，應與五峰旗瀑布類似，是因河流流經
斷層崖遇硬岩而成，再經侵蝕後退而形成
今貌。

　　金盈 III 瀑布，位於北門坑溪右岸支流
注入北門坑溪處，瀑布高約 11 公尺。瀑布
之形成，乃主、支流侵蝕力不同，所造成
的懸谷式瀑布。

　　新峰瀑布，位在竹安溪支流石燭坑溪，
瀑布高約 19 公尺，瀑布成因與其他各瀑相
同。金盈與新峰兩瀑布因位在私人土地內，
並未開放。

五峰旗 II 瀑布，瀑高約 24 公尺。

猴洞 I 瀑布，瀑高度、寬度各約 13、5 公尺。

5 / 聖母山莊：童話般的圓丘

　　我們從五峰旗風景區停車場開始徒步，前段為緩升的產業道路，後段為陡上的登山臺階，路程雖僅約 5 公里，但海拔從約 60 公尺升到 884 公尺，落差約 824 公尺。

　　步道中，遊人不絕，皆競相打氣、傳揚聖母山的美景。我們一路考察費時 3 個多小時才翻抵雪山山脈主分水嶺，滿身大汗，頓時置身飛霧裡，偶從間歇風勢中才得以一探全貌。據說，這不過是數十年前，才由天主教修士與一群登山客創造的神蹟地景。但讓遊人沉浸其中的，真是神蹟故事？還是特殊的地形景觀？

　　我們就順著步道，先到了五峰旗聖母朝聖地，可望見五峰旗第一層瀑布，瀑高約 42 公尺，是五峰旗 3 層瀑布中最壯觀者，其旁裸岩即是四稜砂岩。又於桂林峰休息站，平視得子口溪對岸的緩起伏面，今已開發成礁溪高爾夫球場、淡江大學蘭陽校區及佛光大學。

　　一水休息站附近山坡出現大片白木林，一根根白色樹幹直插於山間。白木林的成因，大多是樹木遭落雷，或是其他因素而引起火災，而火將枝葉燃成灰燼。當大雨一來，火滅了，樹也死了，但是樹幹還是直挺挺的。後來，經過大自然的風化作用，樹皮剝落，留下白色枝幹，景色荒涼。直到灰土中的種籽重新冒出，生機接手死寂。

一水休息站附近山坡的大片白木林。弔詭的是，上層樹幹已然枯槁，卻是指向陽光的白亮色；底層是新生，沾滿陰鬱的暗色調。這種反差的地景配置，把不同時間序列的存在，嵌入同一圖框之中。

產業道路旁，白木林與新生綠林成階序般的高低、古老與年輕地景。

通天橋為登山步道起點，起初約 400 公尺沿小溪行，小瀑布與急湍和著水聲，山蘇附生樹上，濕潤清涼。隨後呈之字陡升，約 1.3K 開始有箭竹與風衝矮林混生，到分水嶺則全被箭竹覆蓋。

登觀景平臺，聖母山莊位在雪山山脈平行的主、副分水嶺之間的谷地，主、副分水嶺呈數個錐狀或饅頭狀小丘，狀似菲律賓的巧克力山，小巧可愛如童話世

雪山山脈平行的主、副分水嶺，因岩性因素，而被切割成數個肌理較柔和的錐狀或饅頭狀小丘，加上箭竹將整座山面包覆，時人有稱抹茶山，堪比擬菲律賓的巧克力山。紅色屋頂的聖母山莊以避風考量，蝸居其間谷地。

界，就那麼少了點真實感。沿途不少遊客氣喘吁吁，至此一睹奇景後，倦色全失，彷如進入童話裡所塑造的唯美空間，提供恣意想像與對風的擁抱，以滿足逃離世俗的需求。

主、副分水嶺之間受緩起伏的小圓丘環繞，呈平淺谷地，早期應是一天然淺水塘。谷地東南側有一小缺角（谷口），可能是池水滿溢時沿節理侵蝕而成破口，今人為築一蓄水池。

因此筆者認為，是客觀的地形提供了浪漫化場景，不是故事。

這般地形乃臺灣少有，也就這麼一小塊區域，似乎未見探討其地形成因。我們模擬幾種可能的情況，找尋支撐論點的證據，再從地質圖及步道旁的露頭推測，主要的因素還是岩性。此地的地層是乾溝層，以硬頁岩為主，偶夾泥質細砂岩。而主、副分水嶺由砂岩構成，其間的谷地由硬頁岩構成，前者較堅硬而凸出成嶺，再沿節理侵蝕而分離成小丘；谷地則因較軟弱而被蝕凹下。

其次依據地勢的傾向，該谷地屬得子口溪的源頭，谷口受硬岩阻擋，得子口溪新期的向源侵蝕尚未溯及而呈淺谷，與谷口外的深谷呈明顯的對比。從宏觀來說，位在雪山山脈東南坡的得子口溪，因距海較西北坡的新店溪支流北勢溪之一源來得近，坡度較陡，侵蝕力較強，因此分水嶺有緩慢往北勢溪方面遷移的趨勢。

觀景平臺兩側的地形迥異：往東南方為得子溪河谷，地勢跌落，可俯瞰宜蘭平原；若轉身往西北方遠眺，北勢溪之一源流的山勢綿延不止，視線盡頭是臺北西邊的觀音山與林口臺地。近處河谷兩側，蝕溝呈等間隔的條狀分布，這麼有規則的山形蝕溝著實罕見，推測其因岩性與坡度均勻所致。而兩側植被景觀也有明顯的差異，右為箭竹，左為樹林，推敲其原因可能是前者迎風，後者背風。

全年盛行風向應是東北季風溯得子口溪爬升者，以致在秋冬季節，東南方的宜蘭縣常常是雲霧迷濛，西北方的新北市則日光晴朗的分明景象，甚至於西北側有雲瀑發生。這是東北季風帶著水氣，遇山爬升而冷凝；而西北方為背風面，氣流下沉增溫，水氣減少或蒸發所致。

北勢溪之一源流的河谷兩側，蝕溝呈等間隔排列，推測應是岩性與坡度均勻有關。

6／雙連埤是河川襲奪、沖積扇堰塞而成

　　宜蘭西方12公里處，即在雪山山脈東南坡，有一東西長約2公里，南北寬約400公尺的平坦谷地，谷底瀦水成雙池，稱作雙連埤。

　　此地的地形成因，鄧國雄（1998）以雙連埤地區粗坑溪、五十溪水系地形的異常現象之證據，推論雙連埤的河川襲奪過程如下：

　　在雙連埤河川襲奪地形未發生之前，粗坑東溪原為今日五十溪之上游段，粗坑西溪屬於低位河。在597公尺高地西側的小支流不斷向源侵蝕，率先襲奪了紅紫山溪，再繼續向東回春溯源。最終，使五十溪上游段改向西流，成為目前的粗坑東溪。

　　斷頭後的五十溪水源喪失，原本就已十分平緩的河床，立即呈現無能河狀態。接著，三針後山北坡山谷沖刷而下的碎屑堆積，逐漸阻斷了雙連埤段溪谷與下游通路，堰塞湖初步形成，應是今日雙連埤的最早雛形。

　　隨後，地盤有較明顯快速隆升，使東側已斷頭的五十溪重新快速下切，以致五十溪谷的九芎林與雙連埤的風口之間，水平距離不及400公尺，卻高差達200公尺。而雙連埤段溪谷在兩側坡地的碎屑填埋下，谷床更形寬闊。因其東南端分水嶺的高度較大，碎屑供應較多，逐漸使谷地地勢呈東南高、西北低。於是，雙連埤溪成了反流河，並於接近襲奪彎處切穿一小丘後，呈支流懸谷瀑布狀匯注粗坑東溪。

　　馮馨瑩（2002）透過地質、地形的調查與分析，將雙連埤谷地古河道的地形演育分為3

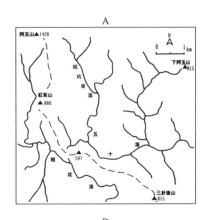

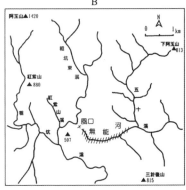

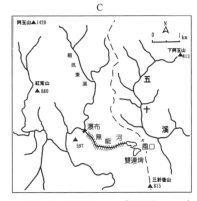

鄧氏雙連埤河川襲奪過程圖（鄧國雄，1998）

個階段。這3個階段的劃分與河流地形的變化，都受到九芎林古湖泊生成的影響。

一、湖泊形成之前的五十溪流域。此時的雙連埤谷地，是五十溪流域的一部分。粗坑東溪與今天的流路相同，並未流經雙連埤谷地。

二、進入雙連埤與九芎林的雙湖泊時期。由於大礁溪正斷層的活動，在九芎林一帶造成陷落，形成湖泊，河流攜帶的沉積物進入湖泊後，在湖緣沉積。隨著湖緣的加積、堆高，促使雙連埤谷地與五十溪流域之間被沉積物阻斷而分離。雙連埤谷地與九芎林湖泊各自進行沉積作用，卻出現了不同的結果：

（1）先說雙連埤谷地，其受北側的支流所帶進的沉積物堆積之影響，地勢北高南低，積水的區域集中在谷地南側。

（2）而九芎林湖泊，則因沉積物漸漸淤高湖底，水位隨之攀高而溢過湖緣，加上湖盆的下陷可能漸漸趨緩，致使湖泊自東側溢頂而消失。湖泊消失後，五十溪的流路恢復，臨時侵蝕基準面重回平原面。因此，五十溪下切，帶走大部分的湖泊沉積物。

三、雙連埤谷地已與五十溪流域分離，不受九芎林湖泊溢頂、五十溪下切的影響，成為古河道遺跡。今雙連埤谷地的地勢東略高於西，北略高於南，應是湖泊形成後而與五十溪分離，漸受周圍支流帶入堆積物而成。至於雙連埤谷地的河水往西流入粗坑東溪，應是侵蝕能力旺盛的粗坑東溪不停地向源侵蝕，切穿分水嶺所致。

此次考察前，就打算帶著鄧氏與馮氏的截然不同觀點，找尋可能的證據與合理性。兩人所推論的地形演育過程，最大的差別在於是否發生河川襲奪？鄧氏認為，雙連埤是河流襲奪後，三針後山北坡山谷沖刷而下的碎屑堆積而堰塞成湖；

雙連埤谷地之東，風口及雙連埤，地勢漸高起。風口後方深切河谷為五十溪，即襲奪的低位河。

雙連埤谷地之北，斷頭河的數條支流持續堆積，形成沖積扇。東南側山谷為沖積扇堰塞後，積水成雙連埤；沖積扇也推逼斷頭河偏流谷地南側。

馮氏則認為，雙連埤谷地雖然曾經改道，但原因是斷層活動造成湖泊，復因湖緣加積而分離，最後是粗坑東溪的向源侵蝕，而非河流襲奪或其他單一的河流作用使然。

經我們現場考察後，且參考臺灣其他地方的河川襲奪現象，提出以下不同的看法。

雙連埤谷地寬闊，水流小而向西流，顯示斷頭河的特徵與斷頭前的水流方向應該也是向西；谷地北側支流的集水區較廣，於谷地內堆積的沖積扇，乃是造成谷地地勢北高、南低的原因。也就因此，迫使向西的水流偏處南側；與雙連埤谷地的高差，五十溪達 150 公尺，而粗坑東溪僅約 20 公尺，前者較具有襲奪河的特色。

綜合推論其地形演育，大致是：

一、五十溪上游原向南轉向西，經雙連埤谷地，注入粗坑東溪，和地表最大傾斜方向相逆，呈倒鉤狀水系。又因其注入粗坑東溪處，硬岩維持而呈峽谷、遷急點與急湍等現象，同時促使谷地軟岩（乾溝層）的側蝕拓寬。

峽谷——

雙連埤谷地，西望斷頭河、峽谷，地勢漸低下。斷頭河受照片右側（北）沖積扇推往左側（南）山腳，今已退化為小水溝。緩緩西流遇硬岩控制的峽谷，以急湍穿流而過，注入粗坑東溪。

雙連埤與五十溪之間的分水嶺，即為風口。

二、五十溪下游為低位河，向源侵蝕切穿分水嶺，襲奪原雙連埤谷地上游（今五十溪上游），致使雙連埤谷地成為斷頭河，水流減少，無力搬運來自北側支流的沖積扇堆積物。因此，東南側山谷受其下游處沖積扇的堰塞，積水成雙連埤。

三、雙連埤與五十溪之間的分水嶺成為風口，谷地北側沖積扇的持續堆積，迫使雙連埤的排水偏於沖積扇的扇端，徐徐西流。

在谷地的古五十溪（斷頭河）受遷急點、襲奪、沖積扇推迫，羸弱無力地緩流向西。直至峽谷，一轉為急湍，回春深切。

宜蘭平原
吳沙的抉擇

宜蘭平原三角洲地帶，從沿著海岸的沙丘內，後背溼地多闢成魚塭，再往內陸則多為水田，乃是早期噶瑪蘭人捕撈魚貝的所在，攝於臺 9 線北宜公路。

在漫長的歲月裡，宜蘭平原僅是潮起潮退的波濤聲響、日昇日落之光影移動，偶見零星的噶瑪蘭人在沖積平原上，從事簡單的漁獵採集。對他們來說，這是一段無爭、不懂憂愁的時光。直到嘉慶元年（1796）吳沙入墾宜蘭，引來了經濟利益與國家權力，更推移了政治邊界的那條無形的線。

吳沙被譽為開蘭英雄，但在他之前，相信已有漢人來過。只是，沒被記錄的地理發現，不算發現。而墾民大幅改變了宜蘭平原的自然地貌，也讓噶瑪蘭人心萌不如他遷。

此處，可從宜蘭平原的地理範圍、自然條件說起，再跟著吳沙的腳步踏查地形。

宜蘭平原（蘭陽平原）位於本島之東北部，輪廓呈等邊三角形，每邊長約 30 公里；底邊為海岸線，呈南北向，向西稍微凹入，北至頭城，南抵蘇澳；頂點距蘭陽溪口西方約 28 公里的牛鬥橋。

地質構造上，本平原位在琉球島弧北側張裂的沖繩海槽西端；西北側為雪山山脈，南側為中央山脈，其山麓分別有礁溪斷層、冬山斷層。在 1.8 萬至 8,000 年前之間，氣候進入溫暖的後冰期，融冰讓海面逐漸上升，海岸線向西側內陸淹漫至平原中部，現在的平原東半部全泡在水中；約至 8,000 年前之後，海面變化趨於穩定。雖然海面高度沒什麼變動，但是陸地卻不斷伸展。因為蘭陽溪等河流的沖積，形成扇洲（沖積扇三角洲），海岸線逐步向東前進，形成現在的平原面貌。

1 / 滂沱的宜蘭雨

　　臺灣民間有一俗諺，也就是「蘭雨竹風」，宜蘭雨與新竹風是臺灣氣候名產。之所以能成為名產，是從幾個客觀指標來認定的。首先是年雨量，蘇澳平均達 4,395 毫米，高居臺灣本島平地之冠，宜蘭為 2,779 毫米，僅比雨港基隆略少，排第三；其次，若談大於

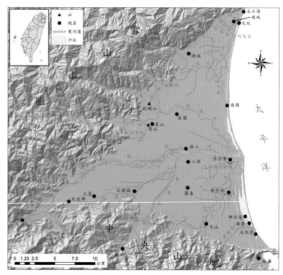

宜蘭平原地形圖（楊貴三等，2010）

0.1 毫米的全年雨日，蘇澳有過 209 日、宜蘭 201 日，分居臺灣本島平地的前兩名。若再加上雲多的陰天，太陽恐怕快成陌生之物。

　　為什麼宜蘭的雨量、雨日，如此之多？我們認為，應該與地形的關係密切。宜蘭平原介於中央、雪山兩山脈之間，呈漏斗狀，開口向東，正好面迎 7 ～ 9 月的颱風與 10 ～ 5 月的東北季風，其把流經外海的黑潮所蒸發的溫暖水氣吹入，隨地形舉升而截留在兩翼山麓，或直接灑落在宜蘭平原。連年沖刷而下的泥沙土石，卻反覆肥沃宜蘭平原成膏腴之地，也成了漢人拓墾者或流民的新樂園。

2 / 林爽文事變讓吳沙避走三貂社

　　吳沙原是天地會分子，參與了祕密組織結社，又以乾隆 51 年（1786）林爽文事件最有名。這場民變驚動北京朝廷，乾隆皇帝派遣親信陝甘總督福康安入臺圍剿，剷除叛逆之意圖甚堅。2 年後（1788），頭號叛首林爽文被逮捕，接著就瞄指吳沙了。

　　吳沙倉皇逃命，避走三貂社一帶山區當成巢窟。據說他生性機警、狡猾，躲藏地至少三窟，之所以看上三貂社，就是因乾隆末年臺灣政治重心仍在南部，而東北山區尚屬邊陲，官府的管束力自是薄弱，讓他得以喘息；另一因則是素以剽悍聞名的泰雅族，橫擋在臺北盆地東側河谷、丘陵一帶，攔阻了漢人的開墾腳步成化外後山。吳沙巧妙高明的交際手腕，利用泰雅族人形成保護傘。

照片左上方山腳為烏石港、蘭陽博物館，地居宜蘭平原北端，攝於臺9線北宜公路。

　　不管如何，從後來發生的史實反推，三貂社對吳沙來說應該只是跳板，他真正覬覦的還是宜蘭平原，一大塊全新的地理空白，等待他進化論似地征服、打造新秩序。

　　那時，他率領漳、泉、粵籍移民約兩千人從烏石港上岸，遭噶瑪蘭人抵抗而退回三貂角。但沒多久後的嘉慶元年（1796），他卻得以入墾，原委啟人疑竇。查閱清代文獻所論，略有二說：一是因他醫治了當時噶瑪蘭人爆發流行的天花傳染病；二則，聽說他散布謠言，虛構海賊即將入侵宜蘭、掀起一場災難，藉此造成噶瑪蘭人心理上恐慌。他再假意埋石立誓，願與噶瑪蘭人並肩對抗來犯，製造同仇敵愾的夥伴感。

　　姑且不論這兩個傳言是真是假？吳沙終究得噶瑪蘭人的信任而踏入宜蘭。

據說，烏石港舊址就是吳沙等人的登陸之地，現在立有烏石港遺址石碑。

3 / 吳沙得以入蘭的地理學思考

心理事實本非地理學範疇,但噶瑪蘭人、吳沙的抉擇卻充滿地理學式思考。於是,我們試著探究並提出質疑,噶瑪蘭人真的如此單純憨直而輕信嗎?或許,噶瑪蘭人是在吳沙聚眾侵壓下,不得不低頭。只是,決定人類行為的關鍵還是在利害關係,漢人入墾是否會影響噶瑪蘭人?其實,漢人與噶瑪蘭人的維生條件不同,所需要的土地與空間範圍也就有別。試想,沒有利害衝突的兩方人馬,何須搏命力抗或濺血禦敵?

這裡面埋了個很深層的地理思考。對噶瑪蘭人而言,長期以來的威脅來自山地的泰雅族人,而他們的漁獵生活是在靠海的三角洲、濕地,兩者之間的沖積扇面及扇端就任其拋荒。如今,漢人向來慣於在平原中間耕作旱、水田,不是正好充作與山地泰雅族之間的避震緩衝?他們是否計算到這層戰略布局?或許,這才是讓吳沙得以順利走進宜蘭的關鍵要件。

但是,噶瑪蘭人的憂慮,不見得是吳沙的憂慮。而吳沙,他是否洞悉擺在眼前的形勢呢?聰慧、老練如他,應該了然於心。只是,擺在他眼前的,還有多少選項可供選擇?說得徹底點,被通緝、老遠逃難至此的吳沙,僅能在大清官兵與泰雅族戰士之間擇一。他所面臨的,一方是已知的追剿,另一為未知的威脅。雖說是未知,但以他在三貂社已有跟泰雅族打交道的經驗,威脅不見得存在。推敲至此,吳沙入蘭幾乎是歷史偶然交會下的必然。

4 / 漢人來了:吳沙入墾宜蘭平原

人類的生物本能就是找尋適合生存的地方,亦即維生的自然條件良好是首要考量,其次才是人文條件,比如原住民的領域、族群關係等。若試著從自然條件來理解,吳沙選擇扇端來開墾,用豐沛水源闢成水田,他以「十數丁為一結、數十結為一圍」等形式,陸續開發沖積扇扇端的頭圍(頭城)、二圍(頭城鎮二城里)、三圍(礁溪鄉三民村)、四圍(礁溪鄉吳沙村)、五圍(宜蘭市)等地區。

接著,他招募墾民在雪山、中央山脈谷口的沖積扇上設隘,防杜泰雅族的進犯,催生許多防禦性小集村,比如大金面、白石腳、湯圍、柴圍、新城、大湖、內湖、

葫蘆堵、茅埔城、太和、冬瓜山（冬山）、石頭城、隘丁、三面城等。也因沖積扇面難以闢成水田，而採旱田、果園耕作。這些聚落、旱園，到現在仍留存田野。

5 / 宜蘭平原的沖積扇地形

從歷史紀錄得知，宜蘭平原往昔多水災，原因是什麼？我們從地形學的角度，一路從山腳到海濱考察沖積扇、三角洲、沙丘，或許能找到解答。

雪山山脈側沖積扇

平原西北緣接雪山山脈，呈東北、西南向的直線狀陡崖，為礁溪大斷層崖。福德坑溪、金面溪、得子口溪、小礁溪、大礁溪、五十溪等幾條溪流，侵蝕切割斷層崖，其所挾帶的沙泥在崖下堆成沖積扇，一個個相擠排列，連接組成聯合沖積扇。

這些沖積扇的扇端高度都約 10 公尺，扇徑 2 ～ 5.5 公里，以大礁溪扇最長。其中，大礁溪、小礁溪與五十溪等沖積扇的埋積較旺盛，扇面擴張到扇側山谷，封擋谷口，山溪流下受阻而積水成堰塞湖，如龍潭湖（大坡）、金大安埤（大湖）；還覆蓋山稜的凹處，前端殘餘成孤丘，如枕頭山、員山。

中央山脈側沖積扇

宜蘭平原南緣矗立中央山脈，山麓線除東端外，呈凹入的谷灣與凸出的山腳，幾處山稜鞍部也遭埋積，孤丘散置。

羅東、冬山、新城等河流於谷口堆積沖積扇，扇端高度均約 10 公尺；冬山河與新城溪沖積扇的扇徑僅約 1 公里，而羅東溪沖積扇的扇徑達約 11.5 公里。

龍潭湖（大坡），其係小礁溪沖積扇封擋扇側谷口，山澗瀦水成一堰塞湖。

枕頭山的成因，是遭大礁溪扇南扇覆蓋山稜凹處，前端析出成孤丘，攝於刺仔崙橋。

金大安埤（大湖），五十溪沖積扇擴張所造成的堰塞湖。

員山，五十溪與蘭陽溪沖積扇埋積山稜凹處，蘭陽溪分流宜蘭河穿流而過，趾部切離為孤丘，攝於員山大橋。

梅花湖，其為羅東溪沖積扇堰塞東南側山凹處，蓄積泉水而成。

　　羅東溪沖積扇西北側與蘭陽溪沖積扇以安農溪為界，東南側山凹處因沖積扇的堰塞，蓄積泉水形成梅花湖。梅花湖舊名大埤，與龍潭湖、金大安埤同樣，原都利用沖積扇面向扇緣緩斜的特性，灌溉旱田果園，今因山光水色、一派靜謐，成為遊覽勝地。

新城溪沖積扇，大致以武荖坑橋為谷口，扇徑僅約 1 公里。

蘭陽溪沖積扇

　　蘭陽溪發源於思源埡口，下游的沖積扇構成宜蘭平原主體。其扇頂高度約 205 公尺（牛鬥橋），扇端高度約 10 公尺（員山、羅東間的弧線），扇徑約 20 公里。主流南、北兩側各有一分流，南為安農溪，北是宜蘭河。分流的成因，是因為扇央部堆積較旺盛，地勢較高；扇側部堆積較差，地勢較低；橫剖面呈一中央凸起的弧形，此致部分河水往扇側部流動，而成分流。

　　扇面的河流呈放射狀或網流，其流水之一部分，潛入地下於扇端流出。吳沙之所以選擇沖積扇扇端與三角洲之間開墾，在自然條件的考量上，一因扇端有灌溉水源；二則扇頂部礫石磊磊，鄰近大海的三角洲低漥易淹水，均不適合開墾或

蘭陽溪沖積扇扇頂在牛鬥橋，分流始現，溪床礫石磊磊，溪水容易下滲伏流於地下，地景一片荒涼，攝於牛鬥橋。

居住。

而在人文條件方面，此一地帶正好介於西側泰雅族與東側噶瑪蘭人勢力範圍之間。對於兩造勢力邊界的意義，不同角度就會有不同的詮釋。對噶瑪蘭人來說是前擋；對吳沙來說，邊界意味了模糊、緩衝，槓桿的中央搖擺最少、最穩定，換來的是安全。

6／當宜蘭雨流到三角洲：河川氾濫

宜蘭平原各沖積扇扇端以東就進入三角洲，高約 10 公尺以下，為蘭陽溪與大小河流共同沖積形成。地表大致屬泥沙淤積而成，地面平坦，漢人入墾後闢作水田，使宜蘭平原成為臺灣東北部的穀倉。

但承平時看似溫順，一旦「宜蘭雨」灌注三角洲就會致災。嘉慶 15 年（1810）4 月閩浙總督方維甸「奏請噶瑪蘭收入版圖狀」中提及：

> 近年故道淤淺，正溜北徙，繞過員山，逕五圍之東，由烏石港入海（按庚午六月，溪流已仍循故道）。

那時蘭陽溪即因洪水灌注，加上現今河道淤淺而改道向東北，流經員山、五圍（宜蘭市）後從烏石港入海。淹漫兩個月後，才又回歸。當日本人初至臺灣，曾於明治 33 年（1900）5 ～ 8 月在壯圍進行土地調查，就提到：

> 光緒 16 及 18 年，明治 29、32 年，宜蘭川氾濫，沿岸諸庄家屋崩壞、人畜死傷、田園荒廢者多。尤其光緒 18 年，海口壅塞，壯六、七張犁等庄，舉村歸於荒廢，千餘甲良田化為蘆渚。

這段報告讓人讀來訝然，宜蘭河幾乎每 3 年就大淹水。到底是什麼原因，讓良田、穀倉化為蘆渚？欲解此疑惑，得先掌握宜蘭河的地形成因。

查看明治 37 年（1904）的臺灣堡圖，宜蘭河於天送埤北方約 2 公里處自蘭陽溪分流，朝向東北流。這其間，宜蘭河陸續遭遇五十溪與大、小礁溪等溪注入，

流路受蘭陽溪扇洲與這些支流沖積扇的沖積物等數股力量推迫下，汨流於眾扇縫合處低地。待繞過宜蘭市北邊後，進入三角洲，形成自由曲流而折向東南方，重新匯入蘭陽溪河口附近，一洩入海。

日治時期武荖坑溪舊河道，蜿蜒於沙丘後方，甚至受阻沙丘而成無尾港，只待洪水來時才得以衝破沙丘入海。但也因排水不良而常造成水患，後經截彎取直、挖開沙丘成一新河道，即今之新城溪（下載並修改自 Google Earth）。

　　三角洲的本質，就是氾濫。三角洲本為泥沙地，是靠氾濫堆出來的。這是因為河流進入三角洲後，坡度極緩、流速趨慢，河流轉為堆積作用，若遇上游大量溪水暴漲、向下游推擠下，再加上沿海沙丘阻擋而回堵，河道滿溢、入侵聚落，是很平常的事。所以，早期若遇夏、秋洪水期，就暴露了宜蘭河的排洪能力不足，宜蘭市就常常泡在大水塘中。

　　其實不只宜蘭河，宜蘭平原上許多河川都有同樣的病害。

7／沙丘：
天然防波堤與防風牆

　　後來人為整治時，首重就是排水，而工程多採河道截彎取直，如青仔地的冬山河、茅仔寮的五結排水幹線等；而蘭陽溪兩岸築堤，也使宜蘭河上源遭截斷，可說是人為斷頭河。新城溪（舊稱武荖坑溪）亦是採截彎取直，讓原本迂迴沙丘後背的潮曲流河道，斷頭淤淺陸化或倒流入新城溪新河道。

　　若從空中鳥瞰，會發現宜蘭平原海岸線受波浪侵蝕、修飾，向西方稍微凹入，略呈一弧形。只有蘭陽溪與宜蘭河、冬山河的共同河口，因淤積特甚，稍微向東凸出，呈尖嘴狀三角洲，而河口南、北側有沙嘴。

　　從海岸往西側內陸，除河口外，均可見沙丘分布。沙丘延長方向與海岸線平行，高約 20 公尺以下；且沙丘的東坡緩、西坡陡，表示盛行風向偏東，沙丘與風向相交，屬於橫沙丘。沙丘帶的寬度不及 800 公尺，

宜蘭平原沿海的沙丘，延長方向與海岸線平行，是大自然的防波堤與防風牆，攝於壯圍鄉永鎮廟濱海遊憩區。

小聚落沿著沙丘西側排列成線形，利用沙丘遮蔽海浪、東北季風吹襲，攝於頭城鎮竹安國民小學前陸橋。

沙丘脊在過嶺以北只有 1 條，以南則可多達 3 條，冬山河與新城溪之間更達 4 條以上。

　　沙丘像是大自然的防波堤與防風牆。許多小聚落就沿著沙丘背面（即西側）排列成長條線形，利用沙丘遮蔽東側海岸的大浪、強風侵襲，以及西邊山溪的漫流氾濫，而臺 2 線濱海公路串連了它們。最素樸的人地關係就是這樣，或可這麼說，地形預設了人類居所，也老早埋了交通線路。

8 / 濕地、沼澤原本就是大自然的水塘

　　但沙丘卻成了溪水入海的最大障礙。幾條小河流灌流至此受到阻滯，流向被迫轉與沙丘方向平行，沿沙丘背後繞道，合併於竹安溪、蘭陽溪及新城溪，力量增強，方能切開沙丘入海。沙丘西側，排水不良之處形成沼澤，成了三角洲前緣特有的「後背濕地」。

此等小河流與沼澤，由北而南有：烏石港至大坑間沼澤；頭城河、得子口溪下游；大福大排；宜蘭河最下游部及其支流；冬山河下游；埤子尾至頂寮間之沼澤地；新城溪斷頭潮曲流（大坑罟至無尾港水鳥保護區）等。

烏石港至大坑間沼澤，即為舊烏石港遺址，如今蘭陽博物館建址於此。

頭城河、得子口溪等溪下游，原本受沙丘橫擋，溪水繞流沙丘後方成濕地，後幾條溪流匯集才合力衝開沙丘。今聚落沿沙丘西側呈線形分布，濕地則闢作魚塭（下載並修改自 Google Earth）。

新城溪斷頭潮曲流（大坑罟至無尾港）。

烏石港的防波堤「突堤效應」，背對沿岸流的堤南地區，原本的頭城海水浴場不斷受到侵蝕，沙灘幾乎消失，乃以拋石護岸。

烏石港的防波堤「突堤效應」，面迎沿岸流的堤北外澳地區不斷地堆積泥沙，成為新的海水浴場。

9 / 沙源減少、突堤效應改變了海岸地形

　　土石流沖毀人類家園，令人厭惡，卻也是海岸國土的泥沙料源。然而，近年因人為開採砂石，蘭陽溪的輸沙量減少，但東北季風與颱風的自然營力依然強勁，掀拂起的波浪侵蝕力絲毫未減，宜蘭海岸逐漸發生侵蝕後退現象，這是人為導致大自然失衡的必然結果。

　　另也因烏石港的防波堤凸出海中，產生「突堤效應」，面迎沿岸流的堤北外澳地區不斷地堆積泥沙，成為新的海水浴場；背對沿岸流的堤南地區，原來的頭城海水浴場卻發生侵蝕，沙灘幾乎消失，還得搬來大堆礫石捍衛國土。原海水浴場至今已成回憶，改名為濱海森林公園。

10 / 勇於冒險的吳沙

　　吳沙因身分敏感，卻懂得沉潛、隱姓埋名，才能自保。所以，他留下的史料非常少，傳說較多。但歷史沒有讓吳沙孤單，他的發跡、進墾宜蘭的故事不斷被流傳，還渲染成開蘭英雄。英雄之稱，可能是指他的膽識過人，處事決斷與格局都高過常人。吳沙雖入蘭不久即過世，但「入蘭」的意義在於改變宜蘭平原偏居臺灣東北一隅的寧靜。

　　如今，我們跟著吳沙步履，沒有冒險搏命，唯有透過地形揣測他的抉擇。

蘭陽溪的流路幾乎呈直線狀，乃一斷層線谷。河谷左側為雪山山脈，右側為中央山脈，攝於中線宜蘭受縣界附近。

蘭陽溪
線與面的地理組合

　　蘭陽溪乃潺流於臺灣東北部之一縱谷，西以雪山山脈與淡水河流域相鄰，東以中央山脈北段與南澳溪及和平溪相接，其上源於思源埡口（匹亞南鞍部）與大甲溪呈谷中分水。主流長約 73 公里，支流均甚短小而難以談論。本溪自牛鬥橋以下出谷口，開始分流堆積於宜蘭平原上，形成廣大的扇洲，另詳述於「宜蘭平原」。

　　在本溪中段的土場以下，其左岸有東北、西南向的直線狀山麓線，向東北連續至宜蘭平原西北緣，更可延長至頭城、三貂角間的「礁溪斷層海岸」。

1 / 河谷地形：斷層線谷

　　若從整體看蘭陽溪的流路，其幾乎呈直線狀，曲流並不明顯，勉強於留茂安下游側至土場之間略呈嵌入曲流。此等流路，似乎受與本島主軸大致平行的中央線形、梨山斷層或牛鬥斷層所影響，可謂之斷層線谷。

　　臺灣島著名的斷層線谷，除了蘭陽溪之外，還有陳有蘭溪及荖濃溪，扇階地形均相當發達，且各具特色，扇階的規模以陳有蘭溪最大，蘭陽溪次之，而荖濃溪則階數最多，怎麼會這樣？原因就留待南臺灣再談。

2 / 獨立山是離堆丘？

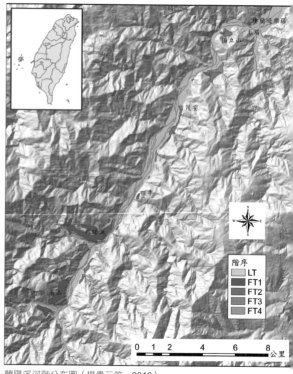

蘭陽溪河階分布圖（楊貴三等，2010）

　　既然是沿著斷層線發育的河谷，流路趨近直線，但前述嵌入曲流段的獨立山旁，卻有半圓形的曲流舊流路，圍繞著獨立山。這種地形組合，很容易讓人聯想到離堆丘，但真是如此？我們在大同國中附近繞了繞，獨立山高約 554 公尺，與舊河床比高約 120公尺，而跟現河床比高約 150 公尺。因此，這裡有兩個地形疑點尚待解答：

　　一、曲流舊流路如何形成？曲流的發育條件常受到岩性控制，有時會在破碎的斷層帶上擺動。而牛鬥斷層並不經該地，那麼，這是沿著軟岩或節理侵蝕而形成的嗎？

　　二、曲流舊流路的河寬不適稱，過窄的入口埋下疑題。曲流入口的寬度較今之蘭陽溪河谷狹窄，也遠較曲流舊流路的出口窄很多。一般河流的下游段些微寬大是正常現象，但這裡卻異常地不合乎比例。只能先假想，該流路是蘭陽溪的主流或分流所經。若是前者，獨立山乃主流從曲流頸切斷而成，可稱離堆丘；假使是後者，即是本、分流所夾小丘，則稱腱狀丘。至於像是煙斗狀的曲流舊流路，或許是岩性使然。

獨立山與蘭陽溪曲流舊流路（橘色虛線）

獨立山與曲流舊流路入口，攝於大同國中前。

3／腱狀丘發達：河床寬闊、埋積特盛的產物

蘭陽溪的河床大致寬闊，埋積作用特盛，僅於上游的南山（匹亞南）附近至上源之間成為峽谷，支流的石頭、土場、天狗、清水、羅東等溪的埋積，同樣旺盛。

也就因為本、支流的埋積旺盛，河床的網流發達，一旦分流下切，分流之間就會高起成為腱狀丘，使得蘭陽溪的腱狀丘地形相當發達。若仔細探究，大略可分為兩型：本流多為底岩型，支流的沖積扇上多為沙洲型。可以猜想，許多沙洲型的腱狀丘應該在洪水來時，已遭粉碎，再度回填河床。今僅存者，丘頂覆上草木綠意，頗似蓬頭垢面或怒髮衝冠，有的點綴在擠滿白灰色礫石泥沙的河床上。

我們從上游至下游記錄腱狀丘，依序是逸久溪中游、米磨登溪口北方500公尺（南山東南方）、四季南側、留茂安附近的主流河床中、石頭溪口左岸、土場溪下游鳩之澤溫泉北北西方約800公尺、排谷溪口的棲蘭山（北橫與中橫宜蘭支線交會口北側）及牛鬥橋上游約500公尺河床中等處。

蘭陽溪谷因大斷層通過左岸附近，地層破碎，供應源源不絕的砂石，形成極典型的埋積谷，攝於留茂安附近。

石頭溪，谷口堆出小沖積扇，僅是蘭陽溪河床埋積過程的一小角色。石頭溪口左岸有一腱狀丘，後方為石頭溪舊分流河道。

棲蘭山，乃排谷溪與舊分流所夾的腱狀丘，舊分流已與今蘭陽溪氾濫原形成約50公尺落差，眺望蘭陽溪氾濫原的西瓜田，攝於大同鄉英士村林森18-2號前（舊分流河道）。

牛鬥橋上游約500公尺河床的腱狀丘，攝於牛鬥橋。

4 / 礫石變西瓜

　　住在河岸的人們，懂得利用蘭陽溪沙礫地排水迅速的特性，撿走大礫石、挖掘田畦、種出西瓜，成為臺灣西瓜的著名產地，堪稱西瓜溪，乍看還可能錯認西瓜為礫石。

5 / 線與面的布置：臺灣少見的龐大扇階群

　　蘭陽溪流出宜蘭平原處，形成大沖積扇；此外，於該溪谷中，與支流的匯流處亦形成各支流之沖積扇。

　　蘭陽溪支流短促，挾帶大量砂石，於谷口反覆進行堆積與切割而形成複成沖積扇或扇階。從下游的樂水，一路細數到上游的南山，扇階由1階增至5階，均為低位者，可見都很年輕，地盤亦甚活躍；階崖高度亦由下游的幾公尺，往上游遞增至數十公尺。這些蘭陽溪溪谷沖積扇群之中，以米磨登及夫布爾兩溪沖積扇較大。

　　扇階的地形特徵為線和面，得從空中學習鳥的視角，一覽全貌；也需在地面踏查土地，詳加考察。

南山聚落

水管路的地景製造，緊貼著扇階的地理特性，攝於可法橋旁。

線，表現在階崖，其因坡度陡，難以耕種利用，只能拋荒、放任雜木叢生，形成墨綠色的線條，偶見聯絡各階面間的之字形公路，是更纖細的白灰色繩索；面，主因考量避水及平坦面易於耕作，大多被人們選擇作居所、田園。人地關係或許若顯若晦，但難脫連帶。人文活動會改變自然地貌，不同作物就染上不同色塊，當然也受大自然支配，比如水源。

若說扇階上的聚落，以南山最大，位於最寬廣的 FT2 面。附近人家利用扇階緩斜、排水良好的特性，闢田旱作、種植高麗菜，成為重要產地。但排水迅速也造就了扇階乾旱的地理特性，留不住水。為了解決此難題，農戶紛紛接水管從米磨登溪引水過來實施噴水灌溉，一條條灰色水管綑綁在中橫宜蘭支線路旁，形成水管路奇景，可說是扇階水源問題的伴生物。

這些扇階從上游逐一列至下游，大致有：

米磨登溪

位於蘭陽溪左岸，共有 5 階。其中，LT 只殘餘一小塊，以 FT2 最寬廣，南山就位於北扇的 FT2 上。

北扇有兩條舊分流的流路，在 FT3 時期切過 FT2 面，中間殘餘 FT2 的小丘，形成腱狀丘，丘崖高約 4 公尺。

米磨登溪沖積扇南扇，殘餘一小塊 LT，為蘭陽溪扇階群的最古老面。

米磨登溪沖積扇的北扇，上頭殘遺 FT2 的腱狀丘。

夫布爾溪

　　位於蘭陽溪左岸，共有 3 階，其中以 FT2 最大，馬諾源即位於北扇的 FT2 上，階面略呈上凸弧形，公路呈東北、西南向拉過去，房舍就沿線擺放呈線形聚落，不若南山的集村，略有商業機能。夫布爾溪北方的支流，因受夫布爾溪沖積扇之阻擋而產生埋積，此堆積面可對比 FT2；且該支流在角力後居弱勢，地勢較低，偏流在夫布爾溪沖積扇與山麓之間。

美羅溪

　　位於蘭陽溪右岸，谷口扇階僅 1 階 FT3。

四重溪

　　位於蘭陽溪右岸，谷口北岸有沖積扇階 3 階，四季村上部落位於 FT1，下部落主要位在 FT3。

留茂安溪

　　谷口扇階有 2 階，即 FT3 及 FT4。

夫布爾溪扇階與蘭陽溪河階

美羅溪沖積扇為一複成沖積扇

加蘭溪沖積扇，位於蘭陽溪的右岸，支流加蘭溪所挾帶的泥沙注入蘭陽溪後，順著本流的流向搬運，下游側的扇比上游側來得大。

加蘭溪

　　扇階 2 階，石頭溪口左岸扇階 1 階。

棲蘭森林遊樂區及樂水

　　各有 1 階，對比 FT2。天狗溪及土場
溪下游共同形成一聯合沖積扇。天狗溪扇
較大，迫使兩溪合流的流路偏於土場溪

天狗溪及土場溪下游的聯合沖積扇

扇。根據民國 70 多年的航照顯示：天狗溪流域的坡地整片伐木，造成崩塌嚴重，
河床大量堆積，土石流沖毀田古爾橋，今該橋重建中。

　　除此之外，也有少部分蘭陽溪河階位於馬諾源、南山、留茂安等處，平行主流
分布。

6／蘭陽溪切割沖積扇的特性

　　林朝棨（1957）認為蘭陽溪的切割
沖積扇，具有下列的特性：

　　（1）沖積扇大多形成於左岸，左
岸的沖積扇規模亦大於右岸。蘭陽溪
係一斷層線谷，斷層線似乎經過溪的左
側，於是，沖積扇形成於本流與支流的
不協和合流處。因此，沖積扇多形成於
本流左岸，規模亦較大。

蘭陽溪谷的沖積扇，受到堆積空間的影響甚鉅。而左岸支流的山崩較多，料源供應一多，扇的規模就大，迫使蘭陽溪偏右岸流動。

　　（2）本流與支流的合流處，不一定均有沖積扇。若於曲流的滑走坡，沖積扇
較發達；倘於基蝕坡處，則較不發達。支流有山崩地或容易受豪雨沖刷的地層時，
比較容易形成沖積扇。

　　（3）愈上游沖積扇的規模與切割度均愈大。支流沿岸地質的崩潰性，似乎愈
往上游愈大，尤其最上游的米磨登溪，谷頭附近有顯著的山崩地。

　　（4）沖積扇的規模，左扇常比右扇來得大，扇面的傾斜度亦較緩。關於沖積
扇偏形的原因，似乎與支流順著本流的坡向搬運、堆積有關。

　　（5）愈上游者的形成時代愈舊。沖積扇的崖高愈往上游愈大，這緣起於地盤
的隆起運動、河蝕復活後，本流的下切呈現愈上游、愈顯著所致。

而米磨登溪沖積扇構成的砂礫層極厚，證明此沖積扇在堆積之前，蘭陽溪谷已侵蝕成相當於此厚度的深谷，以及對應扇面寬度的河床。後來沖積扇形成時，本流河床與支流呈顯著的堆積作用，造成廣大的氾濫原，其規模與現在的扇面相差無幾。

　　上述沖積扇的特性之一，斷層線經過溪的左側，不過，斷層面須向東，支流切割斷層隆起側所得的砂石，才能堆積在斷層崖下，形成沖積扇。牛鬥斷層確實通過蘭陽溪西側，但根據新出版的環山地質圖幅，其為面向西而非向東的逆斷層崖，這樣就不成為本區形成沖積扇的條件之一；也許如林啟文等（2008）的看法，牛鬥斷層可能為左移斷層兼具正移分量，較能解釋此地沖積扇形成的機制。只是，此僅是粗淺見解，未來仍需精密的考察與分析。

　　而陳邦禮（1996）提出簡潔的看法，他認為形成蘭陽溪上游扇階的直接原因，主要是地殼快速隆起及流域地質、地形特性造成的河流快速回春，配合了約 2,000 年前發生的氣候變遷，造成河谷加積並形成沖積扇。後來，因回春所引發的崩坍

蘭陽溪最上游支流的沖積扇，在地盤隆起量較高之下，河蝕復活而下切顯著。沖積扇下切成頂部的扇階與平行河流的河階，共有 5 階，部分河階位於蘭陽溪的基蝕坡，被側蝕成弧形。也就因此，扇階與河階交雜，更顯零碎。

米磨登溪的谷口為沖積扇的扇頂。可法橋利用谷口搭建橋樑，距離最短、建造成本最低，讓人車繞點遠路，服從在經濟考量之下。

地逐漸穩定，主、支流河床才漸次下切至今日之高度。

齊士崢等（1998）讓這些扇階的時間意義更加明朗。他根據漂木定年資料，將蘭陽溪上游沖積扇的發育分為 3 期：

第一期：米磨登溪沖積扇期，大約在距今 2,000 年至 1,500 年間。

第二期：夫布爾溪沖積扇期，約在距今約 1,100 年至 700 年間。夫布爾溪沖積扇發育後，米磨登溪、夫布爾溪和蘭陽溪本流開始大規模下切，終至約現在的位置。

第三期：小規模沖積扇發育期，最近約 400 年來，陸續形成美羅溪沖積扇、逸久溪溪谷沖積扇和茲那谷溪沖積扇。

中央山脈北段
邊坡潛移：
未被人類馴服的大自然課題

中央山脈乃臺灣之主分水嶺，如照片中央的合歡東峰、後方的奇萊連峰，兩者間係受立霧溪同源侵蝕，僅剩部分曲折偶連，攝於合歡山主峰步道。

1 / 撐起臺灣島的屋脊

　　中央山脈，北起蘇澳南方的烏岩角，南迄恆春半島東南端的鵝鑾鼻，長約 340 公里，西以中央線形與雪山山脈及玉山山脈為界，東以花東縱谷與海岸山脈為鄰。它被視作臺灣島的屋脊，又有脊樑山脈之名，3,000 公尺以上的高峰林立，最高峰為秀姑巒山（3,805 公尺）。

　　中央山脈東緣可略拆成三段，北段約 60 公里的蘇花海岸、南段約 90 公里的東旭海岸形成顯著的大斷崖海岸，海潮嚙啃山腳，危崖若削；而長約 170 公里的中段部分，則成為花東縱谷平原西緣的直線狀斷崖，東俯埋積若蓆的田園。

雪山

中央線形

大甲溪

雪山山脈

思源埡口

中央山脈

中央線形通過遠方的思源埡口、大甲溪上游，分成左側為雪山山脈、右側為中央山脈，攝於梨山。

中央山脈的地層，包括東部的先第三紀變質雜岩系及脊樑山嶺與其西側的第三紀亞變質岩，兩者原為深埋地底的古老地層，因板塊擠壓抬升、上覆地層蝕去而出露地表。前者又稱大南澳片岩，此為臺灣最古老的地層；後者包括始新世的畢祿山層和中新世的盧山層，由千枚岩、板岩、硬頁岩、變質砂岩等岩石組成。

中央山脈乃臺灣的主分水嶺；北段（木瓜溪與塔羅灣溪以北）的著名山峰如南湖大山（3,742公尺）、中央尖山（3,705公尺）、合歡山（3,417公尺）、奇萊主山（3,560公尺）、奇萊主山北峰（3,607公尺）等。這條主分水嶺線，因兩側順向河的向源侵蝕與襲奪，稜線遭蝕落而呈彎曲或高低起伏，並非想像中的平直、等高。

奇萊主山北峰，或許因常發生山難事件，而有黑色奇萊之稱。另一說是從合歡山區眺望奇萊連峰是東南向，上午剛好是背光，過午後又常起霧，導致奇萊連峰的岩壁總是黑色陰影，攝於石門山步道。

2 / 地形面：南澳山地與太魯閣山地

南澳山地

中央山脈在和平南溪以北的部分，稱為南澳山地。幾條小溪從深山冒出，像是東澳、南澳、和平等溪，皆視太平洋為歸處。但仔細比較各溪流的階地數量，以東澳溪最少，而和平溪最發達。從這推論最近地質時代的隆起量，北部較小，而南部較大。

武荖坑溪上游的嵌入曲流發達，具有3個離堆丘，其中，武荖坑離堆丘位在低位河階東緣。於武荖坑氾濫原形成時，武荖坑溪曾有分流經南新城，於蘇澳入海。

中央山脈北端的三星山（2,352公尺）和望洋山（2,050公尺）之間，分布有

1,800～2,000公尺的高山平夷面，此為早期山地
受侵蝕而地勢趨緩，再經地盤抬升至此高度。但因
各地的抬升量不等，高度略異。也就因為地形呈緩
起伏，凹地常積水成高山湖泊，比如本地形區的翠
峰湖係臺灣最大者，長約800公尺，寬約100～
200公尺，面積約25公頃。而中央山脈南段以巴
尤池（小鬼湖）為代表。

翠峰湖之一

太魯閣山地

和平南溪之南，經立霧溪至木瓜溪之間，即
「太魯閣山地」。其中立霧溪流域之隆起量最大，
除「太魯閣峽」之大峽谷外，河階甚發達，其詳情
述於立霧溪。

翠峰湖之二

I. 武嶺：劈理發達的板岩

沿臺14甲公路往東北，海拔漸漸升高，沿途
有清境農場、梅峰、翠峰、鳶峰、昆陽等地，抵達
海拔3,275公尺的武嶺，是臺灣公路最高點，也是
濁水溪與大甲溪支流合歡溪的分水嶺。

武嶺的地層為中新世盧山層，岩性包括板岩及
薄砂岩、板岩互層，劈理發達。武嶺停車場闢建之
時，切挖其山腹，導致邊坡地層裸露，直接曝露在
高山氣候的凍裂等風化作用之下。在冬季，白天溫
度升高、冰雪溶化，水滲入岩層裂縫；到了夜間，
水因結冰、體積膨脹而撐開裂縫，岩層碎裂滑落。
也就因此，成土不易，植物難以附著生長。而崩落
的板岩岩屑則堆積於坡腳，就在停車場旁，極易觀
察。

武嶺旁板岩的劈理發達，在高山氣候下，
容易受風化作用而破碎。

羅偉（1993）及羅偉等（2002）指出，合歡群
峰與奇萊連峰由西北側觀之，峭壁危聳，東南側則
幾全是緩起伏的山坡。東南側平緩坡面和該區發達
的劈理面大略一致，造成本區內常見的單面山和

鋸齒狀山形。合歡山一帶，包括主峰、東峰、石門山、北合歡山等，呈東南傾之單面山層階地形。

立霧溪與木瓜溪之間，係中央山脈東斜面高度最大的部分，擁有立霧主山（3,070公尺）、太魯閣大山（3,283公尺）等超過3,000公尺的大山。此區高度之大，可能暗示整體地盤向北傾動中，此地為隆起量最大的區域。若著眼於現實關切，不能孤立看待此區隆起量之大，因為這裡的地層乃大理岩與綠色片岩、黑色片岩的互層為主，前者較硬、後兩者較軟，在侵蝕差異之下，容易誘發大規模的山崩，且侵蝕作用較其他區域劇烈。

II. 克難關：移動的分水嶺

所謂分水嶺，是區分不同流域的自然界線，常是較為堅硬的山稜。一般總以為山是永恆，實則非固著不動，而是由侵蝕力強者向弱者方向以極緩慢的速度移動。而鞍部為兩山之間的低陷處，通常是因岩層較脆弱，也可能有斷層或節理通過，容易被侵蝕凹下。

克難關即指石門山與石門山北峰之間的鞍部，東側立霧溪向源侵蝕力較西側大甲溪支流合歡溪為強，田野可見立霧溪側坡度陡峭、合歡溪側則稍緩，不斷崩塌處偏在立霧溪側，分水嶺逐漸向合歡溪側移動且變矮。

中橫公路正好循此缺口通過，風勢強勁。

而在崩崖上方的石門山北端，數年前產生約十幾公尺長的張力裂縫。該裂縫今雖已被泥土填塞，但危及了該處步道的安全，須進一步探究成因。

劈理面上的共軛節理，岩層受板塊推擠後翹起、破裂，坡面為劈理面，正對板塊擠壓來向，攝於北合歡山步道。

合歡2號冰斗

合歡山一帶常見單面山和鋸齒狀山形，凹谷處為合歡2號冰斗。

3 / 大禹嶺：
潛移是公路邊坡難題

　　大禹嶺，位於中橫主線臺 8 線與供應線臺 14 甲線交會點，海拔 2,565 公尺，是中橫公路主線的最高點。在地形意義上，地居北合歡山與畢祿山之間鞍部、立霧溪與大甲溪流域分水嶺。

　　早期，大禹嶺因中部橫貫公路主線與供應線交會而人車輻輳，成為臺灣高山難得一見的飲食店、商販、水果攤聚集地，是重要的補給站。如今因位於地層滑動潛移地帶，有關單位為了住民和行車安全、水土保持考量，廢棄了救國團所屬的大禹嶺山莊，並陸續輔導住民遷離。保安思維下，歇腳驛站成了遭排除、清空、逃離的地景，一新為平整的公路，過往只能透過記憶或舊照片再現，大地重新建構秩序、刮除重新覆寫。

　　摧毀舊地景、打造新秩序的理由是，根據五萬分之一臺灣地質圖幅「大禹嶺」、現場地形研判，大禹嶺位於大禹嶺複向斜的西翼，此向斜軸

克難關，東側立霧溪向源侵蝕力大於西側大甲溪支流合歡溪，分水嶺逐漸向後者移動。

張力裂縫

石門山北端的張力裂縫，攝於石門山步道。

克難關東側的立霧溪，向源侵蝕劇烈，造成邊坡不斷崩塌，攝於克難關。

為東北-西南向，東翼較陡、西翼較緩。出露的地層為大禹嶺層（Ty），地質年代約在漸新世到中新世，岩性以板岩、千枚岩與變質砂岩為主。其中之板岩，劈理發達，因受重力而沿劈理撓曲，極易在撓曲處因張力引致張裂，形成潛在破碎帶；加上大禹嶺斷層通過，還有河流的下切作用旺盛，若再加上公路切坡等因素催化下，常形成不穩定的邊坡。以致在種種不當條件齊備之下，這裡成了國內著名的邊坡滑動地帶。總之，瞭解邊坡失穩的因子與機制，乃是板岩區道路邊坡工程的關鍵課題。

而大禹嶺的邊坡滑動是確定的，屬於深層滑動或弧形滑動，其特徵為滑動面積在1公頃以上，平均深度約5～10m以上，滑動面常深入岩層內，平時僅發生「潛移」現象，短期間的滑移量不明顯，不過，一旦運動加速，極可能引發遽變式山崩，不得不慎。

邊坡潛移的現象，乃是風化岩層、泥土及岩石等在重力作用之下，緩慢移動。就因為移動的速率極緩慢，在短時間內不易被察覺，成為隱性威脅。不過，邊坡潛移的累積性還是可以透過田野觀察，而得到初步的證據。最直接而簡易的方式，可以把握其重要概念，像是潛移常因重力作用而產生崩崖、擋土牆破裂、柏油路面裂痕或傾斜、樹木基部彎曲等各種變形現象

探討地形分布的空間差異，主因為構造、營力和時間三者。其中，若細究潛移現象的「營力」因素，則需從重力作用、

大禹嶺邊坡滑動的範圍，如橘色虛線。

水來著手。

　　首先是重力作用。邊坡泥石因重力而下滑乃自然慣性。而臺8線旁大片山坡區域，地表多覆蓋野草，很可能發生過泥石滑動，導致大樹傾覆。為了減緩坡地因重力而潛移，主要方法是增加摩擦力（即抗滑力），做法有二：

　　一，潛移區加強水土保持，利用樹根拉緊邊坡。根據「弧形滑動的各部位名稱圖」可知，若潛移區上方「張裂帶」已形成崩崖，裂縫處容易注入雨水而促使滑動，尤其遇到連續數日豪雨。為了避免可能的災害，工程施作應於崩崖裂縫處填土，且填土底部應進行剝土，避免腐植土或崩積土降低其界面抗滑力。並且可在兩側邊坡開挖呈階梯狀，增加摩擦力。

弧形滑動的各部位名稱圖（selby,1993）

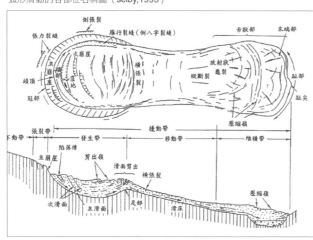

　　二，潛移區下方設置擋土牆。此處沿公路邊坡設有擋土牆，但靠近合歡山隧道口處的擋土牆，已受潛移的向外擠壓而錯動裂開。

　　其次，水會增加下滑力，故防治上特重排水。

　　地面水與地下水的滲入，會降低潛移區土層與岩盤之間的界面抗滑力，

導致地層滑動。所以，工程整治上除了前述因抗重力而設置擋土牆之外，也得在界面施作地下排水設施，由擋土牆上排水孔溢出，這需要長期觀測排水孔是否正常排水；但得小心排水也會排泥，而將擋土牆後方土體排出、掏空。亦可勘察弧形滑動的「堆積帶」，是否有水滲出？若有，則應在潛移區開挖排水溝，引導地表水排至潛移區下方。

合歡山隧道口，路旁擋土牆多處已遭潛移的向外擠壓而錯動裂開。

由大禹嶺東行，原本變質度較低的板岩、千枚岩，夾著變質砂岩，過了金馬隧道，就進入了臺灣最古老的地層「大南澳片岩」分布地帶。從古生代末期的二疊紀到中生代，約 2 億多到 6,000 多萬年前，主要岩層有黑色、綠色、矽質等片岩、大理岩、片麻岩，變質度較高，因其曾經深埋地下，且靠近板塊邊界，受到高壓、高溫影響而變質。

邊坡潛移導致樹幹基部生長彎曲，攝於大禹嶺。

4 / 冰河來過？地形證據與理論雪線怎麼說？

冰河是否來過臺灣？這曾在學術界爭論了 70 年，直到近年才確認。

首次提出臺灣高山發生冰河的學者是日人早坂一郎，但其證據和論述不夠明確。後來，自昭和 7 年（1932）起，鹿野忠雄等多

舊屋舍牆壁受到潛移的推擠，已顯傾斜，攝於大禹嶺。

位日本學者調查臺灣高山地區，總共發現有 80 個冰斗，其中就以雪山山區分布最多（35 個），南湖山區次之（19 個）。

但這些冰河地形，尤其是南湖大山上、下圈谷的冰蝕地形，卻引起戰後臺灣地質界質疑這份調查的正確性，認為那些冰斗並非冰河造成，而是河流向源侵蝕的結果。於是，冰斗研究被潑了冷水，沉寂一段時日。

為了澄清雪山冰河地形的爭議，雪霸國家公園管理處邀請中國冰河學者崔之

久來臺考察，發現了擦痕、冰坎等許多冰河的證據及定年資料，參與的楊建夫完成了臺灣冰河的第一篇博士論文，確定臺灣在 7～1 萬年前的更新世晚期發生過冰河。

除了前述的田野實證，若依理論雪線的分析，臺灣地區末次冰期晚期（3～1萬年前）的理論雪線高度為 3,595 公尺，雪山、玉山等超過 3,600 公尺的高山都可能有冰河；末次冰期早期（6～4 萬年前）理論雪線高度則為 3,095～2,595 公尺，如果不考慮地盤上升速率，當時臺灣 3,000 公尺以上的山地應該都被冰雪所覆蓋。

從這可理解，中央山脈北段的地勢高，且緯度較高，所以，更新世時之冰河地形甚發達，尤其以南湖大山為最，往南至合歡山一帶均有其遺跡。

南湖大山群峰

冰河地形中，數量最多的是冰斗，尤其南湖大山北峰（3,592 公尺）、東北峰、東峰（3,632 公尺）、主峰（3,742 公尺）附近最顯著。而此 4 座山峰所包圍的中央凹地，乃是保存最好，形狀最完整。

依據楊建夫（2001）的認定，南湖大山區有 10 個冰斗、3 條 U 形谷。臺灣中、北部海拔 3,000 公尺以上的高山，冰斗大多發現有冰坎，這是最能指出冰河來過的地形證據。這些冰坎中，以南湖大山 1 號 U 形谷（上圈谷）內 2 號冰盆（或 2 號 U 形谷、下圈谷）谷底的冰坎，規模最大，高達 30 公尺以上。

再者，南湖大山發現冰河留下擦痕的岩石。

而南湖大山北坡下的切斷山腳（三角面），規模之大，全臺第一，由切斷山腳頂點至底端，有 500 公尺的高差。之所以規模這麼大，是因為末次冰期來臨時，全臺規模最大的冰河就發育在南湖大山主峰下方，由 1 號 U 形谷內的冰河匯合 2

南湖大山山區冰河地形分布圖（改繪自：楊建夫，2001）

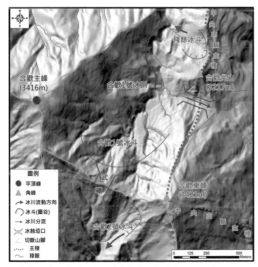

合歡山區冰河地形分布圖（改繪自：楊建夫，2009）

合歡 1 號冰斗、合歡 1 號冰河、合歡尖山（角峰），攝於合歡東峰。

合歡 1 號冰斗，合歡山主峰與東峰之間、武嶺以北的谷地，攝於石門山步道。

號 U 形谷內的冰河，合力削出來的。

楊建夫（1999）也指出，南湖大山 1 號 U 形谷較高，研判為 6 ～ 5 萬年前的末次冰期早期形成；而 2 號 U 形谷，則為 3 ～ 1 萬年前的末次冰期晚期形成。冰河在前者駐留的時間較長，向源侵蝕較劇烈，再加上岩性以板岩和石灰岩為主，抗蝕力不如以石英砂岩為主的後者。因此，在岩性與時間的雙重因素之下，1 號 U 形谷後壁的後退速度，遠大於 2 號 U 形谷。

合歡山群峰

合歡山區亦具有標準冰河地形，包括 3 個冰斗、2 個角峰及冰蝕堖口、切斷山腳與冰蝕湖等。因臺 14 甲線的闢建，成為熱門又容易觀察冰河地形的所在。

I. 冰斗

合歡山主峰與東峰之間，武嶺以北的谷地為合歡 1 號冰斗，合歡東峰西南側為 2 號冰斗，合歡尖山西北側為殘餘冰斗。

II. 角峰

合歡山東峰和合歡尖山均屬於角峰。合歡尖山呈四面體的金字塔狀角峰，但是，只有南北兩面是冰斗造成的，南面的冰斗被後來累積過厚的冰河分流所削平，呈現略微凹陷的殘餘坡面；西面是由合歡 1 號冰斗冰河所

合歡尖山，外形似金字塔狀角峰，南、西面可觀察到冰河遺跡。

合歡尖山頂部岩層出露石英脈，堅硬而抗蝕力強，屹立成峰。

削平的切斷山腳；東面則是變質岩的劈理面，中橫公路就建在這個坡面上。

III. 冰蝕埡口與切斷山腳

合歡山東峰和合歡尖山之間的圓弧形谷地，乃是冰蝕埡口地形。

冰蝕埡口地形的形成，是因冰斗或U形谷的容納空間太小，或因斗口地形過窄，阻礙加厚後的冰河流動。這時，冰面會不斷擠壓升高，最終溢過冰斗後方高度較低的稜脈，形成與原本冰河流向相反的冰河分流，再將稜脈挖蝕成U形的埡口地形。

合歡山有兩處切斷山腳，位在合歡尖山的西、南兩面。南面的切斷山腳原來是冰斗，但是被後來的冰河分流削平，所以與合歡東峰之間形成一個U形的冰蝕埡口；西面切斷山腳則由合歡1號冰斗冰河往北移動時，直接削蝕合歡尖山西延的小尾稜所形成。

IV. 冰蝕湖

冰蝕湖是冰河侵蝕成的窪地，在冰河消融後，積水所形成的湖泊。

合歡山區的冰蝕湖是碧池，位於北合歡山東南側營地或反射板下方，長約50公尺、寬約20公尺、深約3公尺，可說是臺灣最大、最深的冰蝕湖（楊建夫，2001）。

碧池狀如臺灣島的外形，又稱臺灣池。我們考察該地，見有3道長數十公尺、相互平行的硬岩層，所夾兩條凹槽匯合於碧池；而碧池受三面陡坡圍繞，開口有上述硬岩阻擋。根據這地形布置，推測於冰期時，3道硬岩可能為冰斗斗口的冰坎；其所背倚的三面陡坡，雖不甚典型，但應是坡向不同造成的侵蝕差異。在冰坎上

碧池的東南側有 3 道硬岩層，應是冰斗斗口的冰坎，碧池即為冰斗積水的冰斗湖。

雖未見擦痕，但從整體地形判斷，碧池可能為冰斗積水所成的冰斗湖，屬於冰蝕湖之一。

而夾於 3 道硬岩之間的軟岩，受侵蝕後成凹槽，常積蓄成長條型的小水塘，斜向碧池，宛如兩條集水道，供應碧池的水源。

碧池，位於北合歡山東南側，是臺灣最大和最深的冰蝕湖。

西坡　南坡　切斷山腳　切斷山腳　冰蝕埡口　合歡 1 號冰斗

合歡尖山西、南兩面的兩處切斷山腳，其與合歡東峰之間為 U 形的冰蝕埡口。

5 / 高山地形下的生態

　　合歡群峰因高山遮蔽少而風勢強勁，使得低伏淺綠色的玉山箭竹林與高大如墨色的臺灣冷杉林，兩者疆界嚴明。且，又以玉山箭竹根莖部的擴張地盤，最為凶狠，其他高山植物只好窩據畸零地。加上合歡群山長年氣溫偏低、岩屑貧瘠，欲適應此氣候生存，就得把握夏季晝陽。

　　高山植物約從 4 月底陸續盛開，依時序是玉山杜鵑、臺灣高山杜鵑，緊接著是各種低矮的草花，包括高山沙參、玉山佛甲草、玉山龍膽等，6～8 月是最高峰，生命週期短促。在這裡，紫外線格外強烈，一方面抑制了植物莖的成長，加上高山風剪效應，身形矮小；另外，反促使了花青素、花黃素合成，花色豔麗，有助於吸引昆蟲吸蜜、授粉。在惡劣生態環境下，植物花期短、蜜源稀、昆蟲少，鳥類就不多見了，僅偶見金翼白眉、酒紅朱雀，物種單調。

高山沙參，攝於合歡東峰。

合歡主峰步道，對望奇萊連峰，沿途為箭竹林。單面山的緩坡，因空曠無遮蔽，風勢強勁，僅能生長低矮的箭竹，而小奇萊林道則風勢略小，箭竹林高可達數公尺；背風面或山谷因風勢略小、潮濕，生長樹型較高大的杉木，形成淺綠、墨綠的色塊分野。

蘇花海岸，照片左下為立霧溪口，懸浮如雪團般的雲之山巒為清水斷崖。

1 / 馬偕牧師的造訪

　　光緒 16 年（1890）9 月 3 日下午 4 點，馬偕牧師（Dr. George Leslie Mackay）所搭的漁船駛入蘇澳灣，甫一停泊，立刻至南方澳教堂講道。講完道，他等一行人迫不及待地再雇一艘船，準備摸黑南下航過蘇花海岸，前往奇萊平原（花蓮市）。馬偕牧師說，那一夜裡沒人想睡覺，每人找個位子或蹲或坐，張大眼睛看著右手邊，這亙古未被確知的虛線地域。

　　馬偕的回憶錄中，生動地描繪航行見聞，尤其特別的是從海上的角度，令人讀來興味盎然，彷彿隨他駛入迷境。以下就摘錄他回憶所寫下的文字：

　　在我們的右邊有長滿樹木的山脈，又高又長，像是數座豎立黑牆；而左邊是一片廣闊無際的海水；頭上是閃閃發亮的星星；下面也有水母、沙蠶和滴蟲這些海洋的孩子們在發著光。我曾在孟加拉灣及阿拉伯海的輪船航道上，看過極美的景物，但從沒見過像那一晚所見到的那樣美妙的發著磷光的情形。

　　又說，這趟海岸線的航行有如穿越琥珀和金子的光芒，他寫道：

　　無數夜裡發光的粟狀小生物，以如閃電般的速度上到水面，就又竄射到四處，就像打鐵匠中的鐵砧四射的火花一般。船夫每搖一次槳就有火光四射，我們的小船就像在閃耀的光上滑行。

馬偕牧師對蘇花海岸景色、水中生物的驚懼描述，牽動了我們的思緒，只不過，這樣的描述，是否就是他純然、客觀的地景書寫？人類學家潘乃德（R.Benedict）在其《文化模式》一書中曾說：

從來沒有人能用不帶任何色彩的眼光看這世界，一組特定的風俗、制度、思考模式塑造了我們對世界的看法。

馬偕背後的時代脈絡、個人的傳教心路決定了見聞和回憶的取材與書寫，描寫客觀的地物只是相對客觀的主觀意識文本。這裡面，傳教心路屬於神學、心理學，並非本文的討論範疇。或許，可試著把蘇花海岸加入歷史成分，讓地理空間的意義拉出一條線。到底馬偕牧師帶著甚麼知識、氛圍通過蘇花海岸？為何出發前，南方澳教會的傳道師、信徒齊聚唱詩歌，祝福一路平安？為何大夥睡不著，緊盯著陸地上的動靜？關鍵就在咸豐 10 年（1860）北京條約的開港、同治 13 年（1874）牡丹社事件連帶誘發的開山撫番，讓這段海岸線的自然空間盛滿人文意義。

馬偕牧師前往奇萊平原（今花蓮市）傳教影像。（引自 GEORGE LESLIE MACKAY,D.D.《FROM FAR FORMOSA》/ 國立臺灣圖書館藏）

當然，漢人、原住民和平埔族三方之間彼此醜化，這類妖魔化異己的流言成了寫作材料，豐富了洋人的地理想像與殖民帝國式的差異、階序書寫。不管是日記或回憶，待其返國後都成了膾炙人口的讀本。欲辨真偽，必須審慎比對，才能得到比較接近真實的面貌。

2／未知的虛線世界

在筆者踏查的過程中，腦海始終不停地縈繞一個問題 —— 未曾被記錄的存在是否存在？

這樣的知識探索對清廷來說，是不具意義的。其所建構的地理秩序是普天之下、莫非王土，縱使空白或虛線亦是秩序化的政治地理。未知所象徵的無秩序僅是分類秩序的標準之一，化外仍是王土。這點與西方科學革命的知識建構不同，因為帝國主義式的殖民掠奪藏身在後。

英國作家吳爾夫（V.Woolf）在《普通讀者》就說：

人們提醒他們不忘在過去的日子裡，英國的土地怎樣因旅行者的發現，而變得富饒的。……如今，我們面對超常的想像，漫遊於世界上最好的雜物間之

一，一個從地板到天花板都塞滿了象牙、廢鐵、破罐、甕、獨角獸的角的房間，還有發出綠寶石光，神祕莫測的魔鏡。

這樣的思維，是歐洲殖民擴張主義的基礎和驅動力，於是臺灣成了獵物。從道光 20 年（1840）鴉片戰爭開始，洋人搭著船艦不斷在臺灣海域窺視，沙洲、礁石造成的船難不像災難，而是滋事的藉口。到了咸豐 10 年（1860），英法聯軍攻入北京、焚燒圓明園，議和簽訂的北京條約開放了臺灣港口，先是淡水，然後是雞籠（基隆）、打狗（高雄）、安平（臺南），洋人陸續踏上臺灣這塊土地，臺灣再度被迫嵌入全球框架。

前述未被知識化的臺灣，對洋人們來說，無疑是有待探索的新世界。雖然明鄭、清廷已經統治約 200 年，但那是個充滿想像力的時代，有甚麼比虛線、空白更具魔力？也難怪同治 7 年（1868）英人荷恩（J.Horn）在大南澳建築碉堡，自成小王國，還成了平埔族的番駙馬。在他初登陸時，迎接他的是沙灘上 36 具無頭的漢人屍體，他仍無所畏懼，親手埋葬。而光緒 16 年（1890）馬偕一行無人想睡，睜大眼看著這塊虛線世界，張力才是吸引力，無人才更吸引人。

3／開山撫番：株守荒山、味如嚼蠟的蘇花古道

同治 13 年（1874）日本藉口琉球人遭牡丹社人殺害，出兵瑯嶠。「化外之地」之說，讓清廷得去證明其乃虛假論述，實質統治展現在「開山撫番」。

既要開山撫番，就得認識山、認識番，第一步即交通，把路開進原住民的傳統領域，設官府、移民實邊才有說服力。清廷開了 8 條道路，其一為行經蘇花海岸一帶的北路，俗稱蘇花古道。但其路基受到自然的崩塌、人為的蘇花公路拓寬，部分無存。後經吳永華的調查，找到一些遺址殘蹟，認為蘇花公路不等同於蘇花古道。

羅大春開路碑，時間為同治 13 年（1874）10 月，攝於南澳鎮安宮旁。

蘇花古道由臺灣道夏獻綸於同年（1874）6 月，開通蘇澳到東澳；羅大春接續從東澳直抵秀姑巒水尾，時間是光緒元年（1875）7 月。但是，隨著路線的拉長，防衛與招撫的人力、物力漸漸吃重。丁日昌於 3 年（1877）3 月 25 日上疏「籌商大員移紮臺灣後山疏」，奏請撤廢北路，他的理由是：

> 棄之則恐後山為彼族所佔，後患滋深；守之則費重瘴深，兵勇非病即死，荒
> 地仍然未墾，生番仍然殺人，年復一年，勢成坐困。……查臺灣地勢，其形
> 如魚，首尾薄削而中權豐隆。前山猶魚之腹，膏腴較多；後山則魚之脊也。
> 後山北路除蘇澳至新城，約一百六七十里，崇山峻嶺，偪近生番。上年勉強
> 開路，終屬艱險難行，而且無田可墾，無礦可開，我既味同嚼蠟，則彼族亦
> 斷不垂涎，可想而知。

也因此，清廷即撤廢「味同嚼蠟」的蘇澳至新城間古道，不再株守荒山。才沒多久，5 月又逢嚴重風災，不須原住民費力就毀壞兵房、碉堡，蘇花海岸又恢復平靜、虛線的空白。

4 / 南澳為界：北沉南抬的地形空間

蘇花海岸北起蘇澳，南迄花蓮溪口，全長約 105 公里。在地形上，主要受到北段下沉，南段抬升所控制。就略以南澳為界，自南澳以北至東澳、南方澳、蘇澳灣屬於沉降海岸，蘇澳溪、東澳溪、南澳溪等河川沖刷物難以在河口堆積、展開成大規模扇洲，以致谷灣處處、扇洲甚小等現象。

而往南至花蓮和平溪、立霧溪口，因地盤抬升量大，像是立霧溪就已下切成數段河階，沖積扇亦較廣大。扇洲的規模亦受河川流域大小、地質穩定度所影響，流域越大、崩塌越多，通常其搬運物也就越多，扇洲自然就越大。

日治時期蘇花臨海道與清水斷崖。（引自臺灣總督府交通局道路港灣課《臨海道 [蘇澳花蓮港]》／國立臺灣圖書館藏）　日治時期清水斷崖道路。（引自《花蓮港廳要覽 - 昭和十三年版》／國立臺灣圖書館藏）

由於地盤持續抬升的關係，有臺灣最壯觀的大斷崖，斷崖底部多海蝕洞、海蝕凹壁和落石堆等地形；還有典型的谷灣、沙頸岬、扇洲、海階、沙礫灘等地形，整體可能為斷層、地層和海浪長期交互作用的結果。

蘇花海岸在地質圖上未標示斷層，但有些學者推測其乃錯動量很大的斷層，在野外卻未能找到證據。地層多屬變質岩，但相對軟弱或節理發達的海岸則凹入成海灣，而較耐侵蝕處則凸出成岬角。

5／蘇澳至東澳：連島沙洲是海龜樂園

典型沉降海岸：
北方澳半島、蘇澳灣、南方澳陸連島

北端的蘇澳灣，因蘇澳溪水量有限，所搬運的泥沙量亦微不足道，因而埋積作用不顯，祇充填灣頭部分，而尚留內灣的大部分，成為軍港、商港、漁港三合一的天然良港。

海龜樂園：南方澳陸連島、連島沙洲

古時在南方澳灣東側有座小島，其在更早時以山稜連接臺灣本島陸地，係一陸地延伸的岬角。後來，因地盤沉降、海水基準相對上升，山稜鞍部被海水淹沒而使得山頭成一孤島。

因該島的阻擋，波浪發生折射，產生兩股沿岸流攜沙於島的西側會合堆積

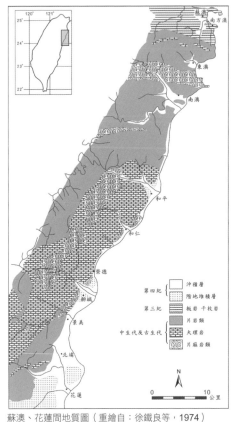

蘇澳、花蓮間地質圖（重繪自：徐鐵良等，1974）

成內埤沙洲，而將該小島連接成「陸連島」，該沙洲稱「連島沙洲」，兩者合稱沙頸岬，亦即以沙洲為頸部的岬角地形。

為何陸連島西南側靠內陸這邊，容易堆積沙子？這是跟東北季風、沿岸流有關。此地東北季風強勁，海上漂沙由北至南陸續受北方澳半島、陸連島阻擋，背浪而致海浪較小，容易堆積泥沙，這作用類似「離岸堤」效應。而沙洲的泥沙來源之一，也是因陸連島臨外海處，風浪特大且波峰密集，攻擊力強而侵蝕的砂石，

蘇澳灣，位於中央山脈北端，乃一典型的沉水谷灣。由遠而近依序為北方澳半島、蘇澳谷灣、南方澳陸連島。而南方澳陸連島緊臨外海處，風浪特大且波峰密集，不斷崩塌，也提供了連島沙洲的沙源之一。

南方澳沙頸岬，係由內埤連島沙洲與陸連島聯合組成，其所包圍的南方澳灣闢成內埤漁港（第二漁港）。

南方澳內埤沙灘南望至東澳之間的斷崖海岸，遠方為烏岩角。

再經沿岸流攜帶至此堆積。今連島沙洲成為天然的防波堤，其內可避風浪而建有內埤漁港。

　　早期，這片沙洲曾是海龜相中的產房。有關海龜選擇產卵的沙灘，客觀條件是沙灘寬闊、沙子細軟，且於後濱地帶免於大浪、漲潮所及。此外，還得避免礫灘，因為小海龜孵化脫殼後，礫灘常成為爬回大海的障礙，若爬不過，便遭陽光曝曬而死。看起來內埤連島沙洲是符合條件的，且根據清末洋人在臺灣的見聞紀錄，有幾則相關的線索：同治3年（1864）5月，首任英國駐臺領事郇和（R.Swinhoe，又名史溫侯）造訪南方澳的猴猴社平埔族，發現他們在早春時大量捕捉海龜，曬乾後食用。5年（1866）6月，生物學者柯靈烏（C.Collingwood）來到南方澳的猴猴社平埔族村落，親睹平埔族人從海龜的骨中煉油。柯靈烏還表明想探訪山區土著（泰雅族人），猴猴社人極力勸阻，警告他此舉將會被射殺。幾年後，馬偕牧師前來傳教時，也證實了雙方的世仇關係。他也提到，土著會在沙灘上仿造海龜爬行的痕跡，布陣製造海龜上岸產卵的假象，瞞騙猴猴社人前來捕捉海龜。他們則靜靜地藏匿一旁，伺機刺殺。

　　從上述記載來看，雖然那是個傳言滿天飛的年代，彼此攻訐、醜化，然而辨識傳言不是地理學的工作，而是關心敘事的地理場景。在那時，海龜可能就以附近的內埤連島沙洲為產卵地點。

6／瓶子：傳説與慾望下的玻璃海岸

　　南方澳陸連島被波浪沿節理切斷而成岩礁，構成豆腐岬與賊仔澳玻璃海灘之祕境地景。在賊仔澳東北側現生一沙洲，漲潮時淹沒，退潮時將附近岩礁連成陸連島，形成特殊的陸連島中的陸連島。早期附近住民不明地形意義，以其外型似凸出的鼻子，附近又屬猴猴社平埔族，稱猴猴鼻，明治37年（1904）臺灣堡圖即見。

　　相傳昔日，賊仔澳被海盜相中其隱密性，據此成海賊窟而得名。未知常常給了傳説蔓延的機會，當然這一空間的前提是神祕與景致優美，只是無從查證。不管如何，當古老的海盜傳説不再被憶起，接續的史頁是頻繁往返的商船、漁舟，點亮了這片灣澳。後來曾有段時間，據説還被當成垃圾拋棄場。

　　不同於前述的傳説，若從地緣上聯想到猴猴社人嗜愛的瓶子。郇和和柯靈烏曾對他們竟然如此喜愛、渴望瓶子，不斷討取，都頗為驚訝，與菸草同為最重要的索求物品，還感嘆自己手中的瓶子太少。對此嗜瓶現象，一般多從文化的角度解釋可能是祀壺信仰。但是，祀壺所呈現的是崇敬，不是獲贈禮物的喜悦。也可如是推想，是否單純因玻璃透明、光澤的美觀性而受吸引？況且，戀物與拜物之間，是否相關或先後？這就留待進一步研究來證實。

　　在此僅止於推論嗜瓶與玻璃海岸的關係，基本邏輯是構成玻璃海岸得先有玻璃，而猴猴社人嗜瓶就理當擁有無數瓶子。但在現實中，不可能無止境地庫存所有瓶子，在比較美觀度與蒐羅不同種類之後，就有可能拋瓶而碎成玻璃海岸？只是，假設、推論與想像常常是知識的起源，但過度往往包藏誤差，終究不得其解。

　　不管怎樣，大批玻璃瓶被沖至此小灣，受猴猴鼻岬角削弱海浪的動能下，迂迴灣內，時而撞擊岩礁、時而斜躺沙灘。

賊仔澳又稱玻璃海岸，東北側現生一沙洲，退潮時將附近岩礁連成陸連島。

玻璃海岸，因沙灘構成物之一為玻璃珠，是各色玻璃瓶被海浪打碎、磨洗而成，色澤繽紛而得名。

筆者考察時就坐在沙灘上，數著海浪每隔 12 秒拍岸一次，那麼一分鐘就 5 次，一小時就 300 次，一天就 7,200 次，一年就足以超過 200 萬次。其次是摩氏硬度，玻璃介於 5.5 ～ 6 之間，石英卻是較硬的 7。這下就不難理解，瓶身是如何被海浪拍打撞擊岩塊而破碎，再反覆磨洗成這麼多的小圓珠。而且此小灣澳朝東，等到日出時陽光照射，隨著瓶子顏色不同、圓珠顏色也就不同，加上岩石中的礦物、氧化程度和散落的貝殼碎屑，在海水退潮後遍布海灘，頓成五顏六色、或晦或亮。

這時，倘若以為是寶石，會不斷引誘出人們心中的鬼迷心竅，只可惜磨得再漂亮，終究只是玻璃。人稱玻璃海岸是寫實，卻狠狠地煞風景。

而南方澳至東澳之間的斷崖，崖高約 300 ～ 700 公尺，烏岩角為中央山脈的北端，有海蝕門地形。東澳灣亦屬沉水海岸，因灣頭注入之東澳溪規模不大，泥沙的充填欠缺，導致三角洲發育的條件欠佳，遲遲無法向大海推進。

7／東澳至南澳：粉鳥林、南澳扇洲、神祕海灘

東澳粉鳥林：海中石柱

東澳灣南側的粉鳥林海邊，矗立數個由角閃岩構成的海蝕柱，仿如海上桂林山水，海蝕柱之間圍繞著小海灣，海浪回濺造成灣頭礫灘（愛情鎖海灘）的礫石滾動，有人形容像是交響樂般的天籟。

東澳灣與南澳灣之間的烏石鼻，異常伸出於海，其乃因較耐侵蝕的片麻岩而凸出成為岬角，遠望像頂斗笠。附近的斷崖高聳達 700 公尺，斜插入海。

南澳扇洲

南澳一帶本屬沉水內灣，因南澳南、北兩溪帶來大量泥沙，不斷淤積而完成充填作用，南澳溪口更因此而略微凸出其扇洲體。

南澳溪扇洲形成於南澳溪溪口，過去，此扇洲在最大海漫面時為一海灣，南澳北溪與南溪流入此灣中，成為各自獨立的二河系。漸漸地，隨著海水略退，此二河系亦各由其流域搬入大量泥沙，埋積此灣，形成氾濫原，連帶造成兩溪於氾濫原上合流成一溪入海。

扇洲北側另有一條大灣溪流入，其所攜帶泥沙也填補扇洲北側，甚至還將南澳溪流路推迫而偏南。我們走宜 56（朝陽路），漸往跨越大灣溪的朝陽橋時逐漸高起，過橋又見低下，地勢成一弧形的沖積扇橫剖面，可當作沖積扇地形的田野

粉鳥林海蝕柱

烏石鼻，因較耐侵蝕的片麻岩而成岬角，狀似斗笠，攝於朝陽漁港。

證據之一。

龜山：孤島變孤山

扇洲上的龜山（182公尺），原本是海灣灣口附近的一島嶼。隨著海水面上升、扇洲逐漸堆積外推，海灣陸化，改與臺灣本島相連接，從孤島變成扇洲上的一座孤山。山足四周有海蝕崖和海蝕洞，足堪證實孤島的說法。但東側臨海的海蝕洞，今已被落石堆掩覆。

南澳溪河口段呈潮曲流，沙嘴內側水域被稱為「鴛鴦山定情湖」。

神祕海灘

欲前往南澳南側的神祕海灘，須循海岸路。沿途有小規模因海岸沙丘內側所

崩積角礫岩塊

石灰華

石藤

球雛晶

積渚的後背濕地，今闢成養殖魚塭。

　　神祕海灘的沙灘旁，可見數個已被碳酸鈣膠結的崩積角礫岩塊，表面有些石藤、球雛晶等石灰華地形。

　　距南澳溪河口南方約 2 公里處，海蝕崖底部有十數個大小不一的海蝕洞，主要循片岩的片理侵蝕形成。從其洞口均朝東北，顯然與颱風及東北季風掀起的暴浪有關。也因此，崖壁不斷崩落落岩塊，行走其間必須留意。

海蝕洞群

海蝕洞的規模不一，最大者的洞口寬超過 10 公尺。

海蝕洞因底部受海浪侵蝕而掏空，上方岩層失去支撐而崩落。

8 ／ 南澳至和平：海蝕洞、斷尾河、扇洲、潮曲流

　　南澳至漢本之間，因主要岩層為岩性均勻的黑色片岩和綠色片岩交互組成，加上具有單一方向發達的節理，所以，海岸線十分平直，陡崖逼海，沿著蘇花公路常可看到平滑的岩壁插立山坡上。

　　我們沿著海岸南下，不時注意到寬約 100 公尺的沙灘，然而，這麼寬的沙灘卻仍在高潮位或暴潮時，波浪直襲、侵蝕海崖底部，若遇節理或軟岩等條件適合之處，就會出現海蝕洞，像觀音附近便有高達 20 公尺的大洞穴，為蘇花海岸中的最大者。

　　觀音溪是一條被斷崖所截切的斷尾河，所以，接近岸處有懸谷及瀑布。隨著瀑身不斷後退，瀑布亦分數段，今蘇花公路的觀音一號橋跨溪而過。

　　由漢本開始，就進入和平溪扇洲的範圍。和平溪舊稱大濁水溪，其所造就的扇洲向海凸出，幾乎呈完美的圓弧狀。扇洲沿岸的沙嘴發育，不少河口段因此被迫平行沙嘴流動，經一段距離後才入海，形成潮曲流。有時下游因沙嘴阻擋而排水不暢，瀦水成為潟湖。

　　和平溪河口原來呈喇叭形的溺谷，後因被大量泥沙與礫石埋積而形成扇洲。

和平溪扇洲，主流偏南側並呈網流、潮曲流，其餘分流則遭沒口而呈小潟湖。
和平溪南扇開發成和平發電廠、和平工業區專用港。

和平溪下游的喇叭狀河口比南澳溪來得狹窄，證明此地的沉水量比南澳溪口較小，
或沉水後的隆起量比後者較大。

9 ／ 和平至崇德：清水大斷崖

　　和平以南，清水山（2,408 公尺）東側是聞名的清水大斷崖，位在和平站和崇
德站之間，綿亙約 21 公里，崖高 1,000 公尺以上，多呈標準的大三角切面。

　　羅大春在光緒元年（1875）4 月開路至此，深受這等壯觀地形震撼。他在《臺
灣海防並開山日記》就說：

　　大濁水、大小清水一帶，峭壁插雲，陡趾浸海；怒濤上擊，炫目驚心。軍行
　　束馬捫壁，踽踽而過；尤深險絕。

　　這段海岸之所以能維持「峭壁插雲」的陡峻邊坡，不致崩塌，主要有兩大原因：

清水大斷崖

地質上屬於緻密的片麻岩和大理岩；其次，此地的地質構造線已經轉呈東北方向，與北北東方向的海岸成小角度斜交。這麼一來，山脊與海岸相交之處，連個狹窄的沙灘都難以形成，才會「陡趾浸海、怒濤上擊」，軍旅、工匠都得捫壁，踽踽而過。

臺灣東部海岸海深、坡陡，海浪行圓周運動時較未受到海底地形破壞，直接衝撞海岸，而將海底砂石沖上岸，回濺時帶回細沙，留下大顆礫石。另外，清水斷崖之下，也可看到野溪因坡陡，而將岩塊搬運至山下，堆積成礫灘，像是和仁礫灘，其為卡那剛溪帶入片麻岩、大理岩岩屑，但因河流短小，滾動少而未及磨圓，即直接沖入堆積。

反觀臺灣西部河流的坡度較緩，沖刷而下的粗顆粒砂石於平原東部山腳形成沖積扇，扇端至海岸的三角洲，則堆積細顆粒的沙泥。而海浪又羸弱，因此形成沙泥灘。

10／崇德至立霧溪扇洲

崇德以南為立霧溪所成的圓弧狀扇洲，由於該溪的流域面積比南澳溪及和平溪為大，所以，扇洲範圍亦遠大於後二者。且因地盤及海準相對的間歇運動，而產生三段河階。其中，以右岸三階較明顯，左岸卻因河流向北偏移，第三階遭侵蝕消失；左岸第一、二階為現存最主要的階面，末端經海蝕後退而成階崖，比高6至8公尺，組成礫石呈覆瓦狀排列，井然有序。礫石雖見大小間雜，仍可看出不同洪水期帶來堆積的層次。

由立霧溪扇洲的南緣開始，蘇花海岸進入花蓮平原的範圍，這就留待下冊討論。

11 / 1882 年古里瑪（F.Guillemard）的讚嘆

在 19 世紀的殖民年代，政治、經濟、軍事、傳教、學術調查等常常是同一件事，僅有少數人分得清楚其間的不同。

光緒 8 年（1882）馬卻沙號（Marchesa）至臺灣島進行自然調查，船上載了一位生物地理學家古里瑪，或許他少了些商業考量，不追逐西海岸的港埠熱潮，而走東海岸的綠島、蘇花海岸，填補這塊地域的知識空白。

當古里瑪來到清水斷崖時，震懾於眼前所見。他羅列所遊歷世界各地的著名懸崖，像是加州的優勝美地（Yosemite）、蘇格蘭東北方的奧克尼群島（Orkney）的 Hoy 海崖、北大西洋群島的馬德拉（Madeira，葡萄牙西南部）、挪威峽灣等，若擺在清水斷崖前都渺小不足道。甚至懷疑起葡萄牙人命名福爾摩沙時，是從哪一個角度？他推測勢必是從南或北，因為若是平坦的西部海岸線，大概所見有限；倘若是走東部海岸線，決不是如此簡短地讚美而已。

美學、美感是主觀感受，無法形成客觀知識。但是，美的事物、感知亦是實體存在，才有溝通「美」的可能性。我們考察蘇花海岸時，總想起古里瑪筆下的清水斷崖，讓夜幕、薄雲有層次地揭露已知世界的最高海崖。以下摘述自劉克襄所翻譯的雋永文句：

> 我們向北航行，在夜中減低速度。黃昏時，山巒在我們左舷，被難以穿越的濃厚雲層圍繞，時而朦朧地自霧層出現。……霧帷越來越高，時而隱藏，時而露出山峯、山頂與峽谷，玫瑰色的陽光越來越寬闊，刷出淺薄、光亮的雲層面紗。白日已掃除黑夜。……一群長薄而雪白的雲靜靜地懸浮、滯留在半空，遮住山巒的面貌。在有知的世界中，最高的海崖就在我們眼前揭開面貌，他是壯麗的。

光緒 8 年（1882）的古里瑪與 16 年（1890）的馬偕牧師，同樣航過蘇花海岸，雖是方向相反，卻因關注點不同，都用筆墨對這虛線地域發出了不同的讚嘆。

立霧溪
橫過古老：
鋸切峽谷的壯麗與隱憂

立霧溪發源於合歡山東峰（3,421公尺）與奇萊主山北峰（3,607公尺）之間，呈順向河，灌流於中央山脈東坡，最終於花蓮新城北方入海，主流長54.5公里。此流向近乎垂直中央山脈的地層走向，河道橫斷地層，而呈現橫谷的壯麗峽谷。

1／不同地質、不同地形

立霧溪的地形大概以天祥（430公尺）、錦文橋（37公尺）為分界點，區分成上、中、下游3段：

一、上游部的V字形峽谷：天祥以上稱為塔次基里溪，支流眾多，流域內的岩層主要由黑色片岩、綠色片岩、千枚岩、板岩構成，河谷地貌呈V字形峽谷。

二、中游部的V字形、鋸切峽谷：指天祥附近至錦文橋，又稱太魯閣峽，長約17公里。這段河谷地形大致分上、下兩段，上段有比高甚大的布洛灣、多用等階地及平坦稜，較為開闊。河谷下段，若是片岩區呈V字形峽谷，一遇大

立霧溪橫過大理岩區，形成河谷甚窄的鋸切峽谷。民國45年興建中橫公路時，毫無腹地可利用作路基，只好鑿挖壁洞通過，攝於燕子口。

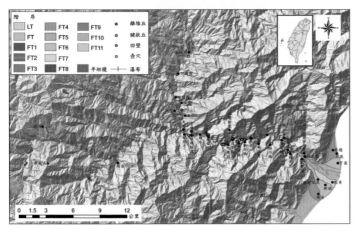

立霧溪地形分類圖（楊貴三等，2010）

理岩區則形成甚窄的鋸切峽谷，如燕子口、九曲洞、錐麓斷崖、長春橋等地，寬度僅十數公尺至數十公尺，宛如鋸子筆直鋸下。

三、下游部的複成扇洲：指錦文橋至河口，長約 4 公里，形成開闊的複成扇洲（沖積扇三角洲）。

地質構造控制了水系形態

本溪上游區支流較多，尤其北岸各支流的流路較長，其中發源自南湖大山的陶塞溪（大沙溪）係最大支流，河道呈南北向。在合併小瓦黑爾溪後，於天祥與本流匯合。天祥上游有慈恩溪與瓦黑爾溪，其下游尚有老西溪與砂卡礑溪。

立霧溪水系的地形特徵，根據羅偉（1993）的說法，是跟地形坡度、岩性及地質構造有著密切關係。以岩性為例，大致以金馬隧道為界，以西屬於板岩區、以東為大南澳片岩區，後者是臺灣最古老的地層。

板岩區又屬高山地帶，地層較破碎、軟弱，容易被地表水循隙下切，河流一多、密度就高，呈樹枝狀與格子狀結合的水系；在片岩區中，尤其是大理岩或石英岩（變質礫石）的地帶，岩性較緻密而不易被水下蝕，使得河流密度較疏，多依重力流動呈樹枝狀水系。

2／壯麗峽谷的隱性危險

Liu（1998）指出，立霧溪可辨別出 3 期的河道沉積作用：

第 1 次：造成比高 200 公尺以上的河階，沉積厚度超過 160 公尺。

第 2 次：主要是堰塞作用所形成，其特色為造成更厚的礫石沉積，經碳 14 定年測定，年代約為 2,400 年。

第 3 次：亦是堰塞作用所造成，此堰塞湖造成現今流域的堆積性低位河階。

至於現今的侵蝕性低位河階，可能係因堰塞湖被沖破後，河流急速增加下切作用所致。

從上述河道「沉積作用」，或許以為只是描述河階的形成，毫無特別之處。倘若仔細去思考「堰塞作用」，是否仍無意識到問題？

林朝棨（1957）曾對太魯閣峽谷的「堰塞作用」提了一實例，以下就援引他的這段文字紀錄，我們恐怕都得逐字細讀：

> 峽谷中因崖崩形成之天然壩與堰止湖（按：堰塞湖），乃臺灣山地所經常發生者。如嘉義縣之草嶺潭是也。擢基利溪（按：立霧溪）中之此種現象亦不稀奇。民國40年之花蓮大地震時，擢基利溪中亦形成4個以上之天然壩與堰止湖。其中最大者為大斷崖下之天然壩，高達73公尺，堰止湖水面達至合流附近，而其總蓄水量約500萬立方公尺。此湖於41年4月8日之天然壩決堤而告消滅。

上文提到的花蓮大地震，即發生在民國40年10月22日，芮氏地震規模7.1。而林朝棨寫臺灣地形時，距此僅幾年，可信度高。他所說的大斷崖，可能是指錐麓斷崖附近，當時所堆成的天然壩高73公尺。他也提到一證據，在立霧溪河床上屢屢有數公噸至數十公噸的巨塊滾石，排成一列，橫斷河床，其即天然壩遺跡。後來決堤，小塊岩屑遭山洪沖失，留下搬不走的巨大岩塊。

這天然壩堵塞了立霧溪水，回堵成的堰塞湖正好位於鋸切峽谷內，蓄水量雖僅約500萬立方公尺，但河谷過窄，已足以淹沒今該路段的中橫公路，湖水面甚至達合流附近。也就是說，今九曲洞的高度可能浸在水面下。次年4月8日天然壩決堤時，湖水直洩，是否灌入燕子口？倘若發生在現今，又遇汛期，實在難以想像。

由此可見，當目光擺在地震、山崩之時，得同時留意山崩所可能造成的堰塞湖現象，尤其是太魯閣峽谷。誰能想到，稀鬆平常的地震、山崩若發生在太魯閣峽，壯麗峽谷將變成難以想像的危險地域。

太魯閣峽谷中，立霧溪河床常見巨大岩塊，像是燕子口至靳珩公園一帶，可能是民國40年天然壩（錐麓斷崖）的下游所在，攝於靳珩公園附近。

3／上游的 V 字形峽谷

向源侵蝕旺盛

立霧溪的向源侵蝕旺盛，尤其在克難關，有長長的山崩溝，主崩崖上方的石門山有明顯的張力裂縫，請見中央山脈北段一文。

大禹嶺：立霧溪與大甲溪流域的分水嶺

大禹嶺，位於中部橫貫公路主線臺 8 線與供應線臺 14 甲線的交會點，是中橫公路主線的最高點，海拔 2,565 公尺。亦是介於北合歡山與畢祿山之間的鞍部，且為立霧溪與大甲溪流域的分水嶺。

大禹嶺所出露的地層，即以此為標準地所命名的大禹嶺層，岩性以板岩、千枚岩與變質砂岩為主。此處有崩崖、樹木基部彎曲、路面結構物破壞等潛移現象，詳述於中央山脈北段一文。

從豁然亭看中游部的上、下段地形

關原東南方有長約 600 公尺的平坦稜，高度約 2,300 ～ 2,340 公尺，部分即利用此地形較平坦，開闢為停車場。

這裡得先了解一個地形概念，甚麼是平坦稜？在豁然亭的視野開闊，是個適合的觀察地點。若望向東南方的立霧溪河谷中游，依稀可見山形分兩段，此即前述中游部的上、下段。

上段呈寬谷，分布河階及平坦稜，是較古老時期的河床。這些「平坦稜線」的形狀有如人的肩膀，向河谷伸出並稍微傾斜。而平坦稜是怎麼形成的呢？若從側面看，是不是像河階？一般推測，平坦稜有可能是原始的河階被侵蝕的殘餘，僅剩平坦的稜線；另外，也可能是較硬的岩層保護，而非河階。所以，形態的觀察都只是初步或假設，必須配合田野實證。若是河階，需找到河床堆積物的礫石等證據。只是，說是這麼說，臺灣氣候溫暖多雨，野外露頭很快就繁生植被或覆蓋樹葉，甚或遭沖刷崩落，不容易找到具解釋力的露頭，立論時更得審慎。

下段峽谷，零星散布著河階與交錯山腳。河階係受到地盤抬升或山崩堰塞等因素的影響所致；交錯山腳是指兩岸伸出來的山腳（山嘴）呈交錯排列，是立霧溪在上段河谷時期擺動為曲流，後因地盤抬升，曲流像個模具直接刻入岩層，呈現嵌入曲流的結果。不過，在豁然亭的視野正好被多用河階橫擋，難窺全貌。

上段的寬谷：河階及平坦稜

下段的 V 字形峽谷、交錯山腳

多用河階

祥德寺

立霧溪河谷中游的地形景觀，攝於豁然亭。

補充說明嵌入曲流的形成機制。河谷的穿入作用，於山地堅硬的岩層處或平原自由曲流因基準面快速下移，常形成嵌入曲流，側蝕甚微，專行下切，造成兩岸對稱之峽谷或河階。

支流陶塞溪的河階

以前從豁然亭可走步道陡下至天祥，階梯步道長約 2 公里，後因山崩而中斷多年；若走公路，道路設計得拉長距離來降低坡度，一路蜿蜒、拉長約 8 公里，又以呈髮夾式的迴頭彎最為有名。

階地是這一路段的特色地形，多屬陶塞溪的舊河道遺跡。

迴頭彎，髮夾式是常見克服地形的道路設計之一，旁為陶塞溪河谷。

I. 陶塞溪上游：上梅園、下梅園

上梅園（竹村）階地，係陶塞溪河系之中規模最大的階地，共有 11 段。階面大致向下游及河身緩傾，屬於滑走坡面階地。這些階面以第 9 段最廣，寬約 200 公尺、長約 800 公尺，階崖露出基盤岩層。但是，第 9 段以上均為砂礫階地。

此外，上梅園西南側左岸的本、支流之間，有一腱狀丘；右岸兩條支流注入主流之處，現生複成沖積扇發達，扇階的崖高約 20 公尺，其原因乃支流上游有顯著的山崩，不斷提供沖積扇堆積所需的岩屑。

中部橫貫公路橫過西寶扇階，築路而出露礫石層，大小混雜，且以次角的大礫為主，為近距離搬運的土石流所堆積的，攝於西寶。

西寶沖積扇切割成 4 塊扇階，比高達 350 公尺，地盤抬升量可觀。今受人為開闢梯田，階面支離破碎。

下梅園（山里）階地的地形比較單調，位於陶塞溪右岸。階面共有 2 段，南端對比上段的小塊階地，為一腱狀丘。

II. 陶塞溪下游：西寶、梅園

陶塞溪下游，谷園附近則有 4 段河階，文山有 2 段河階。最特別的是西寶河階，包括 4 塊，比高達 350 公尺。

西寶扇階原為陶塞溪支流的沖積扇，後經切割而分為 4 塊。沿著中部橫貫公路露出的礫石層，以次角的大礫為主。最大礫石的長徑約 1 公尺，一般為 20～30 公分。

梅園階地，分布於陶塞溪與小瓦黑爾溪匯流點的北邊，兩溪所夾稜線的先端，主要階面有 1 段。此與西寶河階對比同一面，碳 14 定年結果為 2,480±40 年。

蓮花池的成因為何？

蓮花池位於梅園階地的陶塞溪對岸，呈一盆地狀地形，周圍高度約 1,200～1,300 公尺，最低約 1,100 公尺，直徑約 500 公尺。盆地中有一池塘，乃早期曲流河谷，其南側為比高約 190 公尺的腱狀丘。盆地西側的入口附近，有高 100 公尺以上、寬不及 50 公尺的峽谷狀地形。

齊士崢（1995）推論蓮花池谷地的形成過程，乃先遭襲奪而成斷頭河，後受到山崩堰塞而積水成池：

（1）初始期：古陶塞溪位於現流路西側，古西卡拉罕溪經蓮花池谷地注入古陶塞溪，匯口在梅園階地的稍下游側。而現蓮花池南側，西卡拉罕溪的下游部分尚為一小溪溝，小溪溝和古西卡拉罕溪間以低矮分水嶺相隔。

（2）陶塞溪的下切與加積：古陶塞溪本流下切後迅速加積，形成階地面，加積的礫石層厚約 100 至 150 公尺（如西寶階地礫石層）。此時古西卡拉罕溪的下游亦發生加積作用，且礫石層較薄。

（3）河川襲奪：古西卡拉罕溪與南側小溪間低矮的分水嶺，在加積後更形低矮；又，分水嶺南坡起伏大、向源侵蝕較強，使得分水嶺向古西卡拉罕溪移動，進而蝕穿分水嶺，發生河川襲奪，蓮花池谷地即成為斷頭河與無能河河谷。

（4）陶塞溪的再下切：陶塞溪又發生回春而下切，且下切方向偏東，故河谷西側形成許多礫石階地。因為蓮花池谷地已變成無能河谷，無法隨著兩側的河川一同下切，而保存於山中。

（5）池塘形成：蓮花池谷地狹窄的下游端，被後期較強的邊坡作用所產生的物質阻塞，無能河的孱弱水量無力搬運，使得中段寬平的部分變成窪地，積水形成小池塘。

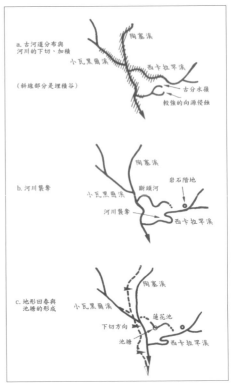

蓮花池的地形演育圖（改繪自：齊士崢，1995）

4 / 白楊步道、水簾洞

　　步道口位於臺 8 線中橫公路 168.6k，一路沿著支流瓦黑爾溪及塔次基里溪畔，長約 2.1 公里，即抵白楊瀑布觀景臺。若續行約 300 公尺，可至水簾洞。[1]

石英雲母片岩的小型褶曲構造，攝於稚暉橋旁。

　　民國 73 年臺電為了開發「立霧溪水力發電計畫」，闢建完成 6 條施工道路，白楊步道即其一。這也引起了各界關注，疑慮此計畫接引立霧溪中游的溪水發電將導致下游河床乾涸，且太魯閣峽谷變成無水的乾谷，峽谷地景丕變，影響難以度量。這些質疑的

1. 白楊步道沿線多處易坍方落石，宜戴安全帽，危險路段勿逗留，快速通過。而隧道缺乏照明設施，建議攜帶手電筒。若欲進入水簾洞，需準備雨具。

聲音，擱置了「立霧溪水力發電計畫」。不過，白楊步道卻從施工道路，轉成景觀型步道。

根據中央地質調查所地質圖大禹嶺圖幅的說明，這條步道的地層屬大南澳片岩中的谷園片岩與天長大理岩。

瓦黑爾溪河岸出露的礫石層，覆瓦朝筆尖方向。

谷園片岩的年代為古生代晚期至中生代，岩性為千枚岩、雲母片岩、石英雲母片岩，其中並夾有若干礫岩、大理岩等透鏡體。但較天長大理岩軟弱，因而形成 V 字形峽谷，比如在步道 1K 處的觀景平臺附近。

早期的研究將石英雲母片岩與千枚岩，統稱為黑色片岩。石英雲母片岩因受過強烈的擠壓作用，經常可以看到小型的褶曲構造及水晶。

天長大理岩的年代較為年輕，為中生代晚期至古新世，岩性為透鏡狀大理岩及石英岩獨立岩體。

I. 步道口及第一隧道

在步道口，陶塞溪繞流對岸的山嘴，呈一大曲流。因集水區有山崩，在雨後常見溪水混濁。再從滑走坡低緩、基蝕坡高陡的現象，可略窺滑走坡前端只是偶現於水量少時。當洪水一來，水勢漫覆滑走坡前端，並直襲基蝕坡底部而崩塌、路斷，今築明隧道防患。

第一隧道係穿過陶塞溪與瓦黑爾溪之間的稜線，該稜線頂部有河階地形，豁然亭步道通過隧道上頭。

第二、三隧道之間的崩壁。

雨谷的土石流產狀。

地下水下滲時，溶解大理岩而攜帶碳酸鈣，一旦滲出隧道內的洞壁，即沉澱碳酸鈣，形成石藤、鐘乳石等小型石灰華地形。

II. 瓦黑爾溪的礫石覆瓦

出了第一隧道，轉沿著支流瓦黑爾溪岸。在步道 0.55 ～

左上為綠色片岩，右下為黑色片岩。

0.65K 處的邊坡出露礫石層，其為古河床堆積物，離現河床已約 30 公尺，是地盤抬升、河流下切的證物。礫石具有明顯的覆瓦構造，指示古代水流的方向與今日一致。

0.75K 處有一雨谷，相當於間歇河谷。由其鬆散、大小混雜的角狀岩塊與沙土，

大崩壁

顯示為土石流的堆積物。今設有蛇籠與防護網以防止土石流災害。

III. 不宜停留的大崩壁

第二隧道與第三隧道相隔約 10 餘公尺，地層不穩，有落石之虞，需小心快速通過。

1.3K 處有大片綠色片岩崩壁，其變質順序為火山灰變凝灰岩，再變成綠色片岩；黑色片岩則依序是由黏土、頁岩、硬頁岩、板岩、千枚岩變質而成。兩者材料來源不同，所變質的岩石也不同。

第四隧道前不遠的 1.5K 處，有一片裸露的岩壁，地質以黑色片岩和綠色片岩為主，屬於斜交坡，岩層破碎不穩定。每遇大雨，上方岩石容易崩落，是步道全段較危險的路段。今雖設有防護網，但仍有安全疑慮。

IV. 白楊瀑布：瀑身為何分 4 段？

白楊瀑布位於立霧溪支流三棧溪注入主流處，總落差達 300 公尺，為太魯閣國家公園最大的瀑布。太魯閣族人稱它為「達歐拉斯瀑布」，意為斷崖瀑布。其成因為三棧溪的水量較小，侵蝕力遠弱於主流，河床高掛而成支流懸谷瀑布；又因地層中夾著 4 層大理岩硬岩，使得瀑布分為 4 段。

立霧溪上游在此下切成鋸切峽谷，亦掏蝕河岸成河蝕凹壁、河蝕洞等地形。

V. 水簾洞：錯誤地景的美

水簾洞前的第 7 隧道，具石藤、鐘乳石、球雛晶等小型石灰華地形，是本步道石灰華地形最美者。水簾洞是地下湧泉從隧道頂部傾洩而下，形成一幕水簾的特殊景象。水簾洞的成因，主要為立霧溪水力發電計畫進行時，於修築此段隧道不慎挖破含水層，於是，地下水循著岩石裂隙流出。隧道內受到地下水強烈沖蝕的岩層，有可能鬆動掉落，具潛在危險。另外，隧道裡面也有石灰華地形。

水簾洞，得名於地下湧泉自隧道頂部灑落。

太魯閣至天祥地形分類圖（楊貴三等，2010）

5／中游的天然壩、河階、湖階打亂了時間

李思根等（1990）調查立霧溪中下游之河谷地形，得知有河階、瀑布、壺穴、峽谷、山崩等地形，分述如下：

河階

I. 為什麼河階對比困難？

河階是古河床與氾濫原所在，也是重建舊流路的田野證據，可依其階崖高度以及階面的連續性、高度和比高等，進行比對。立霧溪中游對比為 7 段，代表不同時期的河床。但這裡的河階對比不易，為什麼？

若說錦文橋以東的下游，那裡的階面較寬闊、明顯，對比容易。反而錦文橋以西的立霧溪中游，階面狹小，傾斜度較大，分布零星，對比較為困難。之所以如此，除了因地盤快速上升，導致底蝕大於側蝕，而呈現出階面狹小、傾斜大，很自然就少見地盤穩定期長，以側蝕為主的寬闊階面。另外，亦曾因岩石墜落造成堰塞湖，湖底靜靜堆積，待湖水外洩後露出湖底，溪水再下切形成湖階，這類數目應也不少。

堰塞湖彷彿是某一河段河階發育的時間暫停，與其他河段河階發育不再同一步調，且湖階又添一變項。以致，河階與湖階凌亂交替，對比就更有難度，除非各階的定年資料能精準、完備，減少變數。

至於立霧溪河階的年代只有數千年，不見紅土分布。河階年輕的主因，是因為這裡的地盤抬升得太快、下切也快，若有年代古老的河階早被侵蝕殆盡。

II. 天祥：天然壩？河階？湖階？

天祥舊地名「塔比多」，是當地太魯閣族人稱山棕之意（山棕為製作蓑衣的材料），後來為紀念文天祥而改名。天祥青年活動中心即位於河階上，更高一階原是日治時期佐久間神社，後來，國民政府開闢中部橫貫公路時，改為文天祥公園，立有文天祥塑像、正氣歌碑文。

天祥附近的河階共有 5 階，多用屬於第 1 階，祥德寺為第 2 階，天祥是第 5 階，成因複雜，最特別的是多用河階。林朝棨根據日人開掘沙金探查坑的資料指出，多用河階的南北向剖面中，有呈 V 字形的砂礫層，其為古流路遺跡。他即認為，「多用」河階的成因，係早期此階的下游側曾發生大規模岩石崩落成天然壩，且堰塞成湖，這就是在前面提過的「堰塞作用」。我們考量這附近到處可見 V 字形河谷，此推論是合理的。

於是，古河道漸漸被上游搬運來的土石所充填，形成 V 字形剖面的砂礫層。至於，這究竟是立霧溪主流，抑或是支流陶塞溪的古河道？若從此階地砂礫層含砂金，而沙金應來自主流上游的屏風山山金，推測為主流堆積的可能性較大。

當湖水、砂礫累積達到壩體的承受極限，天然壩即潰堤，湖水下切而殘遺多用河階。所以，多用河階也可能是湖底，可視作湖階。多用河階（湖階）形成後，堰塞湖時期被暫停的河流作用回春。天祥一地的主、支流會合處，可能因支流陶塞溪的勢力大過主流塔次基里溪，使得主流河道推向多用河階的南側，於今祥德寺所在，造成第 2 階祥德寺面。

天祥的第 3~5 河階應該是陶塞溪所為。今河床因水位下降，形成數段小階，階面布滿大水搬來的礫石，滑走坡的氾濫原以沙子為主，攝於祥德寺步道。

支流陶塞溪注入主流立霧溪處，由沙洲的流痕推知支流的勢力較大、堆積較盛，迫使主流的河道偏南（照片左側）。這也似乎暗示了早期天然壩潰堤後，古曲流掘鑿、繞流多用河階南側的可能性。

接著，於陶塞溪與塔次基里溪之間的滑走坡，生成天祥側的第 3 ～ 5 階河階，但 3、4 階因階面狹小、部分被人為改變地貌，不易比對，僅第 5 階較寬廣。若依階崖走向、階面傾向，可證明屬於陶塞溪的河階。

III. 綠水：平凡河階上設地質展示館

綠水河階，分為上、下兩段，太魯閣國家公園的地質展示館即位在上段。

IV. 合流：支流老西溪的扇階、青蛙石

合流河階，位在立霧溪與支流老西溪合流點的本流左岸，也就是北岸，乃是支流扇階。在慈母橋西端，可觀察到河階崖的礫層。依照其東西向的分布推測，可能是立霧溪主流的古河道，類似多用河階的古河道形成機制。

而慈母橋旁老西溪口的青蛙石，為一腱狀丘地形，形如青蛙伏踞溪畔。早期老西溪另有一分流繞過其西側。腱狀丘之所以能直擋河流水勢，不被摧毀，常常是硬岩起了作用。不僅如此，從其東側崖面由綠色片岩與大理岩互層的紋路，顯示係一偃臥褶曲。

老西溪右岸山壁的 V 字形砂礫層，攝於慈母橋旁。

青蛙石與偃臥褶曲，攝於慈母橋旁。

V. 布洛灣：離堆丘、堰塞湖

林朝棨（1957）指出，布洛灣河階位於立霧溪南岸，分成上、下兩階，兩階之間約有 30 公尺高的階崖。這兩階高懸谷中，年代卻甚晚近，除了用地盤抬升快速來解釋之外，實則有其特殊的地形成因，此即「堰塞作用」另一古例。

在地形配置上，這裡有河階、小丘、V 字形的礫石層等 3 項。下層河階的東北隅有一片麻岩小丘，比高約 4 公尺。從岩石分布來看，此小丘原為對岸稜線的先端，乃是曲流的滑走坡，早期立霧溪的曲流舊河道繞流。後來，因嵌入曲流的嵌入作用，從稜線先端頸部切斷曲流，形成離堆丘。我們可從北面的河階崖露出厚約 160 公尺，呈 V 字形的礫石層，呈半圓形圍繞小丘，引為證明。

離堆丘
下層河階
布洛灣河階及離堆丘

所以，有關布洛灣河階的成因，古時立霧溪隨著地盤隆升而不斷底蝕，嵌入至布洛灣河階的V字形礫石層基底時，河階下游側發生大規模的岩石墜落，形成一天然壩，堵塞了立霧溪流路，堰塞成湖，淹沒這V字形溪谷。

慢慢地，此湖底被上游搬運來的礫石充填、湖水面也隨之高漲，等到充填至厚約160公尺時，天然壩承受不了龐大的礫石及水體重量，決堤崩潰，湖水一洩而空。伴隨著湖水面的臨時基準消失，立霧溪水回春，取直線快速下切，不再繞流古河道。於是，曲流滑走坡的頸部被切斷，小丘從北岸的山嘴變成南岸的離堆丘。

6／黃金河：跟著地理線索去採金？

立霧溪有一附屬產物，就是沙金，曾出現在河階與溪口海灘，是傳說中的黃金河。在利益物慾橫流的地理想像下，立霧溪成了條流淌發亮的黃金河，荷蘭人、日本人都因殖民主義式的採金行動而載於文獻，甚至留下採金道遺跡。

遠在荷西殖民時期，洋人間流傳臺灣是座金銀島，而各原住民部落無端受侵擾、滅社幾乎是探金行動下的犧牲品。荷人一路招降、掃蕩、殺戮，就在黃金傳說的指引下來到立霧溪。關於探金行動的開啟，關鍵指引是《熱蘭遮城日誌》1636年4月的一則記載：

荷蘭人從一位住在放索社，經常前往瑯嶠的中國人得知……瑯嶠一帶再過去3日路程的山裡有黃金。黃金不是從山裡取得，而是從一條河裡取得。

引文所謂瑯嶠一帶，是指臺灣南端的恆春，再過去即是東臺灣了。而且，黃金是從河裡取得，那是條黃金河，可想而知，這是多大的誘惑？

1638年2月，荷人來到卑南，親見卑南頭目的帽子鑲有金箔，便詢問金箔的來源，卑南人回答說：

該金礦在一條稱為Danauw的河裡，距離卑南還有三天半的路程；在該河旁邊有幾個大的和小的村莊，以前，卑南人曾經去攻擊那邊的一個小村莊，把他們打敗，從他們的房子取得一些薄的金片，他們現在還保存著那些金片。

原住民所稱 Danauw，其意應是河口。荷人聽了這線索後，雖受振奮，但始終沒找到黃金河。後續北上，又見其他社人戴著薄金項環，有說來自 Takijlis（應是立霧溪口的阿美族舊社）。但再往北就進入西班牙人的勢力範圍，荷蘭東印度公司為了取得傳聞盛產金礦的東海岸控制權，決定攻擊北部的西班牙人，1642 年西班牙人敗退。

《熱蘭遮城日誌》1643 年 5 月 22 日條的記載，荷人從基隆南下至 Tarraboan（應指哆囉滿，即立霧溪口），他們與原住民把酒言歡、取得信任之後，詢問金礦的消息：

在 8 月惡劣天氣時，險峻的山間峽谷很不容易才會發現的 …… 暴風雨過後，河水氾濫之際，岸邊會出現沙金，有時尚可發現到如豆粒般大小或半個指頭大小的金，但誰也不知道確切的金礦產地。

後人雖無法確知 Danauw 是不是 Tarraboan？再加上 Takijlis，中村孝志指出應是立霧溪口，幾個線索和相關位置下，都推測立霧溪就是傳說中的黃金河。但黃金並沒有熔成溪河般流動，且還只是很不容易被目視的沙金，細小如沙。看來，荷蘭人的探金行動是失敗的，立霧溪的黃金礦脈產地仍是個謎，洪水下的微量沙金終究是賠本生意。

採金的事，大概沉寂近 300 年後的昭和 11 年（1936），日人小田川達朗寫了份報告指出，立霧溪口左岸的山本義信礦區挖出金條、金簪、陶壺及 200 多具人骨，引發各界揣測。14 年（1939），日人小笠原美津雄又在多用河階發現沙金，或許因此而開啟日人的探金計畫。隨後，日人開闢了溪畔到合流之間的採金道，路寬不及 1 公尺，僅容兩人錯身而過。今多數路段已遭中橫公路切斷或併入，部分遺跡殘存於九曲洞步道下方。

但根據多次探勘，並無開採價值。只傳聞曾在颱風過後，立霧溪河口的沙洲中發現沙金富集，證實了 300 多年前的原住民說法。

採沙金的結果終究是個夢，但沙金

採金道遺

九曲洞步道

日治末期開鑿的採金道遺跡，即峽谷崖壁所見的凹槽，隱身在九曲洞步道下方。

的空間分布仍有其地理脈絡。沙金是以河流做為載具的搬運物，其料源為上游屏風山的山金，可能因山崩而掉落立霧溪，經溪水搬運至流速較羸弱的主支流交會處、堰塞湖底或溪口堆積。其中前兩者，後來抬升為河階或湖階，比如曾有探金紀錄的多用階地。

7 / 時雨瀑與壺穴

瀑布：詭譎難測的時雨瀑？

本區的瀑布眾多，都位在立霧溪支流上。瀑布的成因都受硬岩控制，有些另因支流懸谷所造成。雖說這裡的瀑布有時雨瀑之稱，平時無水，雨後卻破崖出水、嘩啦啦啦地喧響，比喻脾氣大、難以捉摸的特性。其實，只要把時間一拖長，累積性讓空間分布現形。最簡單的線索是崖壁所生長的各色苔癬植物，植物依水而生，它們殘留垂下的色帶，洩漏了時雨瀑的行蹤。

這些瀑布的形態多樣，對地形、地質各有不同的作為與適應：

瀑身分為數段，如白沙橋北北東方 1 公里的銀帶瀑布分為 2 段；

有些瀑布下方，鑽磨出很多壺穴，如九曲洞南岸瀑布；

部分瀑布有明顯的凹槽與凹壁，如慈母橋下瀑布；

葫蘆谷瀑布位在距禪光寺約 250 公尺的水源區內，順大理岩垂直葉理發育，瀑布下的數塊巨岩塊，為瀑布後退崩塌留下者。

壺穴：河流挖的洞

河成壺穴分兩種，一種在河床底岩，如基隆河的十分、大華、暖暖，木柵的貓空等地；另一種是在河岸的側蝕壺穴，比較少見，像是立霧溪的燕子口，以及彰化一線天、三峽大豹溪十八洞天等地，都是因水位高時，河水帶著砂石研磨、側蝕河岸而成的壺穴，後因地盤抬升而出露於河岸高處；河床邊也有現生壺穴，面向河流、呈半圓球狀凹洞。

探討壺穴，可以把握

燕子口的側蝕壺穴

燕子口的壺穴形態多樣，壺口朝向亦不同，攝於燕子口。

其形成的幾項條件：（1）急流、漩渦等營力作用；（2）低窪處、水邊的空間位置；（3）硬岩中有軟弱層理、葉理或節理等地質脆弱處；（4）小石頭、細砂等鑽磨工具。把這幾個條件拿來解讀立霧溪的壺穴，可以發現大多分布在主流上，尤其是河道狹窄、水流湍急以及岩層堅硬的基蝕坡谷壁上；部分已隆起，再受地下水流出而修飾，如長春橋、白沙橋（已被山崩土石覆蓋）、燕子口、靳珩橋至九曲洞、慈母橋等地。

　　若論數量，以燕子口最多（16個）。在立霧溪左岸，長約100公尺、高約60公尺的崖壁上，多見單一壺穴，少有聯合壺穴，這是為什麼？此也許是「回春」現象所致，亦即地盤上升速度快，水流鑽蝕時間短，還來不及擴大成聯合壺穴或串接多個成壺溝，地盤就抬離溪水。

　　據說「燕子口」的地名還得自壺穴，因高處壺穴被春燕挑作巢窩所在。只是，部分壺穴既有地下水流出，底部應較潮濕，若真有燕子築巢也可能在壺穴的上部。

　　壺穴的外形，象徵不同成因與空間分布。一般壺穴的壺口（壺穴的開口）受溪水迴旋、逆流而鑽磨，大多朝向下游。然而，此地卻有不同的產狀，主要原因是受地盤抬升、地下水溶蝕大理岩所致，這點可從壺口所朝的方向來判讀：

　　（1）朝向上游者：因立霧溪水流至基蝕坡，斜向撞擊、鑽蝕岸壁而成。

　　（2）朝向下游及垂直岸壁者：這類多數分布在崖壁高處。成因可能是地下水受重力作用而向下汨流，壺口底部漸被修飾成朝向下游或垂直岸壁。

　　而岸壁下的水邊亦不少現生壺穴，可逆推高懸的壺穴成因。在地質條件上，這裡的壺穴大多沿葉理面發育，沿節理者較少。此外，岸壁上的壺穴中，有些亦見滯留礫石，這是河流得以鑽蝕河岸的證物。

　　臺灣北部基隆河上游的壺穴地形非常發達，可與燕子口壺穴略做比較：

　　（1）燕子口的立霧溪河床有堆積物，基隆河的河床則有底岩出露。所以，前者的壺穴是溪水側蝕谷壁而成；後者則分布在河床上。

　　（2）燕子口的壺穴既然位在谷壁，受流水的重力影響較小，主為洪水期流水斜撞谷壁再迴旋而成，因此，多數壺口朝向上游，部分受地下水流出而朝向下游或垂直岸壁；基隆河的壺穴位在河床，水流受重力影響較大，鑽蝕壺穴的渦流，出水口向下游，以致多數壺口朝向下游。

8／太魯閣峽谷：土地抬升與鋸切的速度有多快？

林朝棨（1957）對於太魯閣峽谷，讚嘆為「規模之雄偉，世界無比，可視為河蝕地形之霸」。而太魯閣峽谷究竟是如何造就？他指出了幾個條件：

> 此等斷崖之峽谷地形，均依本流域之大量隆起或河蝕基準面之忽然降落，使發生劇烈之下切作用所形成；而結晶石灰岩（即大理石[2]）之特殊抵抗力，使河蝕專力進行下切，不行側切，亦其副因。結晶石灰岩對於河流下切，發生河水之溶蝕；同時岩石有特有之堅硬性，可以長久維持直壁狀態而不崩潰。

陳培源（1987）則指出本區峽谷的成因為：

一、立霧溪原具有順向河之性質，河流之流向與區域地質構造線走向（東北 - 西南）近於直交，形成橫谷，故山峭坡陡。

二、岩質牢固而均勻，因此邊坡不易崩塌，即有岩石崩裂，亦多沿節理脫落成崖壁；且無差異侵蝕發生，因此，河流不易側蝕。

三、大理岩受河水磨蝕與溶蝕作用，增強下切能力。

四、現今中央山脈之隆起量達每年 5 公釐之多（以前可能更多），河流具有先行河的性質，不停地下切而形成峽谷。

印地安人頭像

太魯閣峽谷的成因，主要是地盤抬升快速、河流下切力強，有人形容像是鋸子直切，而有鋸切峽谷之稱。靳珩橋附近的河岸被侵蝕成貌似印地安人頭模樣，成為著名景點。

---

2. 岩層稱為「岩」，礦物才稱為「石」，故應稱大理岩而非大理石，其名源自雲南大理。大理岩多呈厚層塊狀而缺乏葉理，為古代海底生物形成的石灰岩，再經過高壓、高溫變質形成，主要礦物為方解石，成分為碳酸鈣。太魯閣峽谷的大理岩年代最早為古生代末期的二疊紀，時間是 2 億多年前。

他還指出，立霧溪河谷在比高 100 ～ 200 公尺以下部分，甚為峻窄，但在其以上，則頗為寬緩。這表示古代立霧溪河谷或曲流帶的寬度較之今日大。到其後期，河流側蝕力減弱，下切力增強，遂造成峽谷。

上述兩人的說法，都提到地盤抬升快速、河流下切力強，這些都是個抽象概念，該如何套進現實？量化是方法之一，讓抽象概念轉化成具體的數據，成為度量的依憑：

一、Hartshorn et al.（2002）在立霧溪綠水一帶。測得的河流下切速率為每年 2 ～ 6 公釐，此與長期造山抬升速率 3 ～ 6 公釐相近。進而，若值颱風、豪雨期，河流下切速率可超過 10 公釐。

二、Schaller et al.（2005）在太魯閣峽谷所模擬出的岩盤下切速率，高達每年 2.6 公分，換言之，近千公尺深的峽谷只需 5 萬年即可形成。

若更具體貼近生活，在中、小學畢業旅行或遊覽時或許來過，當時聽到峽谷成因一定懵懵懂懂。不管如何，假使有拍張照，等到年邁時重遊比對，河床會下降約一個人的高度，這是頗驚人的下切速率。但是必須留意，地盤抬升不等於河川下切，也不見得成就峽谷地形，還得配合岩性、氣候等其他條件，不可偏一而論。

左為逆斷層，右為正斷層，構成 V 字形斷層岩塊。

9／錐麓斷崖：V 字形斷層露頭

中橫公路 178K 處，是片垂直陡立的大理岩峭壁，寬約 1,200 公尺，海拔高約 1,100 公尺，此即錐麓斷崖。在其腰部約海拔 750 ～ 780 公尺處的斷崖壁上，曾鑿作合歡越嶺古道，自古道俯視峽谷，氣勢與震懾是很多人的共同感受。

錐麓斷崖底部溪岸旁的大理岩壁上，有一明顯的斷層露頭，在公路清楚可見。從大理岩的灰、白色紋路錯動辨識，左為逆斷層、右為正斷層，構成 V 字形斷層岩塊。推測其成因，可能是位在九曲洞背斜的東翼，受壓力成逆斷層，又受張力拉裂成正斷層。

10/山崩：曲流基蝕坡、斷層、 脆弱地質的共同產物

白沙橋一地的岩壁上方，為大理岩層與片麻岩層的交界。民國102年此處發生大規模山崩。

白沙橋：只是順伏，別想勝天

曲流地形中，在曲流半島突伸者為山嘴，如白沙橋一地，其因岩層比較硬，河流只好繞著流。若河流要切過硬岩會循軟弱處，或者節理、斷層之處。

白沙橋旁，臺8線181.4k公路上方邊坡陡峭，坡度達65°～85°，坡向朝西北；中橫公路原本位於邊坡的坡趾、立霧溪曲流的基蝕坡側，海拔約130公尺，與山脊垂直高差約850公尺。

此路段常發生大規模岩盤崩落，估計單單從民國102年5月3～10日的總坍土方量高達67萬立方公尺；同年9月，因天兔颱風夾帶豪雨的影響，再度崩塌，總崩塌量為20萬立方公尺以上，其崩落的岩塊重達30噸以上。

此處土石崩落的原因，係白沙橋路段附近，為大南澳片岩帶的得克利片麻岩與九曲大理岩之交界，接觸不良而較脆弱；其次，亦推測立芹山斷層在白沙橋附近通過，致使常常發生山崩；第三，也因地處基蝕坡，溪水挖掘坡腳，致邊坡過陡而容易崩塌。發生崩塌後，這大量山崩堆積物還推逼立霧溪河道，改偏流滑走坡。

長期以來，崩塌不斷導致交通中斷，不停地重複挖了又崩、清了又埋。有關單位遂仿效南投信義鄉東埔日月雙橋，採取截彎取直，築兩座橋梁跨越立霧溪曲流，挖隧道穿過曲流半島（滑走坡的山嘴），放棄人為治理山崩地的思惟，雖成本較高，但可減免災害，又可縮短路程。

長春祠，雖有歷史盛名，卻因地質敏感而封閉；幾次山崩所掉落的落石堆，在山腳連接成落石坡。

長春祠：險地觀光地景

長春祠，曾遭大自然二度毀壞後重建，原因無非是跟地形、地質

落石坡

有關。這裡是部分太魯閣層（九曲大理岩）與長春層的交界（陳培源，1987），且居立霧溪曲流的基蝕坡，會發生山崩之因與白沙橋類似，毫不意外。幾次山崩的落石堆仍存，並排在山腳連成落石坡。

有一插曲，地下水通過岩層破碎帶後產生湧泉，濺落立霧溪成瀑布，地質敏感造就了觀光資源。今遊人如織，一睹其險。

11／砂卡礑步道：藍色溪流、灘岩與褶曲

殖民地景：立霧發電廠的維修道路

昭和 15 年（1940），臺灣總督府選址在太魯閣興建立霧水力發電廠，遂於溪畔築水壩、鑿輸水隧道，引立霧溪水至發電廠發電。但是，卻因立霧溪水含沙量過大，只好在砂卡礑溪上游另建一座放流式水壩，先將水引至發電廠，當成發電機的冷卻水。所以，砂卡礑步道原初是維修水壩和大水管之用，後來。太魯閣國家公園成立後，改規劃為景觀步道，自砂卡礑橋至三間屋，長約 4.1 公里。

砂卡礑步道原名神祕谷步道，但砂卡礑溪上游有一個太魯閣族的「大同部落」，其舊名為「砂卡礑」（Skadang），因而改名。

匚字步道：堅硬、屹立的九曲大理岩

根據中央地質調查所地質圖新城圖幅的說明，砂卡礑步道的地層屬於大南澳片岩的九曲大理岩，穿插接觸白楊片岩的透鏡體，年代均為晚古生代至中生代。所以，砂卡礑溪的地形由兩岩層決定，即九曲大理岩和白楊片岩，在野外可以加以辨別。

九曲大理岩，岩性為層狀大理岩，在岩石外觀上常有灰、白或黑白相間的條紋，常見灰白色中夾碳質物集中處呈暗灰色的條紋，形成清楚的葉理或紋理。九曲大理岩在野外因岩體堅硬，不易遭蝕去，常形成峽谷及陡峭的崖壁，步

日治末期開闢的砂卡礑步道，原始是當作維修水壩的道路，地層主要為九曲大理岩，利用其堅硬的岩性，挖鑿成匚字型。紅色橋樑為步道入口的砂卡礑大橋。

砂卡礑溪的溪水偏藍,亦些微帶點綠色。

步道橫切一背斜,即照片右側,推測有斷層通過背斜東北翼。

岩壁上的褶曲包含背斜和向斜,可分為對稱、不對稱等類型。

道亦利用此特性,開鑿成匸字形。

白楊片岩,以綠色片岩、變質燧石(石英岩、葉理特別發達者,稱矽質片岩)為主、夾數公分至數公尺的層狀大理岩。這裡頭的綠色片岩與大理岩、石英岩等岩層顏色綠白分明,且因強烈的褶曲及變形作用,常形成各種複雜的褶曲圖像,為白楊片岩極明顯的特徵。

不可思議的藍色溪流

砂卡礑步道入口,位於砂卡礑隧道西洞口外,循著迴旋梯直下即是。

從這裡向南望去,可看到砂卡礑溪協合注入立霧溪中。就在步道對岸匯流口附近,有兩段河階,曾是太魯閣族人的部落所在,今第二階闢為停車場。

砂卡礑溪流路短,水流湍急,但集水區的水土保持良好,水中含沙量少。因此,無論平常或颱風豪雨之後,溪水大抵能維持清澈見底。至於水色偏藍,可能是因雨水、地下水的微酸溶解大理岩,排入溪水而含有碳酸鈣;部分樹蔭較多處,些微渲染了點綠色,應是溪岸綠色植物的投影。

砂卡礑溪邊沙洲散置許多大小不一的溪石。大者為附近岩壁崩落後,尚未能經過長距離的滾動,保留了稜角形貌;小者為經長途的滾動而呈次圓形,且相疊呈覆瓦狀,指示水流方向。

沒人注意到的背斜與斷層露頭

步道的路塹段,橫切一背斜與斷

砂卡礑溪岸的岩壁上，分布許多苔蘚植物造成的色帶。

層。背斜向東南傾沒，但其東北翼地層的水平層與直立層卻不連續，推測其間為一斷層。

褶曲：神祕的地質力量

　　步道對岸的岩壁上，有許多柔美的線條，像千層糕一般，層層分明地堆疊著，這種地質構造稱為「褶曲」。

　　這些岩石在造山運動之前，深埋在超過 10 公里的地底下，受到高溫與高壓作用，岩石呈半流體的塑性狀態。當岩層彎曲時會產生流動，厚度隨之變化，且相同成分的礦物會聚合在一起，形成層層顏色分明的現象。

　　當地殼快速隆起，地底下的岩層被推擠上來，快速冷卻，再經溪水切割，出露大小褶曲。這些褶曲包含背斜和向斜，可分為對稱、不對稱、倒轉、偃臥等類型。

　　另外，岩壁上亦見垂直條狀色帶，像是粉刷過的漆面。其實是雨水或地下水從岩層滲出後，受重力作用而向下流。待雨停之後，生長一些苔蘚植物所致。

臺灣首見位於河邊的灘岩

　　溪邊有因雨水或地下水溶解大理岩所帶來的碳酸鈣成

砂卡礑溪岸可見灘岩分布，為臺灣首見分布於溪邊之例。

立霧溪　　373

分，將堆積溪岸的砂石膠結成灘岩，再受溪水側蝕而出露，此地灘岩含黃鐵礦等沉積物。今所知臺灣的灘岩，大多分布海邊，如七星潭、墾丁南灣、澎湖吉貝嶼等地。但是，分布在河邊者，砂卡礑溪岸為首見。

12／下游的河口複成扇洲

　　立霧溪下游扇洲經下切而成的扇階，以太魯閣口的錦文橋為頂點，向東展開呈扇狀，扇端達太平洋濱。

　　此地扇階可對比立霧溪中游河階的第四至七段，扇頂有 4 段，扇端僅 3 段。

　　第四段主要分布於立霧溪南岸的順安，以及北岸的崇德上崁。

　　第六段包括北岸的崇德下崁，以及南岸的新城。

　　第七段主要是南岸的民有。

　　此外，太魯閣國家公園管理處所在的階面可對比第五段。

立霧溪扇洲及河口，有些分流形成沒口溪，尤其是常發生在冬、春季的枯水期。待夏、秋的豐水期一到，水量足以沖破沙嘴入海。

附錄

名詞解釋

1. 地表形態與地形要素

1. 方山（mesa）：由水平岩層構成的高原或臺地，切割形成頂平周陡、寬度大於高度的地形。

2. 節理（joint）：為岩層之裂縫，主要因板塊的擠壓或拉張造成，也有因岩層的熱脹冷縮或解壓形成。

3. 層面（bedding plane）：為各互疊岩層之間的接觸面，其上下岩層的顆粒大小不同，顏色也不一致，表示不同的流速或來源所沉積的。

4. 斷層（fault）：為兩側岩盤相對錯動，在斷層面上方者稱上盤，下方者稱下盤。斷層可分為上盤相對向下移動的正斷層，上盤相對向上移動的逆斷層，上下盤做水平移動的平移斷層，平移斷層又分為左移與右移斷層，若站立於平移斷層一側，另一側的相對地層在我們的左方，為左移斷層，於右方，則為右移斷層。

5. 營力（作用，process）：改變地表形態的力量，統稱營力，分為三大類：由地球外部產生的營力，稱為外營力。由地球內部產生的營力，稱為內營力。由地球以外之天體或其他力量作用於地表之營力，稱為地外營力。

6. 侵蝕（erosion）：狹義者指把高地變低的作用，廣義者可包含搬運與堆積。地表最重要的侵蝕力是河流。

7. 顆粒支持（grain-supported）：即岩塊或礫石之間相互接觸而填充少量之泥沙。

8. 基質支持（matrix-supported）：即岩塊或礫石之間相互不接觸而填充多量之泥沙。

9. 重現地形（重出土地形，exhumed landform）：深埋之古地形，經抬升、侵蝕而重新出現地表。

2. 構造運動與構造地形

1. 板塊（plate）：是地球最外面一層，厚約100公里，分為7大板塊和十餘副板塊，由剛強的岩石構成。其下是軟流圈，平均厚約200公里，由較具塑性的岩石構成，各板塊可在軟流圈之上移動。

2. 花綵列島（festoon islands）：在西太平洋上衝的大陸板塊上造成了一連串的安山岩島弧，由阿留申群島，經千島群島、日本群島、琉球群島、臺灣、到菲律賓群島，宛如禮堂的花綵般排列著。

3. 褶曲（褶皺，fold）：岩層受到外力作用，產生彎曲，呈波浪狀起伏的現象。

4. 背斜（anticline）：褶曲凸起的部分，表現的地形為臺地、山脊或使階地彎曲變形。

5. 向斜（syncline）：褶曲凹下的部分，形成盆地或谷地。

6. 不對稱背斜（asymmetrical anticline）：臺灣受到兩個板塊的擠壓，尤其因為菲律賓海板塊向西北方的推力較大，造成歐亞塊邊緣的褶曲，宛如推土機一般，愈往臺灣西部，所推擠形成的褶曲愈新，且形成西陡東緩的不對稱背斜，而在背斜西翼因地層彎曲太甚而斷裂錯位形成逆斷層。

7. 層階地形（cuestiforms）：背斜或向斜構造若有軟硬互層的地層，則經過長期的差別侵蝕後，在其兩翼會產生數行線形排列的單面山或豬背嶺地形，組成層階地形。

8. 單面山（cuesta）：兩坡不對稱，一坡長而緩，即順向坡，為硬岩之層面，傾角約20度；另一坡短而陡，即逆向坡。順向坡的坡腳若切除，則容易發生平面滑動的崩壞。逆向坡頂部常呈懸崖峭壁，懸崖的高度相當於硬岩的厚度；下部為軟岩構成的緩坡，常有上方懸崖崩落的岩塊堆積。

9. 豬背嶺（hogback）：岩層傾斜角度較大，約40度，兩側斜坡較對稱，其坡度和長度大致相等。

10. 穹丘（dome）：平面形狀呈圓形或橢圓形，整體如倒扣的碗，主要因地下岩漿侵入到上部地殼中，使其上方岩層向上拱升而形成。穹丘形成初期，河流常由中心高處向四周低處流動，造成放射狀水系。經過一段時間的差別侵蝕，河流常沿著軟弱岩層流動，形成環狀水系。

11. 斷層（fault）：是地層的破裂，且破裂面兩側有顯著的相對移動。變位量可能由數公尺到數公里。近期活動過的斷層地形，比早期活動者明顯。斷層常具線形地形，如直谷線、線形崖或山麓線。斷層活動可分為兩種形式：一為間歇活動，平時鎖住，一旦能量累積足夠，即突然活動，伴生地震。另一類，平時則散發能量，發生潛移現象。

12. 盲斷層（blind fault）：指地表下岩體受到大地應力擠壓產生斷層，但並未發展至地表上的斷層，無法從地表露頭觀察判斷，故稱盲斷層。

13. 背衝斷層（backthrust fault）：為在主斷層應力方向背後之副斷層，常為逆斷層，與主斷層之間夾著構造隆起（地壘、凸起構造 pop structure）。

14. 活動斷層（active fault）：其定義並無一定的看法，隨各國環境的不同，而有異的考量，臺灣由經濟部中央地質調查所將其區分為三類：

（1）第一類活動斷層（全新世活動斷層）

  I. 全新世（距今10,000年內）以來曾經發生錯移之斷層。

  II. 錯移（或潛移）現代結構物之斷層。

  III. 與地震相伴生之斷層（地震斷層）。

  IV. 錯移現代沖積層之斷層。

  V. 地形監測證實具有潛移活動性之斷層。

（2）第二類活動斷層（更新世晚期活動斷層）

  I. 更新世晚期（距今約100,000年至10,000年）曾經發生錯移之斷層。

  II. 錯移階地堆積物或臺地堆積層之斷層。

（3）存疑性活動斷層：為有可能為活動斷層的斷層，包括對斷層的存在、活動時代及再活動性存疑者。

  I. 將第四紀地層錯移之斷層。

  II. 將紅土緩起伏面錯移之斷層。

  III. 地形呈現活動斷層特徵，但缺乏地質資料佐證者。

15. 變形前緣（deformation fronts）：是一種地質上的分界線，區分了臺灣兩種不同的地質的，變形前緣以東的物質受到東西向壓縮的應力變形。由於菲律賓海板塊向西北推擠歐亞板塊，使得歐亞板塊邊緣不斷地向西發生一系列褶曲變形，在褶曲的西側發生逆斷層，從馬尼拉海溝向北延伸至臺灣西南陸地上的斷層線，成為臺灣變形前緣的構造線。

16. 線形（lineament）：係具有線形谷、線狀排列的數個鞍部等地形，可能為斷層所經，尚待中央地質調查所進一步研究後，認定公布為活動斷層者。

17. 中央線形（中央構造線，匹亞南構造線，Central Lineament）：乃經過蘭陽溪、思源埡口（匹亞南鞍部）、大甲溪上游、北港溪最上游部、眉溪上游、濁水溪中游良久峽谷部、郡大溪、八通關、荖濃溪、潮州斷層，將本島均分為東西兩半。

18. **斷層活動的累積性**（cumulative of fault activity）：數個不同時期的地面而形成後，若為一斷層崖所截切且具漸進的變形，則愈老的河階，因具有累積性，其變位量愈大。

19. **三角切面**（triangular facet）：當 V 形谷切入斷層崖時，兩個山谷之間的斷層面殘餘部分呈三角形，稱為三角切面。雖然三角切面常與斷層作用有關，但其他地表作用，如河流侵蝕河階崖、波浪侵蝕海蝕崖，也可能產生類似三角切面的形態。

20. **反斜崖**（antithetic fault scarp）：河階上的斷層崖若朝向較高的丘陵山地或河流上源，則稱為反斜崖，因其上游側低下、下游側高起，故非河流中所成，此為辨認活動斷層非常有用的標準。

21. **地塹**（graben）：地塹是兩邊以斷層為界，中間相對陷落形成之窪地，臺灣東北角海岸龍洞濱臺上的地塹是臺灣最容易整體觀察的地塹。

22. **地壘**（horst）：兩邊以斷層為界，中間相對抬升之地塊，如草屯河階群上，介於車籠埔斷層和其東側的臨寮斷層之間的地塊即為地壘地形。

23. **斷錯河**（offset stream）：可以指示平移斷層的移動方向，例如花蓮的月眉線形具有 7 條小溪順流而下向右左彎彎，指示左移斷層通過河流轉彎處。

24. **崩移構造**（slump structure）：當沉積在未固結時或成岩之前，因重力影響而向下滑動，使岩層產生斷裂或彎曲的構造現象泛稱為崩移構造。

25. **荷重鑄型**（load cast）：沉積物未固結前，因受到上部沉積物的負荷，致使上面後期沉積的沉積物下陷到較早沉積的沉積物之中，這種情形特別容易發生在砂（上）與泥（下）的地層。

26. **波痕**（漣痕，ripple mark）：是砂質沉積物層面上的波狀起伏構造，若水流向單一方向流動，則呈現下游側的斜坡較陡的不對稱波形，稱為水流波痕；在海岸或湖岸，因波浪來回擺動，則呈對稱的波形，稱為波浪波痕。

27. **交錯層**（cross bedding）：在三角洲的前積層或沙丘的背風面堆積呈傾斜狀的地層，與其上下水平地層有別，其傾斜的方向指示古水流的方向。

28. **礫石覆瓦構造**（gravel imbricate structure）：礫石受水沉搬運而疊覆前方的礫石，狀如疊覆的屋瓦，由其傾斜方向可指示古水流的方向。

29. **崩解張裂作用**（extensional collapse）：約於 100 多萬年前，因板塊碰撞點的南移，臺灣北部發生造山崩解張裂作用，產生正斷層，並造成山的垮塌、盆地陷落與火山活動。

3. 風化作用與崩壞地形

1. **鱗剝**（exfoliation）：岩石因熱脹冷縮，造成表層逐漸如魚鱗般層層剝落的現象。

2. **球狀風化**（片狀風化、洋蔥狀構造，spherical weathering）：均質、層理發達的岩塊，由表及裡，成片如球狀或洋蔥狀剝落。

3. **氧化作用**：這是自然界最常見的化學作用。在水的幫助下，氧化作用更容易進行。含鐵質的礦物經氧化後，使岩石表面呈紅色或棕色，一如鐵鏽的顏色。

4. **差別風化**（差異風化，differential weathering）：由於岩層種類或礦物組成不同，抵抗風化侵蝕的能力隨之不同。硬岩抗力大，容易殘留保存，弱岩抵抗力小，容易被風化侵蝕。

5. **風化窗**（tafoni）：因差別風化而在岩石表面產生圓形或方形下陷的凹穴，直徑可小至數公釐，亦可寬達數公尺。

6. **蜂窩岩**（honeycomb rock）：在差別風化作用下，岩石上風化窗遍布，如同蜂窩。海岸地帶出現的蜂窩岩，其凹穴原來常是穿孔貝造成，離水後再經風化擴大形成。

7. **蕈岩**（蕈狀石，pedestal rock，mushroom rock）：差別風化使地表露岩呈上大下小如菇、如蕈者。一般言之，蕈岩乃露岩之近地部分受風化侵蝕較大而形成，若露岩上硬下軟的構造，更易發育。

8. **堤嶺**（dike ridge）：近於垂直且軟硬互層的岩層，在差別風化下，硬岩則凸出成嶺，稱為堤嶺。

9. **烙鐵峰**（flatiron）：互疊急斜的岩層中若有一特硬岩，不易風化，凸出成峰，形如烙鐵或熨斗。

10. **豆腐岩**（棋盤岩，tofu rock，chessboard rock）：兩組互相垂直的節理，其裂隙經風化擴大後，形成豆腐或棋盤狀岩塊排列，稱為豆腐岩或棋盤岩。

11. **岩堡**（tors）：水平及垂直節理發達的露岩，節理間隙經風化擴大，可造成壘砌如城堡狀的石塊堆，在北海岸西段的富貴角、雪山山脈北段的隆嶺古道均見。

12. **球形巨礫**（石蛋，exfoliation boulder）：鱗剝發生於巨礫表面，狀如球或蛋。

13. **平衡岩**（balanced rock）：巨大的岩塊在長期風化侵蝕下，底部僅以極小部分與地面岩石相接而維持平衡不墜。

14. **潛移**（creep）：為風化岩屑或土壤，因重力作用沿坡面慢移的現象。其移動非經長時間觀察不易察覺。

15. **小階**（small terraces, terracettes）：坡面常因牛羊的踐踏，促使重力作用造成風化岩屑或土壤的潛移、塌陷，而形成高約數十公分、一階一階的地形，在桃源谷、擎天崗、草嶺古道、鼻頭角均見。

16. **山崩**（landslide）：指風化岩塊碎屑沿坡快速崩移的現象。狹義的山崩，又稱崩場，包括墜落、傾翻等崩移方式。廣義的山崩則包括墜落、滑動、流動等崩移方式。

17. **落石塊**（fallen block）：由陡峭岩壁墜落或翻滾至崖腳停駐的巨大孤立岩塊。

18. **山崩窪**（scars）：為岩塊或風化岩屑崩移後所留下的窪地，多是半圓形，後壁常有陡峭的崩崖。

19. **山崩溝**（murren）：當山崩窪的發生位置離削坡腳有一段距離時，崩塌的土石順坡滑落，與坡面產生摩擦侵蝕所成的凹槽，稱為山崩溝，為山崩碎屑滑移的通道。

20. **落石堆**（崖錐，talus）：山崩碎屑積聚坡腳所成的半圓錐地形。多位居山崩窪或山崩溝下方，因重力影響，大粒遠離錐頂，角粒顯著，錐面坡度隨組成岩塊大小不同、顆粒大、坡面陡。

21. **山崩湖**（landslide lake）：山崩的岩塊碎屑堆積橫河谷，堰塞河流，潴水而成湖泊，為堰塞湖的一種。岩屑堆砌所成的臨時壩，隨後常因溢流下切或崩場消失，故山崩湖的壽命並不太長。

22. **土石流**（岩屑流，debris flow）：為斜坡上的碎屑物被浸潤後，在重力與水的作用下形成的快速流動體。地表岩層破碎、山坡為鬆散土層或厚層風化物所覆蓋，提供出土石流固體物質的來源，加上暴雨強度大、植被覆蓋稀疏或山坡地不當開發，土石流便容易發生。

4. 河流作用與河流地形

1. **侵蝕基準**（base-level of erosion）：河流向下侵蝕的最低下限。一般河流以注入的河、湖水面為臨時基準，而以海平面為終極基準。

2. **曲流**（meander）：河流當坡度小或遇硬岩阻擋，則發生側蝕作用，使流路彎曲。

3. **基蝕坡**（攻擊坡，undercut slope）：水流在慣性與離心力的影響下流向曲流的凹岸，對岸邊進行沖刷，引起岸邊崩塌，形成陡岸。

4. **滑走坡**（slip-off slope）：在曲流的凸岸，河水淺，流速緩，發生堆積。

5. **自由曲流**（free meander）：在開闊的平原，地層是鬆軟的沖積層，河流可自由擺移。

6. **穿入曲流（谷曲流，incised meander）**：山地之曲流深切，分為兩種：兩岸對稱者稱嵌入曲流，不對稱者稱成育曲流。

7. **潮曲流（tidal meander）**：河流在河口段受潮汐影響，沙嘴阻擋而轉彎。

8. **成育曲流（ingrown meander）**：兩岸不對稱，其滑走坡之上，常有數段之河階。

9. **嵌入曲流（intrenched meander）**：河谷之穿入作用，於堅硬之岩層處或自由曲流因基準面快速下移，常形成嵌入曲流，側蝕甚微，專行下切，形成兩岸對稱之峽谷或河階。

10. **離堆丘（環流丘，Umlaufberg，meander core）**：穿入曲流之河道彎曲過甚，以致自切於曲流頸部，而取直通之新河道，新、舊河道之間所圍繞之孤立小丘。

11. **癒著丘**：為曲流頸部斷並形成離堆丘之後，因某種原因，頸部的新河道淤積，恢復舊河道之流路，有如頸部癒合而得名。

12. **腱相丘（Sehnenberg）**：因主、支流或主、分流相而成的河旁孤立小丘，狀似牛腱。

13. **曲流山腳（meander spur）**：曲流所包圍的曲流半島。

14. **交錯山腳（inter-locking spurs）**：在軟硬互疊的山谷中，河流循軟弱處流動，而硬岩構成的山腳（山嘴）交錯分布曲流中。

15. **牛軛湖（oxbow lake）**：曲流發生斷切後，產生新河道，而舊河道積水成牛軛狀的湖。

16. **網流（辮狀河，braided stream）**：在出山地後的河床上，礫石廣布，堆積快速，有許多沙洲發育，使水流產生許多分流與合流而呈網狀或髮辮狀。

17. **樹枝狀水系（dendritic drainage）**：這是最普通的一種水系型，支流依次分枝，如闊葉樹枝幹分叉形狀，通常發育於抵抗性一致的岩層地區。

18. **格子狀水系（trellis drainage）**：主、支流成直角或近直角匯合。常發生於褶曲顯著、急陡的軟硬互層區，或密集並行的斷層區。

19. **放射狀水系（radial drainage）**：由中央流向四方之水系，由多條河流組成。島嶼及錐狀火山地形易於發展此水系型。

20. **向心狀水系（centripetal drainage）**：由四周向中央輻合的水系型。盆地最易發育此種水系。

21. **環狀水系（annular drainage）**：主、支流成環形組合者。在複式火山、軟硬互層的穹丘上發育此種水系。

22. **峽谷（gorge, canyon）**：河流在山地或高原，下切大於側蝕，不斷進行加深作用，終必形成谷壁陡峭的深窄河谷。

23. **遷急點（nickpoint）**：河流縱剖面上坡度突然變陡的轉折點，即產生瀑布或急湍的所在。

24. **瀑布（waterfall）**：河床坡降驟然變陡時，水流近於垂直或垂直落下者。瀑布之生成常受硬岩控制，其硬岩層稱為造瀑層。

25. **懸谷瀑布（hanging valley waterfall）**：在主支流匯合處，因下切侵蝕差異，支谷高懸於主流谷壁。

26. **河成壺穴（fluvial pothole）**：係由河流搬運物之鑽蝕而產生於急湍處底部岩上之凹穴，其穴口形狀由圓至橢圓，長徑與流水方向一致，穴壁則受流水迴旋影響而逆流向傾斜，此與海成壺穴的垂直穴壁不同。

27. **河階（river terrace）**：因河流營力生成而沿河岸發育的階狀地形。由河階面及河階崖兩部分組成。因侵蝕基準下移等原因，河流重新下切，舊河床與氾濫原下切產生河階崖，而舊河床與氾濫原則相對抬升成為河階面。

28. **劇場河階（amphitheater terrace）**：在曲流凸岸生成的半圓形河階，狀如羅馬的劇場。

29. **沖積扇（alluvial fan）**：河流出谷口處，坡度變緩，水流分支，流量分散，搬運力急減，大量物質堆積成的扇形體。其頂點稱為扇頂，底緣稱為扇端。

30. **聯合沖積扇（confluent alluvial fan）**：在山麓並排相連發育的沖積扇。

31. **複成沖積扇（composite alluvial fan）**：因地盤上升，引起回春下切，在同一谷口形成上下依次重疊者。

32. **扇洲（fan-delta）**：沖積扇與三角洲連成一片者。

33. **三角洲（delta）**：河流注入海洋或湖泊時，水流流束向外擴散，動能顯著減弱，並將所帶泥沙堆積下來，形成向海或向湖伸展的平地，外形略呈三角形，所以稱為三角洲。

34. **圓弧狀三角洲（arcuate delta）**：在波浪作用較強的淺水地區，能將伸出河口的沙嘴沖刷夷平，常形成圓弧狀三角洲，蘇花海岸的和平溪三角洲為典型。

35. **尖嘴狀三角洲（cuspate delta）**：在波浪作用較強的河口，河流以單流入海或只有小規模的分流時，主流出口處的沉積量超過波浪的侵蝕量，使三角洲以主流為中心，呈尖嘴狀向外伸長。

36. **氾濫原（flood plain）**：常年洪水，河流氾濫所之谷床。

37. **自然堤（natural levee）**：氾濫原上，由於河流之氾濫溢水，在兩岸堆積泥沙，可形成高出平原的自然堤。

38. **後背濕地（back swamp）**：自然堤外側或沙丘背風面，常因排水不良而積水。

39. **野支河（yazoo river）**：支流受自然堤阻擋，不能直接匯入主流，而與主流平行一段距離，才於自然堤缺口處注入主流。

40. **沒口溪**：枯水期的小溪河口容易受海水作用，將沙嘴延長成為沙堤而封住，雖沒出口，但涓滑河水可滲流入海。

41. **惡地（bad land）**：由無數相鄰而深峻的雨谷、雨溝（蝕溝）所組成的地形，其上崎嶇難行，草木不生，土壤已經侵蝕，土地利用不良，在臺灣主要分布在臺灣南部的高雄、臺南及臺灣東部的臺東之泥岩地帶，俗稱月世界；另一種惡地分布在礫岩地區，如苗栗三義火炎山、南投雙冬九九尖峰及高雄六龜十八羅漢山。

42. **地形面（terrain surface）**：臺灣地區主要地形面之對比大多採用富田芳郎（1937）之分類為依據，依其年代由老到新分為：

　　(1) 最高隆起準平原面（HP）：為古臺灣島受長期侵蝕形成的準平原，再抬升所形成。中央、雪山、玉山等山脈之 3,000 公尺左右之緩起伏面或平坦山稜即其遺跡。

　　(2) 高山平夷面（EH）：該地形面現今大致已隆升至 2,000 公尺左右，但各地高低有異。

　　(3) 紅土緩起伏面（LH）：約於更新世中期受侵蝕和堆積所形成之地形面，所含礫石及表土受紅土化作用。

　　(4) 高位階地面（LT）：由礫石層及黃褐色砂質土組成，靠近地表有數公尺厚的紅土，比高 100 公尺以上。

　　(5) 低位階地面（FT）：地表無紅土，河階崖露出基盤岩層，比高 80 公尺以下，一般約 20～40 公尺。

　　(6) 新沖積面（FP）：最近的氾濫原、河床、沖積扇等面，與河床比高約 5 公尺。

43. **先行河**：地盤發生變化而相對上升時，如果河流下切的速度大於地盤上升的速度，則能維持其先前的流路，終在地盤上升的地方成為水口而貫流，此種現象為先行。先行的河流稱為先行河。

44. **河川襲奪（stream piracy）**：低位河搶奪高位河上游段的現象。

45. **襲奪河（captor stream）**：搶奪高位河的低位河。

46. **斷頭河（beheaded stream）**：高位河下游段因其上游段被搶而斷頭，谷大水少，呈無能河狀態。

47. **改向河（reverted stream）**：高位河上游段被搶後，改向低位河。

48. **風口（wind gap）**：斷頭河與反流河或改向河之間的分水嶺，昔日為高位河流過，襲奪發則成風通過之處。

49. **反流河（inverted stream）**：由風口往改向河的河流。

50. **襲奪彎**（elbow of capture）：改向河轉往低位河的不自然大轉彎。

51. **通谷**（through valley）：同一山谷中的兩條相反流向的河流稱為谷中分水，谷中分水嶺低矮容易通過，稱為通谷。

52. **分水嶺移動**（shifting of divide）：分水嶺經長期侵蝕，逐漸低下，若兩側的侵蝕力相等時，分水嶺在原地逐漸低下，若侵蝕力不等時，則向侵蝕力弱的一方移動。又若分水嶺兩側坡度不同時，則分水嶺向較緩一方移動，兩側岩層軟硬不一時，則向硬者一方移動，迎風坡多雨，侵蝕力大，則向背風坡少雨帶移動。

53. **同斜移動**（homoclinal shifting）：河流向地層傾斜的方向移動。

54. **協和合流**（concordant junction）：主支流匯合處河床同高。

55. **不協和合流**（discordant junction）：主支流匯合處河床不同高，支流呈懸谷，支流高懸主流上方。

5. 海水作用與海岸地形

1. **衝瀺**（uprush）：波浪以圓周運動向海岸前進時，圓周抵觸淺海海底而產生破浪，然後將物質衝上海濱。

2. **回瀺**（backwash）：衝瀺無力前進時，因重力後退之回瀺將細粒物質部分拉回並潛入衝瀺之下形成底流，將泥沙向海搬運。

3. **沿岸流**（longshore current）：當波浪斜向海岸時，海水會沿著海岸流動，並攜帶泥沙，常於河口堆積成沙嘴。

4. **裂流（離岸流，rip current）：海灣兩側相沿岸流往中央地帶匯聚時，會產生離岸方向的水流，衝出外海，深色無浪花的水域通常為裂流所在。裂流的速度非常快，流速可達每秒 2 公尺以上。

5. **海蝕崖（海崖，sea cliff）：海岸受波蝕而成的急崖。多見於沉水海岸或岩石海岸，尤其是在波蝕強烈的島嶼、半島或岬角等陸地凸出部。

6. **海蝕凹壁**（sea notch）：常在海蝕崖的下方發育，其底部代表海平面的位置。

7. **海蝕洞**（sea cave）：海蝕崖的節理受海蝕擴大形成。

8. **海蝕門（海拱，sea arch）：海蝕洞進一步侵蝕貫穿岬角而成。

9. **海蝕柱**：當海蝕門頂坍塌，門柱每成凸出於海面的岩礁，若高度大於寬度，稱為海蝕柱，寬度大於高度者稱顯礁。

10. **濱臺（波蝕棚、海蝕平臺，shore platform）：位於海平面附近大致平坦或向海緩傾的底岩，為波浪侵蝕海崖，使海崖逐漸後退形成。濱臺與海蝕凹壁、海蝕洞、海蝕門等均可作為海準面位置的指標。

11. **海灘**（beach）：由潮流、沿岸流等搬運的沙礫堆積於海濱所形成。灘的堆積物一般為疏鬆之粒（2～1/16 公釐），故稱沙灘；若其粒徑多數大於 2 公釐以上，稱為礫灘。

12. **沙洲**（bar）：海中沙礫隨水漂積，一旦積高露出水面者。

13. **沙嘴**（sand spit）：一端與陸相連而固定，另一端伸入海中尚能自由堆積發展者，其延伸方向常指示沿岸流的流向。

14. **沙頸岬**（tombolo）：接近陸地的島嶼，有時因沙洲發育而彼此相連，此種沙洲稱為連島沙洲，連接的島嶼稱陸連島，兩者合稱為沙頸岬。

15. **濱外沙洲**（off-shore bar）：沙洲生成於海濱之外，形成堰洲島。

16. **潟湖**（lagoon）：位於濱外沙洲與陸地之間，幾與外海分隔而受潮流影響的海域。

17. **潮埔（海埔地，tidal flat）：沿海潮間帶淤積裸露的寬闊平坦泥灘，俗稱海埔地。

18. **溺谷**（drowned valley）：因地盤相對沉降，下游沉入海底的河谷。

19. **谷灣**（ria）：因地盤相對沉降，靠海的山谷為海水淹沒，形成海灣。

20. **海階（marine terrace，coastal terrace）：為離水隆升的濱臺，表示地盤相對上升。

21. **裙礁**（fringing reef）：珊瑚沿海岸底岩生長，死後骨骼在海濱堆積成礁，仿如圍繞人體的裙子。

6. 岩溶作用和石灰岩地形

1. **伏流**（sinking creek）：石灰岩地區地形發育初期和正常河流差異不大，後因溶蝕日甚，裂隙漸大，雨水及河水均向下滲漏成為伏流，於是地表河道漸成為乾河床。

2. **岩溝**（solution flutes, karren）：雨水在傾斜的石灰岩坡面流動溶蝕，鏤刻地表形成長形的岩溝，岩溝間常有尖銳岩脊分隔，其地表崎嶇難行。

3. **滲穴**（sinkhole, doline）：溶蝕作用產生之豎穴。常呈漏斗狀，上寬下窄，大小不一，面積有 1 平方公尺以下者，亦有數千平方公尺以上者；深度有 1、2 公尺者，也有數百公尺者。

4. **石灰岩天窗**（limestone skylight）：地下伏流部分河段的上方坍塌開露。

5. **溶洞**（solution cave）：雨水或河水沿石灰岩裂隙下滲，進行溶蝕，日久使裂隙擴大，逐漸形成洞穴。

6. **鐘乳石**（stalactite）：含有碳酸氫鈣的滲流地下水，經過石灰岩罅隙，達到溶洞洞頂時，因蒸發作用或空氣中二氧化碳分壓減小，導致碳酸鈣沉澱游離，重新凝固，自上而下，結成下垂之冰柱狀。

7. **石筍**（stalagmite）：由鐘乳石下滴之水，落至洞底，蒸發沉澱，壘聚積高，屹立洞底如筍狀者。

8. **石柱**（pillar, column）：若洞頂的鐘乳石向下伸長，洞底石筍往上積高，終能相連形成柱狀者。

9. **石藤**（helictite）：溶洞頂水分如非下滴，而是沿洞壁流下時，水量少者，沿固定流路附著壁面沉澱，望之如樹藤攀附。

10. **石簾**（curtain stone）：溶洞頂水量豐者，沿裂隙下垂如簾幕。

11. **球雛晶**（globulite）：含碳酸鈣水因水量少，於壁面沉澱呈球狀者。

7. 火山作用與火山地形

1. **岩脈**（dike）：岩漿沿地殼裂隙侵入且與圍岩岩層斜交者。

2. **熔岩**（lava）：地下岩漿噴出後溢流於地表者稱熔岩，其經急速冷卻固結而成的火山岩，亦稱為熔岩。

3. **枕狀熔岩**（pillow lava）：海底火山噴發，熔岩在海中流動，由於急速冷凝，常形成枕狀團塊，大小多在 1 公尺左右。

4. **柱狀熔岩**（columnar lava）：玄武岩熔岩在凝結時，常常因收縮而造成美麗的六角形柱狀節理。

5. **盾狀火山**（Aspite）：由於高溫流動性大之玄武岩質熔岩多量溢出漫流而成之火山，呈盾狀。

6. **錐狀火山**（Konide）：為熔岩流及碎屑物的互層所構成，其坡度，頂部大，向山麓漸小，屬於上凹坡而呈錐狀。

7. **鐘狀火山**（Tholoide）：所構成的岩石為較酸性的熔岩，由於黏性大，故流動性小，最易形成小型的塊狀岩穹丘，狀如鐘，通常高僅 100～300 公尺，沒有火口，但有時頂部最後冷卻稍下陷。

8. **平火口（爆裂火口，Maar）：係經短期活動之間歇蒸汽爆發下造成之特殊火山，火口多呈圓形或橢圓形窪地。一般不伴隨著噴出物的堆積，但偶而也有岩石屑片堆於火口四周。

9. **火口**（crater）：是地下岩漿、氣體等通過噴溢道噴出地表所形成之噴口，四周為火口壁所圍。

10. **巨火口**（caldera）：火口直徑數公里以上，直徑遠大於高度而且成因複雜。

11. **火口湖**（crater lake）：火口內積水成湖。

12. **火口瀨**（barranco）：火口壁在長期侵蝕後，出現缺口，湖水因而外溢。

13. **蝕餘火山頸**（residual volcanic neck）：火山體形成後，高峻聳立，最易遭受侵蝕，而且火山體的構成物質大多相當疏鬆，溝壑沖蝕現象至為明顯，終於會使火山體變成低矮的蝕餘火山頸。

14. **火山泥流**（lahar）：火山爆發時所引起之泥流。火山泥流中的物質無層次，雜亂無章。

15. **噴氣孔**（fumarole, gas orifice）：為噴出火山氣體的孔穴，為火山停止噴發之後的現象，有泉水由此滲出，亦可形成溫泉。

16. **硫氣孔**（solfatara）：與水汽一起噴出多量硫質氣體的噴氣孔。

17. **外輪山**（somma）：複式火山外側之舊日火山之火口緣。

18. **火山噴發柱**（eruption cylinder）：火山噴發柱多由火山噴出的碎屑組成，大的噴發柱可高達 40 公里以上。

19. **休眠活火山**（dormant active volcano）：地底下岩漿庫仍存在，但暫停活動，不排除火山的再度活動。

8. 冰河作用與冰河地形

1. **擦痕**（striation）：冰河搬運物與底岩之相互研磨作用的結果，在冰河底部與兩側岩壁上留下擦痕，由擦痕方向可看出冰河移動的方向。

2. **冰斗**（圈谷，cirque）：在冰河谷頭，因冰蝕作用而成之窪地。

3. **冰坎**（冰斗口、岩艦，threshold）：為較冰斗底高的冰斗口底岩，是所有冰河地形中，最能直接指出冰河來過的地形證據。

4. **冰斗湖**（tarn）：冰河消融則冰斗底積水而成。

5. **角峯**（horn）：相鄰 3 個或更多冰斗壁相繼後退相接時，可形成尖銳如角狀之山峯。

6. **冰河槽**（U 形谷，glacial trough）：由谷冰河之過度下刻作用及加寬作用所造成之谷，橫剖面呈槽狀或 U 字形。

7. **切斷山腳**（truncated spur）：冰河谷側山腳每因加寬作用而變成。

8. **冰盆**（岩盆，glacier basin）：冰斗下方，冰河槽的縱剖面高低不平，低窪處稱冰盆（岩盆），冰盆積水稱冰蝕湖（槽湖）。

9. **冰蝕埡口**（glacier col）：其形成是因冰斗或 U 形谷的體積過小，或因斗口地形過窄，阻礙加厚後的冰河流動，這時冰面會不斷擠壓升高，終於溢過冰斗後方高度較低的稜脈，結果形成與原來冰河流向相反的冰河分流，而將稜脈挖蝕成 U 形的埡口地形。

10. **冰蝕湖**（glacial lake）：冰河侵蝕地表成為凹地，積水後形成的湖泊，可包括冰斗湖、槽湖。

9. 風力作用與風成地形

1. **風稜石**（ventifacts）：因風蝕而生稜線之岩礫。強風、多沙、裸地、硬岩為其生成條件。其特徵為具有一面或多面被磨得光滑的劈磨面，唯劈磨面上亦可產生孔穴、溝槽和稜脊等。

2. **沙丘**（sand dune）：風搬運大量細沙，當風速突然減低或受障礙物阻擋，則堆積成丘阜。

3. **新月丘**（barchen，crescentic sand dune）：平面像新月狀的沙丘。迎風坡呈凸形緩坡，背風坡呈凹形急坡，坡面兩端伸展呈兩凸角形，背風坡超過安定角（一般為 28 ～ 33 度）即崩下。

4. **橫沙丘**（transverse dune）：與盛行風垂直發展之沙丘。

5. **縱沙丘**（longitudinal dune）：與盛行風平行發展之沙丘。

主要參考文獻

北臺灣

1. 檔案及政府出版品

1. 江樹生譯註，2000-2011《熱蘭遮城日誌》（第1-4冊）臺南：臺南市政府。
2. 伊能嘉矩原著，楊南郡譯註，2000《臺灣踏查日記》臺北市：遠流文化事業有限公司。
3. 沈葆楨，1959〈臺北擬建一府三縣摺〉《福建臺灣奏摺》臺北：臺灣銀行經濟研究室，收於《臺灣文獻叢刊》第29種。
4. 沈淑敏、羅佳明等，2017《二萬五千分之一地形特徵圖說明書－木柵》臺北：臺灣師範大學地理系。
5. 林正洪等，2014《來自火山的訊息－與大屯火山群面對面》臺北：陽明山國家公園管理處。
6. 林朝棨，1957《臺灣省通志稿・卷一・第1冊・臺灣地形》南投：臺灣省文獻委員會。
7. 林朝宗，2000《五萬分之一臺灣地質圖說明書－新店》臺北：中央地質調查所。
8. 林俊全、齊士崢等，2010-2012《臺灣的地景百選》（3冊）臺北：行政院農業委員會林務局、臺灣大學地理環境資源系。
9. 吳永華等，1994《蘇花古道宜蘭段調查研究報告》宜蘭：宜蘭縣立文化中心，宜蘭文獻叢刊第5號。
10. 洪國騰，2015《五萬分之一臺灣地質圖說明書－三芝》臺北：中央地質調查所。
11. 郁永河，1959《裨海紀遊》臺北：臺灣銀行經濟研究室，收於《臺灣文獻叢刊》第44種。
12. 周鍾瑄主修、陳夢林等編纂，1958《諸羅縣志》臺北：臺灣銀行經濟研究室編，收於《臺灣文獻叢刊》第55種。
13. 胡剛、毛爾威，《五萬分之一臺灣地質圖說明書－桃園》臺北：中央地質調查所。
14. 黃鑑水，1998《五萬分之一臺灣地質圖幅暨說明書－雙溪》臺北：中央地質調查所。
15. 陳淑均纂輯，1963《噶瑪蘭廳志》臺北：臺灣銀行經濟研究室編，收於《臺灣文獻叢刊》第160種。
16. 施添福，1996《蘭陽平原的傳統聚落：理論架構與基本資料（上、下冊）》宜蘭：宜蘭縣立文化中心，宜蘭文獻叢刊第12號。
17. 黃鑑水，2005《五萬分之一臺灣地質圖說明書－臺北》臺北：中央地質調查所。
18. 楊貴三、沈淑敏，2010《臺灣全志・卷二・土地志・地形篇》南投：國史館臺灣文獻館。
19. 楊貴三、劉明揚等，2014《續修臺北市志・土地志・自然環境篇》臺北：臺北市文獻委員會。
20. 楊建夫，1999《雪山圈谷群第四紀冰河遺跡研究（II）》，雪霸國家公園管理處88年度研究報告。
21. 葉志杰主撰，2001《林口鄉志》，臺北縣：林口鄉公所。
22. 葉志杰主撰，2014《觀音鄉志》，桃園縣：觀音鄉公所。
23. 費立沅、紀宗吉等，2011《臺北盆地的地質與防災》臺北：中央地質調查所。
24. 臺北州編，1927《臺北州漁村調查書》，臺北：編者。
25. 劉聰桂，1990《夢幻湖及附近淫地之剖面分析及定年研究》臺北：陽明山國家公園管理處。
26. 羅偉，1993《五萬分之一臺灣地質圖說明書－大禹嶺》臺北：中央地質調查所。
27. 羅偉、劉佳玫等，2009《五萬分之一臺灣地質圖說明書－新城》臺北：中央地質調查所。
28. 羅偉、楊昭男，2002《五萬分之一臺灣地質圖說明書－霧社》臺北：中央地質調查所。
29. Camille Imbault-Huart 著，黎烈文譯，1958《臺灣島之歷史與地誌》臺北：臺灣銀行經濟研究室印，收於《臺灣研究叢刊》第56種。
30. E.Garnot（法）撰，黎烈文譯，1960《法軍侵臺始末，附地圖集》臺北：臺灣銀行經濟研究室編印，收於《臺灣研究叢刊》第73種。
31. James W. Davidson原著，蔡啟恆譯，1972《臺灣之過去與現在》臺北：臺灣銀行經濟研究室編印，收於《臺灣研究叢刊》第107種。

2. 專書

1. 中村孝志著，1997《荷蘭時代臺灣史研究（上卷・概說・產業）》臺北：稻鄉出版社。
2. 中村孝志著，2002《荷蘭時代臺灣史研究（下卷・社會・文化）》臺北：稻鄉出版社。
3. 王鑫，2016《福爾摩沙的故事 — 獨特的容顏，北臺灣、南臺灣》臺北：遠足文化事業有限公司。
4. 石再添、鄧國雄、楊貴三等，2008《地學通論（自然地理概論）》臺北：吉歐文教。
5. 洪如江，2013《初等工程地質學大綱》臺北：地工技術研究發展基金會。
6. 陶德（John Dodd）著，陳政三譯，2002《北臺封鎖記：茶商陶德筆下的清法戰爭》臺北：原民文化。
7. 馬偕（George Leslie Mackay）著，林晚生譯，2007《福爾摩沙紀事：馬偕臺灣回憶錄（From Far Formosa）》臺北：前衛出版社。
8. 馬偕（George Leslie Mackay）著，王榮昌、王鏡玲等譯，2012《馬偕日記1871-1901》（全3冊）臺北：玉山社。
9. 陳文山，2016《臺灣地質概論》臺北：中國地質學會。
10. 陳政三，2008《翱翔福爾摩沙：英國外交官郇和晚清臺灣紀行》臺北：臺灣書房。
11. 楊建夫，2001《臺灣的山脈》臺北：遠足文化事業有限公司。
12. 劉克襄，1992《後山探險 — 十九世紀外國人在臺灣東海岸的旅行》臺北：自立報社。
13. 劉克襄，2015《福爾摩沙大旅行》臺北市：玉山社。
14. 臺灣千里步道協會，古庭維、白欽源等著，2019《淡蘭古道：北路》臺中：晨星出版社。

3. 期刊及論文

1. 中央地質調查所，2006〈大臺北地區特殊地質災害調查與監測－高精度空載雷射掃描（LIDAR）地形測製與構造地形分析（2/3）〉，頁108-109。
2. 早坂一郎，〈地形及地質に現はれたる臺灣島近代地史概觀〉，《臺灣博物學會報》10（1）。
3. 江婉綺、李錦發，2014〈內雙溪一帶地質旅遊〉，《地質季刊》33（1）。
4. 沈淑敏，1988《臺灣北部地區主要瀑布群的地形學研究》（臺灣師範大學地理研究所碩論）。
5. 杜友仁，1997《基隆河之地形研究》（中央大學應用地質研究所碩論）。
6. 李思根、楊貴三等，1990〈中部橫貫公路太魯閣至西寶沿線遊憩資源〉《花蓮師範學院學報》3。
7. 李錦發，1994〈三義斷層及其在新構造上的意義〉《地質季刊》14（1），頁73-96。
8. 周淑文、鄧屬予，1998〈基隆河襲奪之探討〉《地質季刊》18（2），頁1-16。
9. 林啟文、劉桓吉等，2008〈環山（梨山）斷層、牛鬥斷層與武陵斷層的探討〉《臺灣鑛業》60（3），頁31-52。
10. 洪國騰，2014〈臺灣北部竹子山火山亞群火山碎屑岩特徵指示之火山噴發型式〉《中央地質調查所彙刊》27，頁1-25。

11. 莊惠淑，1984《大漢溪下游河道變遷之研究》（中國文化大學地學研究所地理組碩論）。

12. 徐鐵良、蔡茂常，1974〈蘇澳花蓮間交通路線的地形基礎〉《臺灣大學地理系研究報告》8，頁21-32。

13. 陳文山、楊志成等，2007〈從LiDAR的2公尺×2公尺數值模擬地形分析大屯火山群的火山地形〉《中央地質調查所彙刊》20，頁101-128。

14. 陳文山、林朝宗等，2008〈晚期更新世以來臺北盆地沉積層序架構與構造的時空演變〉《中央地質調查所彙刊》21，頁95-97。

15. 陳于高、劉聰桂等，1990〈大漢溪下游一埋沒谷之碳十四定年與沉積環境〉《地質季刊》10（2），頁147-156。

16. 陳培源，1987〈花蓮太魯閣峽谷地質簡介〉《臺灣北部十條地質實習考察路線沿線地質簡介》（臺灣師範大學地球科學系），頁157-197。

17. 陳文福，1989《林口礫石之地層與沈積學研究》（臺灣大學地質研究所碩論）。

18. 陳邦禮，1996《蘭陽溪上游沖積扇的地形演育》（臺灣大學地理研究所碩論）。

19. 陳炳誠、謝孟龍等，2007〈由岩心碳十四定年資料與海水面曲線計算臺北盆地全新世垂直構造活動速率〉《西太平洋地球科學》7，頁113-140。

20. 郭勝煒，2017《更新世晚期古新店溪下游流路變遷之研究》（臺灣師範大學地理系碩論）。

21. 彭宗仁，2010〈由水文同位素揭釋梨山地滑之地下水來源與防治策略〉《地質季刊》29（3），頁81-84。

22. 張瑞津、鄧國雄等，1998〈苗栗丘陵河階之地形學研究〉《臺灣師範大學地理研究報告》，29，頁97-111。

23. 張智原，2000《臺灣西北部海岸變遷之研究 — 以淡水河口至新竹園前溪口段》（中國文化大學地學研究所地理組碩論）。

24. 馮馨瑩，2002《宜蘭雙連埤古河道的地形演育研究》（高雄師範大學地理系碩論）。

25. 梁翠容，1990《臺灣東北角濱臺地形之研究》（臺灣師範大學地理研究所碩論）。

26. 梁繼文，1975〈基隆市和平島與八斗子之間海崖及有關地形之研究〉《海洋彙刊》15，頁12-16。

27. 許民陽，1988《臺灣海階之地形學研究》（中國文化大學地學研究所博論）。

28. 齊士崢，1991〈池端的地形發育過程〉《中國地理學會會刊》19，頁33-41。

29. 齊士崢，1995〈立霧溪流域蓮花池地區的河川襲奪〉《臺灣大學地理系地理學報》18，頁35-43。

30. 齊士崢、宋國城等，1998〈蘭陽溪上游沖積扇的地形演育〉《環境與世界》2，頁137-150。

31. 楊淑玲，1994《桃園臺地之水利社會空間組織的演化》（臺灣師範大學地理研究所碩論）。

32. 楊建夫，2000《雪山主峰圈谷群未次冰期的冰河遺跡研究》（臺灣大學地理學研究所博論）。

33. 楊建夫，2009〈雪山及合歡山的冰川地貌〉《地質季刊》28（2），頁52-55。

34. 楊貴三、葉志杰，「古新店溪之舊河道新證 — 兼論臺北盆地洪患現象之地形特性」《臺北文獻》205，頁85-138。

35. 葉志杰、楊貴三，2016〈清代林口臺地漢人拓墾史〉，《臺北文獻（直字）》第197期，頁37-88。

36. 廖陳侃，2018《大屯火山群七星山地區年輕爆裂口之研究》（臺灣大學地質研究所碩論）。

37. 潘國樑、陳振華等，1981〈內湖地區之環境地質〉，《工程環境會刊》2，頁37-53。

38. 鄧屬予、李錫堤等，2004〈臺北堰塞湖考證〉《地理學報》36，頁77-100。

39. 鄧屬予、宋聖榮等，2010〈林口臺地北緣的火山碎屑岩層〉《西太平洋地質科學》7，頁1-33。

40. 鄧屬予、劉志學等，2011〈觀音坑地質與火山作用〉《中央地質調查所彙刊》24，頁123-153。

41. 鄧國雄，1971《臺灣北端富貴角海岸風稜石計量研究》（中國文化學院地學研究所碩論）。

42. 鄧國雄，1998〈雙連埤的河川襲奪〉《第二屆臺灣地理學術研討會論文集》，頁1-10。

43. 羅佳明、林銘郎等，2009「臺北四獸山地質之旅 — 教你如何判斷環境地質安全！」《地質季刊》28（1），頁66 -77。

44. 鄭瑞壬，1993〈桃園臺地海岸沙丘形態與土地利用〉《中國文化大學地理研究所研究報告》6，頁147-203。

45. Belousov, A., Belousova, M. et al. 2010 "Deposits character and timing of recent eruptions and large-scale collapses in Tatun Volcanic Group,northern Taiwan：hazard-related issues"Journal of Vocanology and Geothermal Research 191, 205-221.

46. Chen,Y.G. and Liu,T.K.1991"Radiocarbon dates of river terraces along the lower Tahanchi,northern Taiwan" Proceedings of the Geological Soceity of China,34，337-347.

47. Hartshorn, K. et al. 2002"Climate-driven bedrock incision in an active mountain belt"Science,297,2036-2038.

48. Liu,T.K.1990"Neotectonic crustal movement in northeastern Taiwan inferred by radiocarbon dating of terrace deposits "Proceedings of the Geological Soceity of China 33（1），65-84.

49. Liu, C.S. 1998"Depositional environment and correlation of Quaternary stream terraces in the Liwuchi valley"Journal of the Geological Society of China, 41：1.

50. Peng ,T.H.,Li,Y.H. et al. 1977"Tectonic uplift rates of the Taiwan Island since the early Holocene"Memoir of the Geological Society of China，2.

51. Tsai,Y.W.,Song,S.R.et al.2010 "Vocanic stratigraphy and potential hazards of the Chihsingshan Vocano Subgroup in the Tatun Vocano Group,northern Taiwan "Terrestrial,Atmospheric and Oceanic Scienices,21（3），587-598.

52. Schaller, M., Hovius, N. et al. 2005"Fluvial bedrock incision in the active mountain belt of Taiwan from in situ-produced cosmogenic nuclides" Earth Surf. Process Landforms, 30, 955-971.

4. 網路資源

1. 經濟部中央地質調查所，網站：https://www.moeacgs.gov.tw/main.jsp。

2. 太魯閣國家公園，網站：https://www.taroko.gov.tw/。

3. 陽明山國家公園，網站：https://www.ymsnp.gov.tw/

4. 科學發展月刊，科技部網站：https://www.most.gov.tw/

5. 自然保育季刊，網站：https://www.tesri.gov.tw/A15_1

6. 交通部觀光局北海岸及觀音山國家風景區管理處觀光資訊網，網站：https://www.northguan-nsa.gov.tw/user/main.aspx?Lang=1

國家圖書館出版品預行編目資料

福爾摩沙地形誌：北臺灣 / 楊貴三,葉志杰著. -- 初版. --
臺中市：晨星, 2020.06
　面；　公分. -- (圖解台灣；25)
ISBN 978-986-443-983-6(平裝)

1. 地形 2. 地質 3. 臺灣

351.133　　　　　　　　　　　　　　　109001365

線上讀者回函，
加入馬上有好康。

圖解台灣
TAIWAN | 25 福爾摩沙地形誌──北臺灣

作者	楊貴三 、 葉志杰
主編	徐惠雅
執行主編	胡文青
校對	楊貴三 、 葉志杰 、 胡文青
美術設計	柳佳璋
封面設計	柳佳璋

創辦人　陳銘民
發行所　晨星出版有限公司
　　　　臺中市 407 工業區 30 路 1 號
　　　　TEL：04-23595820　FAX：04-23550581
　　　　E-mail：service@morningstar.com.tw
　　　　http：//www.morningstar.com.tw
　　　　行政院新聞局局版臺業字第 2500 號
法律顧問　陳思成律師
初版　　西元 2020 年 6 月 10 日
二刷　　西元 2020 年 12 月 5 日

郵政劃撥　15060393（知己圖書股份有限公司）
讀者服務專線　02-23672044 、02-23672047
印刷　上好印刷股份有限公司

總經銷　知己圖書股份有限公司
　　　　臺北市 106 辛亥路一段 30 號 9 樓
　　　　TEL：（02）23672044 ／ 23672047　FAX：（02）23635741
　　　　臺中市 407 工業 30 路 1 號
　　　　TEL：（04）23595819 FAX：（04）23595493
　　　　E-mail：service@morningstar.com.tw
　　　　網路書店 http://www.morningstar.com.tw

定價 690 元
（缺頁或破損的書，請寄回更換）
ISBN 978-986-443-983-6
Published by Morning Star Publishing Inc.
Printed in Taiwan